JN052000

生命科学革命と人類の未来

ウォルター・アイザックソン 著
西村美佐子 野中香方子 訳

文藝春秋

The Code Breaker
Jennifer Doudna, Gene Editing, and the Future of the Human Race

コード・ブレーカー——生命科学革命と人類の未来　上巻　目次

第一部　生命の起源

第二部　クリスパー

第三部　ゲノム編集

・本文中、訳注は［　］で示した。

コード・ブレーカー　下巻　目次

アリス・メイヒューとキャロリン・レイディの思い出に
彼女たちの笑顔は幸せをもたらした

Dr.Jennifer Doudna ©Brittany Hosea-Small / UC Berkeley

コード・ブレーカー

——生命科学革命と人類の未来

上巻

ウォルター・アイザックソン

序章　世界を救え——科学者たちとコロナの戦い

ジェニファー・ダウドナは眠れなかった。

クリスパー（ＣＲＩＳＰＲ）と呼ばれるゲノム編集技術を発明した彼女は、カリフォルニア大学バークレー校のスーパースターだったが、最近、そのキャンパスが閉鎖された。新型コロナウイルスの感染が急速に拡大したからだ。しかし、その日、彼女はうかつにも、高校三年になる一人息子のアンディを車で駅まで送り、ロボット・コンテストが開かれるフレズノに向かわせた。

午前二時、ついに彼女は夫を起こし、「ロボコンが始まったら一二〇〇人以上の子どもと教師がコンベンションセンターに密集してしまう。そうなる前にアンディを連れ戻しに行きましょう」と促した。

夫妻は急いで着替えて車に乗り込むと、二四時間営業のガソリンスタンドで給油して、車を三時間走らせた。アンディは両親を見て不機嫌になったが、ダウドナたちは、荷造りして家に戻るよう、息子を説得した。車で駐車場から出た時に、アンディにチームからメールが届いた。

「ロボコンは中止になりました。全員、すぐ帰宅しなさい」(1)。

「この時、自分と科学の世界が一変したことに気づいた」とダウドナは振り返る。「政府がぐずぐずと対応を決めかねている今、教授と院生は試験管を握り、ピペットを高く掲げて、急いで救いの手を差し伸べなければならないと悟ったのです」。

翌日――二〇二〇年、三月一三日の金曜日――ダウドナはバークレーの同僚と、ベイエリアの他の科学者たちと共に、会議を開くことにした。自分たちに何ができるかを話し合うためだ。

十数名が、人気のないキャンパスを横切って、石とガラスに覆われた現代的な建物の中にあるダウドナの研究室に集結した。彼らは一階の会議室に入るとすぐ、ぎっしり並んでいた椅子を六フィートずつ離した。そして映像システムを起動し、ベイエリア周辺の五〇人の研究者がZoomで参加できるようにした。ダウドナは部屋の前方に立ち、普段は穏やかな表情で隠している激しい気性を露わにして皆に呼びかけた。

「これは通常、学者がすることではありません。けれども、わたしたちは前進しなければならないのです[2]」。

コロナ対策のチームリーダーとして

ウイルス対策チームを率いるのがクリスパーの先駆者というのは適任だった。

ダウドナたちが二〇一二年に開発したゲノム編集ツールは、数十億年にわたって細菌がウイルスとの戦いで使ってきたシステムに基づいている。細菌は自らのDNAに、クリスパーと呼ばれる反復クラスター（反復配列が集まった領域）を作る。その領域は、侵入してきたウイルスのDNAを記憶し、破壊する。つまり、クリスパーは、細菌がウイルスと戦うために進化させた免疫システムなのだ。まさに、まだ中世にいるかのように、繰り返しウイルスの流行に苦しめられる現代人が必要とするものである。

いつも用意周到なダウドナは、コロナウイルスと戦う方法をスライドにまとめていた。それをスクリーンに映し、出席者の意見を聞きながら会議を進めていった。彼女は科学界のセレブだが、気さくな性格で、忙しいスケジュールの合間を縫って人々と心を通わせる術(すべ)を身につけている。

ダウドナが編成した最初のチームに課せられた任務は、コロナウイルス検査ラボを作ることだ。ダウドナが選んだリーダーの一人は、博士研究員（ポスドク）のジェニファー・ハミルトンだ。彼女は数か月前に、クリスパーを使ってヒトゲノムを編集する方法を一日がかりでわたしに教えてくれた。作業は楽しかったが、正直なところ、少し落ち着かない気分になった。なぜなら、それがあまりにも簡単で、わたしでもできたからだ。

別のチームは、クリスパーに基づくコロナウイルス検査法を開発するという任務を与えられた。これについては、ダウドナがビジネスに通じていることがプラスに働いた。実のところ、彼女は三年前に、二人の院生とともに、クリスパーをウイルス性疾患の診断ツールにするための企業を興(おこ)していた。

これまでダウドナは、一人のライバルと、激しくも実りの多い戦いを繰り広げてきた。そのライバルとは、中国で生まれ、アイオワで育ち、現在は東海岸のＭＩＴ・ハーバード大学のブロード研究所に所属する、若く魅力的な研究者、フェン・チャン［張鋒］である。チャンは、クリスパーをゲノム編集ツールにしようとする二〇一二年のレースを皮切りに、科学的発見やクリスパーをベースとする企業の設立をめぐってダウドナと激しく競いあってきた。しかしパンデミックが発生した今、二人はコロナウイルス検査法の開発をめぐって新たな競争を始めた。今回は、特許を得るためではなく、人々の役に立ちたいという思いからだ。

ダウドナは一〇のプロジェクトを決めて、各プロジェクトのリーダーを推薦すると、他の人々には、どのチームに入るかを自分で決めさせた。戦場での昇進制度に倣(なら)って、二人一組で同じ役割を担わせた。そうしておけば、どちらか一人がウイルスにやられても、もう一人が仕事を続けられる。彼らが直接顔を合わせるのは今日が最後だ。この先、チームは、ZoomとSlackで協働する。

「皆さん、すぐ始めてください」とダウドナは言った。「できるだけ早く」。

「ご心配なく」と参加者の一人が応じた。

「誰も旅行にいく予定はありませんから」。

人類という種を恒久的に変えうる生命科学について

この会議で議論されなかったことがある。それは、より長期的な展望についてだ。すなわちクリスパーを使ってヒトの遺伝子に継承される編集を施し、子どもはもとよりすべての子孫をウイルスに感染しにくくするかどうかだ。もし実現されれば、人類という種を恒久的に変えることができるだろう。

「それはSFの世界の話です」。会議の後でわたしがこの話題を持ち出すと、ダウドナは不愉快そうに言った。「確かに」とわたしは認めた。「SF小説の『すばらしい新世界』や映画の『ガタカ』みたいですね」。もっとも、よくできたSFの常で、そのアイデアはすでに現実になっている。二〇一八年一一月、ある若い中国人科学者が、クリスパーを使ってヒト胚(受精卵)のゲノムを編集し、ＡＩＤＳの原因になるＨＩＶウイルスの受容体を生成する遺伝子を無効化した。操作を行った受精卵から双子の女の子が生まれ、世界初の「デザイナーベビー」になった。この科学者は、ダウドナらが主催した第二回ヒトゲノム編集国際サミットでそれを報告した。

ニュースは即座に畏怖と衝撃を招いた。人々は怒り、この問題を検討するための委員会が招集された。地球というこの惑星での三〇億年以上におよぶ進化の末に、一つの種（わたしたち人類）が、自らの遺伝子の未来を掌握する才能と無謀さを身につけたのだ。アダムとイブがリンゴをかじった時や、プロメテウスが神から火を盗んだ時のように、人類が全く新しい時代、『すばらしい新世界』が描いた世界に足を踏み入れたように感じられた。

わたしたちが新たに手に入れた、ゲノムを編集する能力は、いくつか不穏な問いを投げかける。致命的なウイルスに感染しにくくするための編集は行うべきだろうか？　そうできたら何と素晴らしいだろう！　ハンチントン病、鎌状赤血球貧血症、嚢胞性線維症などの恐ろしい疾患を撲滅するために、ゲノム編集を行うべきだろうか？　それもよさそうだ。では、先天性の難聴や失明は？　背が低いのは？　落ち込みやすい気質は？　それらについてはどう考えればいいだろう。今から数十年のうちに、ゲノム編集によって、生まれる子どものＩＱを高くしたり筋肉を強化したりできるようになったら、それを許可すべきだろうか？　目の色は？　肌の色は？　身長は？

危ない！　この危険な坂を滑り降りる前に、少し立ち止まってみよう。そのような技術は社会の多様性にどんな影響を与えるだろう。わたしたちの能力が自然界のランダムなくじ引きの対象でなくなったら、共感や受容の感情が弱まるのではないだろうか？　もし遺伝子のスーパーマーケットで売り出される製品が有料だとしたら（無料ではないはずだ）、不平等は大いに増し、さらには、人類に永久に刻み込まれるのではないだろうか。こうした問題からは、その決定を個人の裁量に任せてよいのか、それとも社会全体が発言すべきか、という新たな問題が生じてくる。おそらく、いくつかのルールが必要になるだろう。

ここで言う「わたしたち」は、あなたやわたしを含むすべての人のことだ。わたしたちの遺伝子をいつ、どのように編集するかという問いは、二一世紀の最も重要な問いの一つになるだろう。したがって、その方法を知っておくのは有益だとわたしは考えた。また、ウイルスの流行が繰り返し起きることからも、生命科学を理解しておく必要がある。何かの仕組みを理解するのは喜びであり、その何かがわたしたち人間なら、なおさらだ。ダウドナはその喜びを享受した。わたしたちもきっとその喜びを味わえるだろう。本書ではそれについて語ろう。

原子の革命、ビットの革命、そして遺伝子の革命

クリスパーの発明とコロナの流行は、現代における第三の大革命の進展を早めるだろう。この革命は、原子、ビット、遺伝子という、わたしたちの存在を支える三つの基盤の発見から始まった。最初の発見は一〇〇年以上前に遡る。

二〇世紀前半は、物理学を原動力とする革命の時代だった。アルベルト・アインシュタインは一九〇五年に相対性理論と量子論に関する論文を著したが、以後の五〇年間、彼の理論は原子爆弾と原子力、トランジスタや宇宙船、レーザーやレーダーを誕生させた。

続く二〇世紀後半は、情報テクノロジーの時代だった。その基礎になっているアイデアは、情報はすべてビットと呼ばれる二進数の数字に変換可能であり、論理的プロセスはすべてオン・オ

フスイッチ付きの回路で実行できる、というものだ。一九五〇年代、このアイデアはマイクロチップ、コンピュータ、インターネットの開発につながった。この三つのイノベーションが結びついて、デジタル革命が起きた。

そして今、わたしたちは第三の、さらに重要な、生命科学革命の時代に突入した。子どもたちはコンピュータのデジタル・コーディング（符号化処理）だけでなく、遺伝子コードを学ぶようになるだろう。

ダウドナが博士研究員（ポスドク）だった一九九〇年代、生物学者たちは、DNAの塩基配列（遺伝情報）のマッピングに励んでいた。しかし、ダウドナは、DNAの兄弟分だが、DNAほどには有名でないRNAに注目した。RNAは、DNAによってコード化された命令の一部をコピーし、それを使ってタンパク質を生成する。ダウドナはRNAについて探究するうちに、「生命はどのように始まったのか？」という最も基本的な疑問にたどり着いた。さらには、自己複製できるRNA分子の研究を通じて、四〇億年前に原始地球の化学物質のスープの中でDNAが誕生する前から、RNAは複製を始めていたという可能性に気づいた。

バークレー校でRNAを研究する生化学者として、ダウドナはRNAの構造の解明に焦点を絞った。生物学のミステリーを解く重要な手がかりは、分子のねじれや折りたたみが、他の分子との相互作用をどのように決めているかを知ることから得られる。ダウドナにとってそれは、RNAの構造を研究することを意味した。言うなれば、ロザリンド・フランクリンがDNAで行ったことをRNAで再現するのだ。一九五三年、ジェームズ・ワトソンとフランシス・クリックはフランクリンのデータを元に、DNAの二重らせん構造を発見した。偶然にもワトソンは、表情を変えながらダウドナの人生に何度も登場する。

ダウドナがＲＮＡを研究していたことが、バークレーの生物学者からの一本の電話につながった。その生物学者は、細菌がウイルスと戦うために進化させたクリスパー・システムを研究していた。その後、多くの基礎研究における発見と同じく、クリスパーは実用につながることがわかった。利用法のいくつかはどちらかと言えば凡庸で、たとえばヨーグルト培養物中の細菌の保護といったことだ。しかし、二〇一二年にダウドナたちは、はるかに衝撃的な利用法を発見した。クリスパーは、ゲノム編集のツールになるのだ。

現在、クリスパーは、鎌状赤血球貧血症、がん、失明の治療に使われている。そして二〇二〇年、ダウドナのチームは、クリスパーによってコロナウイルスを検出・破壊する方法の研究を始めた。「細菌がクリスパーを進化させたのは、ウイルスとの長期にわたる戦いの結果です」とダウドナは言う。「わたしたち人間には、自分の細胞がこのウイルスへの抵抗力を進化させるのを待っている時間の余裕はありません。だから、自分で進化させなければならない。その手段の一つが、クリスパー〔「新鮮・明快」という意味〕と呼ばれる細菌の免疫システムなのは、ぴったりでしょう？　このように自然は実によくできているのです」。そう、このフレーズを覚えておこう。自然は実によくできている。これは本書のもう一つのテーマだ。

警戒心を微笑みで隠すスタープレーヤー

ゲノム編集の分野には、他にもスタープレーヤーが何人もいる。彼らのほとんどは、伝記や映画の主役になっても不思議がないほどの人物だ。（たぶん、『ビューティフル・マインド』と『ジュラシック・パーク』を足して二で割ったような映画になるだろう）。彼らは本書で重要な役割を演じる。なぜならわたしは、科学がチームスポーツであることを示したいからだ。だが、同時に、粘り強く、探究心を持ち、頑固で鋭く、競争心に富むプレーヤーだけに備わる迫力を表現したいとも思った。時折（常にではなく）、瞳に浮かぶ警戒心を微笑みで隠すジェニファー・ダウドナは、まさに主人公にぴったりだ。他の科学者と同じく、彼女は人との協力を好むが、偉大なイノベーターの大半と同じく、非常に負けず嫌いだ。もっとも、普段はその性質を注意深くコントロールして、スターとしての地位を軽やかに享受している。

研究者で、ノーベル賞受賞者で、公共政策の提言者でもあるダウドナの物語は、クリスパーの物語を、科学における女性の役割を含む、より太い歴史の撚り糸と結びつける。また、彼女の業績は、レオナルド・ダ・ヴィンチがそうであったように、イノベーションの鍵は、基礎科学における好奇心を現実の生活に役立つツールの開発に結びつけること、つまり、実験室での発見をベッドサイドに運ぶことだということも実証している。

本書では、彼女の物語を語りながら、科学がどのように機能するかを詳しく見ていきたい。研究室で実際には何が起きているのか。発見はどの程度、個人の才能に依拠するのか。チームワークはどのくらい重要なのか。賞や特許をめぐる競争は、協力を損なうのだろうか。

何より、本書では「基礎」科学の重要性をお伝えしたい。つまり、応用志向ではなく、好奇心を原動力とする探究のことだ。自然界の驚異に対する好奇心が導いた研究が、時として思いがけない形でイノベーションの種を蒔く。[3] 表面準位物理学が、後にトランジスタとマイクロチップをもたらした。同様に、細菌がウイルスと戦うために用いる驚くべき方法の研究が、最終的にゲノム編集ツールや、人間がウイルスとの戦いで利用できる技術の開発につながった。

また、本書は、生命の起源から人類の未来までのさまざまな疑問に満ちた物語でもある。それは、ハワイの自然の中でオジギソウや不思議な現象を探すのが好きだった六年生の少女が、ある日学校から帰ってきて、ベッドの上に「推理小説」を見つけるところから始まる。その物語に登場する人々は、自分たちの発見を少々大げさに、「生命の秘密の発見」と呼んでいた。

第一部

生命の起源

The Origins of Life

主なる神は、東の方のエデンに園を設け、
自ら形づくった人をそこに置かれた。
主なる神は、見るからに好ましく、
食べるに良いものをもたらすあらゆる木を地に生えいでさせ、
また園の中央には、
命の木と善悪の知識の木を生えいでさせられた。

創世記二章八・九節

第1章　ハワイ育ちの孤独な女の子

ヒロですごす
ジェニファー

ダウドナ一家の友人で生物学教授の
ドン・ヘムズ

ダウドナ家の人々。（左から）エレン、ジェニファー、
サラ、マーティン、ドロシー

「ハオレ」と呼ばれて

もしハワイ以外のアメリカで育っていたら、ジェニファー・ダウドナは、自分は普通の子どもだと感じていただろう。

しかし、ハワイ島の火山地域にある、古い歴史を持つ町ヒロでは、金髪で目が青く、背の高いダウドナは、「完全な変人」のような気分だった。ダウドナの腕にはうぶ毛が生えていたので、他の子ども、特に男の子たちはダウドナをからかい、彼女のことを「ハオレ」と呼んだ。特に悪い言葉ではないが、しばしば外国人に対する蔑称として用いられる。

ダウドナは朗らかで優しく魅力的な女性に成長するが、幼い頃の経験は、その人柄のすぐ下に、わずかな警戒心を植えつけた(1)。

ダウドナの一族が語り継ぐ家族の歴史には、彼女の曽祖母が登場する。曽祖母には三人の兄弟と二人の姉妹がいた。曽祖母の両親は、六人の子ども全員を学校へ行かせるほど裕福ではなかったので、女の子三人に学をつけることにした。その一人である曽祖母はモンタナで教師になり、日記を綴った。そこには、一家が経営する店での仕事や忍耐、苦労を始め、未開の地での数々の艱難辛苦が記されている。日記は何世代にもわたって読み継がれていく。「曽祖母は気難しく頑固で、開拓者精神に富んでいました」と、現在、日記を保有する、ジェニファーの妹、サラは言う。

ジェニファーも曽祖母と同じく三人姉妹の一人だったが、兄弟はいなかった。父親のマーティン・ダウドナは、長女である彼女を溺愛し、子どもたちを「ジェニファーと女の子たち」と呼ぶことさえあった。ジェニファーは一九六四年二月一九日、ワシントンDCで生まれた。父マーティンは、その地で国防総省のスピーチライター（演説原稿作者）をしていたが、アメリカ文学の教授になることを目指し、コミュニティ・カレッジの教師だった妻のドロシーとともにアナーバーに引っ越してミシガン大学に入学した。

マーティンは博士号を取得し、五〇の仕事に応募したが、オファーはたった一つ、ヒロのハワイ大学からのものだった。そういうわけで、彼は妻の退職基金から九〇〇ドルを借り、一九七一年八月に家族とともにハワイに移住した。ジェニファーが七歳の時のことだ。

学校では仲間外れにされ、摂食障害になった

レオナルド・ダ・ヴィンチ、アルベルト・アインシュタイン、ヘンリー・キッシンジャー、スティーブ・ジョブズなど、わたしが伝記を著した人々の大半もそうだが、クリエイティブな人の多くは、成長期にいくばくかの疎外感を経験している。ヒロのポリネシア人の中にいる幼い金髪の少女、ダウドナもそうだった。「学校ではいつも一人ぼっちで、孤立していた」と彼女は言う。三年生の時には、ひどく仲間外れにされて、摂食障害に陥った。「あらゆる種類の消化器系の問題を抱えていたけれど、後になってストレスが原因だとわかった。毎日、他の子たちにからかわれていたせいです」。彼女は本の世界に引きこもり、心の中に壁を築いた。「わたしの中には、彼らが決して触れることのできない場所がある」と、彼女は自分に言い聞かせた。

自分をよそ者だと感じている多くの人と同様に、彼女はこの世界における人間の存在について、幅広い興味を持つようになった。「わたしの原体験は、この世界で自分は何者なのか、どうすれ

ば適応できるかを理解しようとすることだった」と、後に彼女は語る。(2)

幸いにも、この疎外感が深く根づくことはなかった。学校生活は良い方向へ向かい、優しい心が育まれ、幼い頃の傷跡は薄らいでいった。古傷が痛むのは、ごくまれに深く傷つけられたときだけだった。たとえば、特許出願を邪魔されたり、男性の同僚に隠し立てやミスリーディングをされたりした場合だ。

オジギソウ、馬、数学

三年生の半ばを過ぎた頃、状況は好転した。ダウドナの一家はヒロの中心部から、マウナロア火山の上方の森を切り開いて造成した、似たような家が立ち並ぶ新興住宅地に引っ越した。ダウドナは一学年に六〇人の子どもがいる大きな学校から、一学年が二〇人程度の小さな学校に転校した。生徒たちはアメリカの歴史を学んでいて、ダウドナは自分とのつながりを感じた。「それが転機になった」と振り返る。彼女の成長はめざましく、四年生の終わりには、数学と科学の教師から飛び級を勧められ、六年生に進級した。

その年、ついに親友ができた。ふたりの絆は生涯つづく。リサ・ヒンクリー（現在はリサ・トゥウィッグ＝スミス）は、スコットランド人、デンマーク人、中国人、ポリネシア人を祖先にもつ、典型的な混血ハワイ人だった。彼女はいじめっ子の扱い方を知っていた。「誰かにファ××ン・ハオレと呼ばれたら、わたしは萎縮していた」とダウドナは振り返る。「でも、いじめっ子がリサをそう呼ぶと、彼女は振り向いてその子をまっすぐ見つめ、同じように言い返した。わたしもそうしたいと思った」。ある日の授業で、「大人になったら何になりたいか」と尋ねられ、リサは、スカイダイバーになりたいと言った。「かっこいい、と思った。わたしには想像も及ばないことだった。彼女はわたしと違ってとても勇敢だったので、わたしも勇気を持とうと決心した」。

　放課後、ダウドナとヒンクリーは、自転車に乗ったり、サトウキビ畑を散歩したりして過ごした。近辺にはコケやキノコ、モモやサトウヤシなど、さまざまな植物が生えていた。二人は、溶岩がシダに覆われた草地を見つけた。溶岩流が作った洞窟には、目のないクモがいた。なぜそうなったのかと、ダウドナは不思議に思った。また、「ヒラヒラ」とか「オジギソウ」と呼ばれる、棘のあるつる植物にも興味をそそられた。その葉は、触れると丸くなる。「どうしてそうなるの、とわたしは自問した」とダウドナは振り返る[3]。

　わたしたちは皆、毎日のように自然の驚異を目にしている。それは動く植物かもしれないし、ディープ・ブルーの空をピンク色に染める夕陽かもしれない。しかし、真の好奇心にとって重要なのは、立ち止まってその原因について考えることだ。いったい何が空を青くし、夕陽をピンク色にし、オジギソウの葉を丸めているのだろうか、と。

　まもなくダウドナは、そのような謎解きを手伝ってくれる人を見つけた。両親の友人で生物学教授のドン・ヘムズだ。ヘムズはこう回顧する。「ダウドナの一家とはよく一緒にワイピオ渓谷（けいこく）や、ビッグ・アイランドの他の場所へ遠出して、キノコを探した。それはわたしの科学的興味からだった」。キノコの写真を撮った後、彼は図鑑を開いて、それらの見分け方をダウドナに教えた。また、海岸で集めた小さな貝殻をダウドナと一緒に分類し、進化の過程を調べた。

　父親は、ダウドナに馬を買い与えた。栗毛の去勢馬で、香りのよい実をつけるハワイの樹にちなんで「モキハナ」と名づけた。ダウドナはサッカーチームにも所属し、ハーフバックを務めた。

それは足が速く、持久力のあるランナーを必要とするポジションで、彼女の代わりになる人はほとんどいなかった。「わたしの仕事へのアプローチによく似ている」と、彼女は言う。「わたしは常に、同じスキルを持つ人がいないニッチを探してきた」。

彼女は数学が好きだった。証明問題が、探偵の仕事のように思えたからだ。また、高校の生物学教師マーレン・ハパイは、明るく情熱的で、発見の喜びを伝えるのがとてもうまかった。「ハパイから、科学は発見のプロセスだということを教わった」とダウドナは言う。

彼女は勉強がよくできたが、ヒロ郊外の小さな学校で、できることは限られていた。「先生たちは、わたしにあまり期待していないようだった」と、彼女は言う。彼女の中で、興味深い免疫反応が起きた。挑戦すべきことがなかったので、逆にもっと挑戦したいという気持ちになったのだ。「やってみるしかない、どうにかなる、と思った」と彼女は回想する。「こうしてわたしは進んでリスクを取るようになった。後に科学の世界で進むべきプロジェクトを選択する時も、それは同じだった」。

父親もダウドナの背中を押した。彼にとってダウドナはいちばん気の合う娘で、大学へ行って学者としてのキャリアを積むべき聡明な子どもだった。「父にとってわたしは息子のような存在なのだと、いつも感じていた」と彼女は言う。「妹たちとは扱いが少し違っていたから」。

六年生で、ジェームズ・ワトソンの『二重らせん』に夢中に

ダウドナの父親は熱心な読書家で、毎週土曜には地元の図書館から山のように本を借り、次の週末に返却していた。好きな作家はエマーソンとソローだったが、ダウドナが成長するにつれて、

彼は、自分が講義で取り上げるのがほとんど男性作家だということに気づいた。そこで、ドリス・レッシング、アン・タイラー、ジョーン・ディディオンをシラバスに追加した。

また、彼はしばしば、ダウドナに読ませるための本を、図書館から借りたり、地元の古本屋で買ったりした。ある日、六年生だったダウドナが学校から帰ってくると、ベッドの上に、ジェームズ・ワトソンの『二重らせん』の中古のペーパーバックが置かれていた。

彼女は推理小説だろうと思って、その本を脇に置いた。数週間後、雨の土曜日の午後、ようやくその本を読み始めた時、彼女はある意味で自分は正しかったことに気づいた。ページをめくりながら、そこに描かれている推理ドラマ、生き生きとした登場人物、自然に秘められた真実を追求する野心と競争にすっかり夢中になった。「読み終えると、その本について父と議論した」と彼女は回想する。「父はその本がお気に入りで、特に個人的な側面、つまり、その種の研究をする人たちの、人間的な側面に惹かれていた」。

その本でワトソンが（過剰に劇的に）描いたのは、アメリカ中西部出身の生物学を学ぶ二四歳の傲慢な学生が、どうやってイギリスのケンブリッジ大学に入り、生化学者フランシス・クリックと絆を深め、一九五三年にＤＮＡの構造を発見する競争に勝ったかという顚末だった。自虐的でありながら高慢という、イギリス風の語り口を身につけた生意気なアメリカ人、ワトソンが、生き生きとした筆致でゴシップ満載の物語風に書いたその本は、科学をたっぷり語りながら、有名な教授たちの愚かさ、恋の駆け引き、テニス、研究室での実験、アフタヌーン・ティーの楽しさを巧みに盛り込んでいた。

女性が偉大な科学者になれると発見

ワトソンは自分を、世間知らずの幸運な男として描いたが、ワトソンの次に興味深い登場人物は、構造生物学者で結晶学者のロザリンド・フランクリンだ。ワトソンは彼女の許可を得ないまま、彼女のデータを使った。一九五〇年代ならではの無遠慮な性差別を見せながら、ワトソンは横柄に彼女を「ロージィ」と、彼女が決して使わなかった名前で呼び、厳しい外見と冷淡な性格をからかいの種にした。しかし、彼女が複雑な科学に精通していることや、X線回折でDNAの構造を解明した手腕には、惜しみない敬意を払った。

「フランクリンが少し見下されていることにわたしは気づいたと思うけれど、むしろ衝撃的だったのは、女性が偉大な科学者になれるという発見だった」とダウドナは言う。「ちょっと変だと思われるかもしれない。マリー・キュリーのことを知っていたはずだから。でも、あの本を読んで初めて、真剣に考えるようになった。女性も科学者になれるということを[4]」。

また彼女はその本から、自然には論理的であると同時に畏敬の念を抱かせる要素があることを学んだ。熱帯雨林を散策している時に目にした驚くべき現象も含め、生物を支配するメカニズムが存在する。「ハワイで育ったわたしは、父と一緒に自然の中の面白いものを探すのが好きで、触ると丸まるオジギソウもその一つだった」と彼女は回想する。「『二重らせん』を読んで、自然がなぜそうなっているか、その理由を探すこともできるのだと思った」。

ダウドナのキャリアを形づくっていくのは、『二重らせん』の核になっている洞察、すなわち、分子の形と構造が、その分子の生物学的役割を決めている、という洞察である。それは生命の根本的な秘密を解き明かすことに興味を持つ者にとって、驚くべき啓示だった。化学、すなわち、原子がどのように結びついて分子になるかを探求する学問は、そのように生物学とつながっているのだ。

より広い意味では、彼女のキャリアは、ベッドの上の『二重らせん』を見て、大好きな推理小説のペーパーバックだと思ったのは正しかった、という気づきによってでも形づくられていく。「わたしは昔から推理小説が好きだった」と彼女は後年、記している。「科学に魅了されたのは、そのためかもしれない。科学は、知られているかぎり最も長いミステリー、つまり、自然界の起源と機能、そして、その中でのわたしたちの位置づけを理解しようとする試みなのだから[5]」。

ダウドナの学校は、女の子が科学者になることを奨励していなかったが、ダウドナは自分がしたい仕事はそれだと思った。そして、自然がどのように機能するかを理解したいという情熱と、発見をいち早く発明に変えたいという競争心に突き動かされ、やがてジェームズ・ワトソンが謙虚さを装いつつ彼らしい誇張を交えて、「二重らせん以来、最も重要な生物学的進歩」と呼んだものを推進することになる。

第2章　遺伝子の発見

『二重らせん』表紙

チャールズ・ダーウィン

グレゴール・メンデル

ダーウィンによる自然選択説

ワトソンとクリックをＤＮＡ構造の発見へと導いた道は、その一世紀前の一八五〇年代に敷かれた。当時、イギリスでは博物学者のチャールズ・ダーウィンが、『種の起源』を出版し（一八五九年）、ブルノ（現在はチェコ共和国の一部）では、司祭職にあったグレゴール・メンデルが、修道院の庭でエンドウマメを育てていた。ダーウィンによるフィンチの嘴（くちばし）の研究と、メンデルによるエンドウマメの特徴の研究は、生物の内部にあって遺伝情報を伝える遺伝子というアイデアを誕生させた[1]。

ダーウィンは、著名な医師であった父や祖父と同じ道に進むつもりだった。しかし、血まみれの手術の光景や、縛られて手術を受ける子どもの悲鳴に自分は耐えられないことを悟り、医科大学を中退した。その後、英国国教会の牧師を目指して勉強を始めたが、それも彼にはまったく不向きな職だった。八歳の時に標本収集を始めて以来、ダーウィンの真の願いは博物学者になることだった。一八三一年、その機会が訪れた。二二歳の彼は、帆船、ＨＭＳビーグル号に博物学者として同乗し、世界を周遊することになったのだ[2]。

一八三五年、五年にわたる旅の四年目に、ビーグル号は南米の太平洋沖に浮かぶ十余りの小さな島々からなるガラパゴス諸島を探検した。そこでダーウィンは鳥の死骸を集め、それぞれをフィンチ、クロウタドリ、シメ、マネシツグミ、ミソサザイと記録した。しかし、その二年後、母国イギリスで、鳥類学者のジョン・グールドから、それらはフィンチの異なる種だということを知らされた。ダーウィンは、それらの島が共通の祖先から進化したという説を構築しはじめた。

彼が子ども時代を過ごしたイングランドの田舎では、馬や牛が、時々わずかな変異を持って生まれた。育種家は望ましい特徴を持つ馬や牛を選び、年月をかけてそれらを増やしていた。たぶん自然も同じことをしているのだ。そう思った彼は、それを「自然選択」と名づけた。ガラパゴス諸島などの孤立した場所では、各世代でいくつかの変異（ダーウィンはユーモアたっぷりにそれを「変種（スポーツ）」と呼んだ）が生まれ、環境の変化に応じて、そのいずれかが、乏しい食料をめぐる競争に勝ち、ひいては繁殖の可能性が高くなる。こう考えてみよう。フィンチの一部は果実を食べるのに適した嘴を持っていたが、その後の干ばつで果樹が全滅した。そうなると、木の実を割るのに適した嘴を持つフィンチの方が繁栄する。「このような状況下では、好ましい変異は保存されやすく、好ましくない変異は滅びやすい」と彼は記した。「その結果、新しい種が形成される」。

『種の起源』発表、だが突然変異と自然選択の進化メカニズムは謎のまま

ダーウィンは自説がキリスト教の教えにあまりにも反していたため、発表をためらったが、科学の歴史ではしばしば起きるように、競争が拍車をかけた。一八五八年、若い博物学者のアルフレッド・ラッセル・ウォレスが、同様の理論を説く論文の原稿をダーウィンに送った。ダーウィンは急いで自分の論文を発表する準備を進め、彼らは、同じ日に著名な科学学会の会合で自分たちの研究を発表することにした。翌年、ダーウィンは著書『種の起源』を出版した。

ダーウィンとウォレスは、創造性の鍵となる性質を備えていた。二人とも幅広い対象に興味を

持ち、異なる分野をつなぐことができた。どちらも異国への旅行で種の変化を観察していた。またどちらも、イギリスの経済学者トマス・マルサスの『人口論』を読んでいた。マルサスは、人口は食料供給より速く増加しがちで、その結果生じる人口過剰は飢饉をもたらし、弱者と貧しい人々が淘汰される、と論じた。ダーウィンとウォレスは、これがあらゆる種に当てはまることに気づき、「適者生存によって推進される進化」という理論を導き出した。「わたしはたまたま気晴らしにマルサスの『人口論』を読んでいたので……このような状況下では、好ましい変異は保存されやすく、好ましくない変異は滅びやすいことに、すぐ気づいた」と、ダーウィンは回想する。SF作家で生化学教授だったアイザック・アシモフは後にこう記している。「必要とされたのは、種を研究し、マルサスを読み、異なる分野をつなげることのできる人物だった[3]」。

種は突然変異と自然選択によって進化するという認識は、大きな疑問、すなわち、そのメカニズムは何か、という疑問を残した。フィンチの嘴やキリンの首に見られる有益な変異は、どのように発生し、どのように未来の世代に受け継がれるのだろう。ダーウィンは、生物は遺伝情報を含む小さな粒子を持っていて、男性と女性からの情報が受精卵の中で混ざりあう、と推測した。しかし、すぐに彼は（他の人も気づいたが）この方法では、新たに生じた形質がどれほど有益でも、世代を経るごとに薄まっていくことに気づいた。

ダーウィンの自宅の図書室には、一八六六年に書かれた論文を掲載した無名の科学雑誌があり、そこに答えが載っていたのだが、彼がそれを読むことはなく、当時のほとんどの科学者も同じだった。

メンデルが修道院で見つけた「遺伝の単位」という概念

その論文の著者はグレゴール・メンデル。背の低いふくよかな司祭で、両親はドイツ語を話すモラヴィア（オーストリア帝国の一部）の農民だった。メンデルは司祭の仕事よりも、ブリュン［現ブルノ］の修道院の庭をぶらぶら散策する方が好きだった。チェコ語をほとんど話せなかったし、よき司祭になるには内気すぎたのだ。そこで、司祭をしながら、数学と科学の教授を目指したが、不運なことに、何度も資格試験に落ちた。ウィーン大学に留学した後も同じだった。生物学と自然科学の成績が特に悪かった。(4)

一八五六年、最後の試験に失敗した後、他にすることがなかったので、以前から修道院の庭で行っていたエンドウマメの育種に専念した。先立つ数年間、彼は「純系」［遺伝型が均一な子孫を作る個体群］の作成に取り組んできた。実験の素材に選んだエンドウマメには、二つの型のどちらかで現れる七つの形質があった。種子の色（黄色、緑）、花の色（白、紫）、種子の形状（なめらか、しわがある）などだ。メンデルは慎重に選別・交配することで、たとえば紫の花だけや、しわのある種だけからなる純系を作り出した。

翌年、彼は新たな実験に着手した。異なる形質のエンドウマメ（たとえば白い花と紫の花）を交配させて、雑種を作ることだ。それには、鉗子（かんし）で雄（お）しべを摘み取り、小さなブラシで花粉を移すという骨の折れる作業が必要だった。

当時ダーウィンを悩ませていた疑問を考えると、メンデルの実験の結果は重大だった。形質は混ざり合わなかったのだ。たとえば、背の高いエンドウマメと低いエンドウマメを交配しても、中ぐらいの高さのものは生まれず、紫の花と白い花を交配させても、薄紫の花は生まれなかった。その代わり、背の高いものと低いものを交配させると、すべて背が高くなった。紫の花と白い花を交配させると、すべて紫の花になった。メンデルはこれらを「優性形質」と名づけ、広まらなかったものを「劣性形質」と名づけた。

その翌年の夏、さらに大きな発見があった。メンデルは雑種の次の世代を作っていた。雑種の第一世代では、優性形質（紫の花、背の高い茎など）だけが出現したが、次の世代では劣性形質が再び現れた。彼の記録は、あるパターンを明らかにした。この第二世代では、四分の三に優性形質が現れ、残り四分の一が劣性形質だった。メンデルはこの現象を次のように読み解いた。ある植物が優性の因子を二つ受け継ぐか、優性と劣性の因子を一つずつ受け継いだ場合、優性形質が出現する。しかし、劣性の因子を二つ受け継ぐと、劣性形質が現れる。

科学の進歩は宣伝することで促進される。しかし、もの静かな修道士メンデルは、表舞台に出ない運命にあったようだ。一八六五年、四〇人の農場主と植物育種家が参加するブリュン自然科学会の例会で、彼はその発見について二回にわたって講演を行った。その講演の内容を仰々しくまとめた論文は、翌年、同自然科学会の紀要に掲載された。以来、その論文が引用されることはほとんどなかったが、一九〇〇年に、同様の実験を行った科学者によって発見された[5]。

メンデルと後継の科学者の発見から、遺伝の単位という概念が生まれ、一九〇九年、ウィルヘルム・ヨハンセンというデンマークの植物学者がそれを「遺伝子」と名づけた。明らかに、遺伝情報をコード化する何らかの分子が存在すると思えた。科学者たちは何十年にもわたって根気強く生物の細胞を研究し、それがどんな分子なのかを突き止めようとした。

第3章

生命の秘密、その基本暗号がＤＮＡ

ワトソン（左）とクリック（右）と彼らが作ったＤＮＡモデル。1953年

あらゆる自然のミステリーの基本となる暗号

初めのうち、科学者たちは、遺伝子はタンパク質によって運ばれると考えていた。タンパク質は、生物の体の中で最も重要な仕事をしているからだ。しかし、最終的に、遺伝に大きく貢献しているのは、細胞内に必ずある、もう一つの物質、核酸（かくさん）だということが判明した。核酸は、塩基、糖、リン酸からなるヌクレオチドが鎖状に連なった生体高分子で、リボ核酸（ＲＮＡ）と、デオキシリボ核酸（ＤＮＡ）と呼ばれる二つの種類がある。ＤＮＡはＲＮＡに似ているが、酸素原子が一つ少ない。「デオキシ」とは酸素がとれたという意味だ。進化的観点から見れば、ごく単純なコロナウイルスも非常に複雑なヒトも、核酸によってコード化された遺伝物質を運搬し複製しようとする、タンパク質でできた容器（パッケージ）にすぎない。

ＤＮＡが遺伝情報の保管場所だという発見は、一九四四年、ニューヨーク、ロックフェラー大学の生化学者、オズワルド・エイブリーと同僚によってなされた。彼らはある菌株（きんかぶ）からＤＮＡを抜き出し、それを他の菌株と混ぜて、ＤＮＡが遺伝形質を伝えることを証明した。

生命の謎を解く次のステップは、ＤＮＡがどのようにして遺伝情報を伝達するのかを解明することだった。そのためには、あらゆる自然のミステリーの基本になっている暗号、すなわち、ＤＮＡの構造の解明が必要だった。ＤＮＡを構成する原子がどのように結合し、どんな形になっているかを解明すれば、ＤＮＡがどのように働いているかがわかるだろう。その仕事をこなすには、二〇世紀に登場した三つの領域——遺伝学、生化学、構造生物学——をミックスする必要があった。

天才科学者ジェームズ・ワトソン

シカゴの中流階級の家庭に生まれたジェームズ・ワトソンは、非常に頭脳明晰で、生意気で、公立学校では飛び抜けて優秀だった。そのせいで、賢さをひけらかす性質になり、それは科学者としてはプラスだったが、公人としてはマイナスだった。軽率で、辛抱することを知らない彼は、生涯を通して、頭に浮かぶ考えをそのまま口に出し、速射砲のようなスピードでしゃべり続けた。彼は後に、両親から教わった最も重要な教訓の一つは、「社会に受け入れられるための偽善は自尊心を損なう」だと語った。彼はその教えを学びすぎたようだ。子ども時代から九〇歳を超すまで、正しかろうが間違っていようが自分の意見を無遠慮に口に出し、そのせいで時には社会から拒絶されたが、自尊心が損なわれることは決してなかった[1]。

成長期にはバードウォッチングに情熱を注ぎ、ラジオ番組『クイズ・キッズ』に出演して得た戦時公債でボシュロムの双眼鏡を買った。しばしば夜が明けないうちに起きて、父親とジャクソン・パークに行き、二時間ほどかけて珍しいアメリカムシクイ［スズメ目の鳥］を探し、それからトロリーバスで神童が学ぶ実験学校へ向かった。

一五歳でシカゴ大学に入学すると、鳥への愛にふけるため、また、化学への嫌悪を貫くため、鳥類学者になろうと決意した。しかし、四年生の時に量子物理学者エルヴィン・シュレーディンガーの著書『生命とは何か』の書評を読んだのがきっかけとなり、遺伝子の分子構造を解明すれば、遺伝情報が何世代も伝わる仕組みがわかるというシュレーディンガーの主張に、興味を持つようになった。ワトソンは翌朝、図書館でその本を借り、以来、遺伝子の解明に夢中になった。

大学での成績はそこそこだったので、カリフォルニア工科大学で博士号を取得しようとしたが拒否され、ハーバード大学の奨学金も得られなかった。[2] そこで彼は中西部のインディアナ大学に進んだ。同大学には国内最高水準の遺伝学部があった。レベルが高い理由の一部は、東海岸では終身在職権（テニュア）を手に入れにくいユダヤ人を受け入れたことにある。その学部では、ノーベル賞を受賞したばかりの遺伝学者ハーマン・マラーとイタリア出身の微生物学者で後にノーベル賞を受賞するサルバドール・ルリアが活躍していた。

遺伝子は結晶化する

ルリアを博士課程の指導教官として、ワトソンはウイルスを研究した。ウイルスは、遺伝物質を運ぶ入れ物（パケット）で、それ自体は生命を持たないが、生きている細胞に侵入すると、その装置を乗っ取って増殖する。ウイルスの中でも最も研究しやすいのは、細菌（バクテリア）を攻撃するウイルスで、「ファージ」と呼ばれる（この用語はクリスパーの発見について語るときに再び登場するので覚えておこう）。「バクテリアを食べるもの」を意味する「バクテリオファージ」の略語である。

ワトソンは、ルリアたちが率いる、ファージを研究する生物学者の国際的サークル、「ファージ・グループ」に加わった。「ルリアは化学者を毛嫌いしていて、特にニューヨークシティからやってきた負けん気の強い連中を嫌った」とワトソンは言う。まもなくルリアは、ファージを理解するには化学が必要だと悟った。しかし、自分が一から化学を学ぶのは無理だと思ったので、ワトソンがポスドクのフェローシップを取得してコペンハーゲン大学で生化学を学ぶのを後押しした。

かくしてワトソンはコペンハーゲンに行ったが、そこで師事した化学者、ハーマン・カルカーのぶつぶつとつぶやくような言葉が理解できず、また、ハーマンの研究内容にも興味がわかなかったので、研究室に行かなくなった。それでも、一九五一年の春には、ハーマンに誘われて、生体細胞中に見つかった分子に関するナポリでの会議に参加した。講演の大半はちんぷんかんぷんだったが、キングス・カレッジ・ロンドンの生化学者、モーリス・ウィルキンスの講義には強く興味を惹かれた。

ウィルキンスは結晶学とX線結晶構造解析［X線回折法ともいう］を専門としていた。それは、ある分子が飽和状態にある液体を冷却して、結晶を生じさせ、その構造を解明しようとする技術だ。ある物体に複数の角度から光をあて、その影の形を調べたら、物体の形を推測できる。それと同じで、X線結晶構造解析でも、結晶に多くの異なる角度からX線を照射し、影と回折パターンを記録する。ウィルキンスがナポリでの講演の最後に示したスライドは、結晶化したＤＮＡをそうやって解析したものだった。

「化学の威力に、わたしは興奮した」とワトソンは回想する。「ウィルキンスの話を聞いて、遺伝子が結晶化することを知った。つまり、遺伝子は規則的な構造を持っていて、正攻法で解き明かせるということだ」。続く数日間、ワトソンは、ウィルキンスの研究室に入れてもらおうと、彼のあとをつけまわしたが、無駄な努力に終わった。

フランシス・クリックと科学者史上の最強タッグを組む

一九五一年の秋、ワトソンはポスドクとして、ケンブリッジ大学のキャヴェンディッシュ研究所に入ることができた。同研究所を率いるのは、結晶学のパイオニアの一人であるウィリアム・ローレンス・ブラッグ卿だった。ブラッグ卿は科学分野におけるノーベル賞受賞者の最年少記録を十歳も引き下げ［二五歳で受賞］、現在もその記録を保持している[3]（結晶がＸ線を回折する仕組みに関する数学的法則の発見により、父親と共同受賞した）。

キャヴェンディッシュ研究所では、二人の科学者が史上最強のタッグを組んだ。ワトソンとフランシス・クリックだ。クリックは大学では物理学を専攻したが、第二次世界大戦で軍務に就いた後、生物学に転向した。ワトソンと出会った時には、三六歳という科学者として成熟の年齢に達していたが、博士号はまだ取得していなかった。

それでも、彼は自らの直観に自信があり、また、ケンブリッジのマナーに無頓着だったので、同僚たちのずさんな考えを遠慮なく正し、自分のお節介がいかに重要であるかを、得意げに語らずにはいられなかった。ワトソンが『二重らせん』の冒頭で印象的に、「フランシス・クリックがおとなしく控えているのをわたしは見たことがない」と記した通りだ。それはワトソンについても言えることで、彼らは互いの傲慢さを同僚の誰よりも称賛していた。「若さゆえの傲慢さ、無慈悲、ずさんな考えに対する苛立ちは、わたしたち二人にとっては当たり前のことだった」とクリックは回想する。

クリックは、ＤＮＡの構造がわかれば遺伝の謎が解けるというワトソンの考えに同意した。じきに二人は、共にシェパーズ・パイの昼食をとり、研究所の近くの古びたパブ、イーグル亭で盛んに語り合うようになった。研究所では、クリックはよく響く声で高笑いし、ローレンス・ブラッグ卿をいらいらさせた。その結果、ワトソンとクリックは、灰色のレンガ造りの専用の部屋をあてがわれた。

「二人は相補する鎖であり、不遜さ、滑稽さ、獰猛な才気によってつながっていた」と、医師で作家のシッダールタ・ムカジーは書いている。「彼らは権威をばかにしていたが、権威者に認められることを切望していた。科学の主流派をばかにして、煩わしいと思っていたが、主流派に取り入る方法を知っていた。自分たちを典型的なよそ者と見なしていたが、ケンブリッジ大学の中庭で座っているのは快適だと感じていた。彼らは、愚か者の宮廷に仕える道化師を自認していた」(4)

ちょうどその頃、カリフォルニア工科大学の生化学者ライナス・ポーリングが科学界に衝撃を与えた。X線結晶構造解析と、化学結合に関する量子力学の知識と、おもちゃのような分子模型によって、タンパク質の構造の一部を解明したのだ。この快挙は後にノーベル化学賞につながった。ワトソンとクリックは、イーグル亭で昼食をとりながら、同じやり方でDNAの構造を解明し、ポーリングに勝つための策を練った。彼らは、原子やそれらの結合を理解するために、キャヴェンディッシュ研究所の工作室で機械工にブリキ板や銅線を切ってもらって、卓上模型の制作に取り掛かった。

X線回折のプロ、「ロージィ」と呼ばれた女性生化学者

ワトソンとクリックにとって障害の一つは、自分たちの挑戦がキングス・カレッジ・ロンドンの生化学者、モーリス・ウィルキンスの領域に踏み込むことになることだった。そもそも、ワトソンがDNAの構造に興味を持つようになったのは、ウィルキンスが撮影したDNAのX線回折画像の写真をナポリで見たのがきっかけだった。「イギリス人のフェアプレー感覚は、クリック

がウィルキンスの領域に侵入することを許さないだろう」とワトソンは記している。「ここがフランスなら、フェアプレー精神は皆無なので、そんな問題は起きなかっただろうし、アメリカでは起きるはずがなかった」。

しかし当のウィルキンスは、ポーリングと競い合っているようには見えなかった。むしろ彼は、一九五一年にキングス・カレッジに着任した聡明な同僚との内部抗争の最中にあった。ワトソンは著書において、二人の対立を大げさに、かつ、くだらないものとして描いている。その同僚とは、パリ留学中にＸ線回折の技法を学んだ三一歳のイギリス人生化学者で、ワトソンが著書で「ロージィ」と呼ぶロザリンド・フランクリンだ。

彼女はＤＮＡ研究チームを率いるつもりでキングス・カレッジにやってきた。一方、四歳年上で、すでにＤＮＡを研究していたウィルキンスは、彼女のことを、Ｘ線回折を手伝うために来た後輩と見なした。この認識のずれが火種となり、数か月のうちに、両者はほとんど口をきかなくなった。キングス・カレッジの建物の性差別的な造りも、二人の距離を広げるのに一役買った。カレッジには研究者用のラウンジが二つあり、一つは男性用で、優雅なランチの場だったが、もう一つは女性用で、耐え難いほどみすぼらしかった。

フランクリンは、目標の定まった科学者で、良識ある服装をし、女性であることをアピールすることもなければ、卑下することもなかった。その結果、彼女はイギリス学界の風変りな好みや、性的なレンズを通して女性を見る傾向と衝突したが、それはワトソンによる描写にも表れている。「顔立ちはきつかったが、魅力的でないわけではなく、もう少し服装に気を遣ったら、はっとするような美人になると思われた」と彼は記した。「しかし、そんなことをロージィに望むのは無理だった。黒髪が引き立つはずの口紅をつけようともせず、三一歳になるのに、イギリスの文学少女のようないでたちなのだ」。

フランクリンは、自分のX線回折写真をウィルキンスや他の人と共有することを拒んだが、一九五一年一一月に、最新の発見の要約を講義することになった。ワトソンは、「ロザリンド・フランクリンのセミナーを聞きに来なさい」と、ウィルキンスに勧められ、講義を理解できるよう、大急ぎで結晶学を勉強した。「飾り気のない古い講義室で、彼女は一五名ほどの聴衆に向かって、その部屋に似つかわしい神経質そうな早口で講義を行った」と、ワトソンは回想する。「彼女の言葉に暖かさや軽妙さはみじんも感じられなかった。それでも、彼女にまったく魅力がなかったわけではない。わたしはほんの一瞬、もしこの人が眼鏡を外して、今風の髪型にしたらどんな感じだろう、と考えた。しかし、わたしの関心はすぐ、結晶のX線回折写真に関する彼女の説明へと移った」。

翌朝、ワトソンはクリックに講義の概要を伝えた。クリックがあきれたことに、ワトソンはメモを取っておらず、フランクリンが測定したDNAの水分含有量など、多くの重要な点があいまいだった。それでも、クリックは図形を走り書きして、フランクリンのデータが示すのは、二本、三本、あるいは四本の鎖がらせん状にねじれた構造だ、と断言した。可能性のあるモデルを検討していけば、答えが見つかるかもしれない、とクリックは考えた。一週間たたないうちに、彼らは答えと思われるものを得た。三本の鎖が中央でねじれあって骨格を作り、四つの塩基がこの骨格から外へ突き出ている、というものだ。もっとも、そのモデルでは、距離が近すぎてうまく収まらない原子がいくつかあった。

にわかに勢いづいた二人は、ウィルキンスとフランクリンに電話をかけて、ケンブリッジまで見に来るよう伝えた。翌朝、二人が到着すると、クリックは挨拶もそこそこに、三重らせん構造の説明を始めた。フランクリンはたちまちそれには欠陥があることを見抜いた。「あなたがたはまちがっています」と、憤慨した教師のようなきつい口調で彼女は言い、その理由を説明した。

ＤＮＡがらせん状になっているはずはない、とフランクリンは考えていた。この点に関して、彼女は間違っていた。しかし、ある指摘は正しかった。それは、そのモデルには十分な水が含まれていないことだ。「この段階で、ロージィのＤＮＡサンプルの水分含有量に関するわたしの記憶が間違っていたという事実が明らかになり、わたしを当惑させた」と、ワトソンはひとごとのように書いている。フランクリンと一時的に同盟を結んだウィルキンスが、「今から駅に向かえば、三時四〇分発の列車でロンドンへ帰れる」と彼女に提案し、二人は帰って行った。

ワトソンとクリックは、ばつの悪い思いをしただけでなく、ペナルティを科せられた。所長のローレンス・ブラッグ卿から、ＤＮＡに関する研究から手を引き、その領域をウィルキンスとフランクリンに任せなさいと命じられたのだ。彼らが作った模型は梱包(こんぽう)され、ロンドンのウィルキンスとフランクリンのもとへ送られた。

敵失によりワトソンらが勝利

さらにワトソンとクリックをうろたえさせたのは、カリフォルニア工科大学のライナス・ポーリングが講義をするためにイギリスにやって来るという知らせだった。イギリスでの進展を知れば、ポーリングは、ＤＮＡ構造を解明しようとする試みを加速させるに違いない。しかし幸運にも、アメリカ国務省がワトソンらに味方した。赤狩り（あかがり）とマッカーシズムの嵐が吹き荒れる不穏な時代にあって、ポーリングはニューヨークの空港で足止めされ、パスポートを没収された。それは、雄弁な平和主義者である彼にこの旅行を許可したら、アメリカにとって脅威になると、ＦＢＩが判断したからだった。こうしてポーリングが、イギリスでなされた結晶学の研究について議論する機会を奪われたことは、思いがけないことに、ＤＮＡ構造解明の競争におけるアメリカの敗北の一因となった。

ワトソンとクリックはポーリングの取り組みの進展を、いくらかは、ポーリングの息子ピーターを通じて知った。ピーターはワトソンらと同じくキャヴェンディッシュ研究所に所属する若い学生で、ワトソンは彼のことを、快活で楽しい若者だと思っていた。「ピーターとはイギリス、ヨーロッパ、カリフォルニア出身の女の子たちの魅力を比較して、おしゃべりを楽しんだ」とワトソンは回想している。しかし、一九五二年一二月のある日、研究所にやってきたピーターは、自分の机の上に足を投げ出し、ニヤニヤ笑いながら、ワトソンが恐れていたことを口にした。その手には父親からの手紙があり、そこには、ＤＮＡの構造を解明したのでもうすぐ発表する、と書かれていたのだ。

ライナス・ポーリングの論文は、二月初旬にケンブリッジに届いた。最初にそれを手に入れたピーターは、のんびり歩きながら研究所に入ってくると、ワトソンとクリックに、父親が出した答えは彼らが考えていたモデルに似ている、と告げた。中央に糖とリン酸の骨格を持つ三本鎖のらせん構造である。ワトソンはピーターの上着のポケットから論文をひったくると、読み始めた。「すぐに何かがおかしいと感じた」と彼は回想する。「しかし、それが何なのかわからなかった。

そこで数分間、その図をじっくり見た」。

　ポーリングが提示したモデルでは、原子の結合が安定しない部分があることにワトソンは気づいた。クリックや他の同僚と議論するうちに、ポーリングが「しくじった」のは確実だと思えてきた。彼らはとても興奮し、午後の仕事を早めに切り上げ、イーグル亭へ急行した。「夜、店の扉が開くとすぐ、わたしたちはポーリングの失敗を祝して乾杯した」とワトソンは書いている。「いつもはシェリー酒だが、その日はフランシスにウイスキーをおごらせた」。

ロザリンドが撮影したＤＮＡ構造の証拠写真を横取りする

もはや、ウィルキンスとフランクリンに任せよという命令を尊重する時間の猶予はなかった。ワトソンはポーリングの論文の写しを携え、ウィルキンスとフランクリンに会うために、午後の列車でロンドンに向かった。キングス・カレッジ・ロンドンに到着した時、ウィルキンスは外出中だったので、ワトソンは、招かれてもいないのに、フランクリンの研究室に入っていった。フランクリンは明かり台の上に身をかがめて、これまでよりずっと鮮明な、最新の、ＤＮＡのＸ線写真を測定しているところだった。彼女はワトソンをにらみつけたが、ワトソンはポーリングの論文の概要を説明し始めた。

　ワトソンはＤＮＡのらせん構造に何度も言及したが、フランクリンは、それを裏づける証拠はまったくない、と断言した。「わたしは、持論を主張する彼女をさえぎり、規則的な重合分子がとる最も単純な形態はらせんだと主張した」とワトソンは回想する。「ロージィはもはや怒りをコントロールできなくなり、『くだらないおしゃべりをやめて、わたしのＸ線写真を見れば、自分の愚かさがわかるはずです』と声高に言った」。

　両者のやりとりは険悪になる一方で、ついにワトソンは、あなたは実験の腕は優れているのだから、ほんの少し理論を勉強すれば、あのX線写真の意味がわかるだろう、と正論ながら、無礼な指摘をした。「すると突然、ロージィは、二人を隔てていた実験台の向こうを回って、わたしに迫って来た。殴られるのではないかと思って、わたしはポーリングの論文を握りしめ、急いで後ずさった」。

　ちょうどそこへ、ウィルキンスがやってきて、睨みあう二人の間に入り、ワトソンを連れ出した。彼はワトソンに、フランクリンが十分な水分を含むDNAの画像をいくつか撮影したことを打ち明け、それは構造の新たな証拠になるはずだと言った。それから隣の部屋へ行って、後に「フォトグラフ51」として有名になる写真のプリントを持ってきた。ウィルキンスがその写真を持っていたことに問題はなかった。彼は、フランクリンの撮影を手伝った学生の博士課程の指導教官だったのだ。しかし、それをワ

ロザリンド・フランクリン

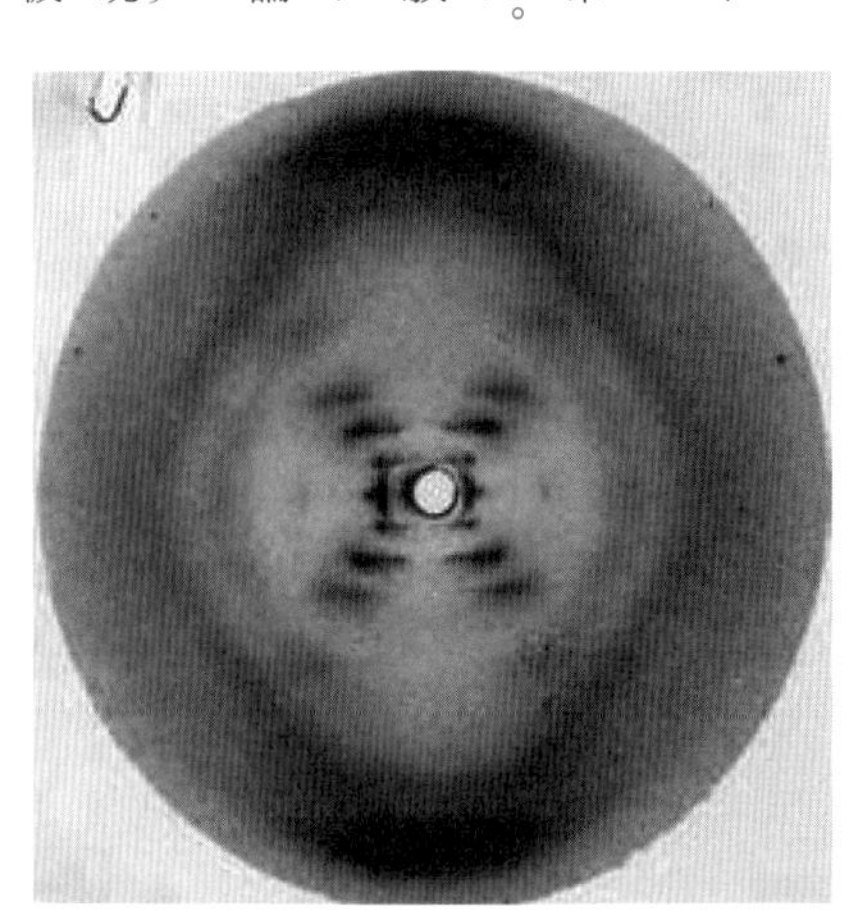
フォトグラフ51

トソンに見せたのは適切とは言えない。ワトソンは重要なパラメータを記録し、クリックに知らせるために持ち帰った。その写真によって明らかになったのは、フランクリンが、構造の骨格となる鎖はＤＮＡの外側にあると主張したのは正しかったが、ＤＮＡがらせん構造になっている可能性を否定したのは間違っていた、ということだ。「写真にはっきり表れている黒い十字の反射は、らせん構造からしか生じない」と、ワトソンはすぐに見抜いた。フランクリンのメモを見ると、ワトソンが訪れた後も、彼女はまだ当分の間、ＤＮＡ構造を正しく理解できなかったことがわかる。[5]

二重らせんモデルで生命の秘密の発見——複製可能な遺伝子コードを運ぶ

ケンブリッジへの帰路、汽車の暖房の効いていない車両で、ワトソンはタイムズ紙の余白にアイデアの概略を記した。大学に戻ったのは遅い時間で、夜間は閉鎖されている裏門をよじ登って、宿舎に戻った。翌朝、キャヴェンディッシュ研究所に行くと、所長のローレンス・ブラッグ卿と出くわした。ワトソンとクリックにＤＮＡから手を引きなさいと命じたその人である。しかし、ワトソンが新たに学んだことを興奮気味に報告し、模型組み立て作業に戻らせてほしいと懇願(こんがん)すると、ローレンス卿はそれを認めた。ワトソンは階段を駆けおりて研究所の工作室へ行き、機械工に新たなモデルの作成を依頼した。

まもなくワトソンとクリックは、フランクリンのデータをさらに多く入手した。彼女は研究の報告書をイギリスの医学研究審議会に提出しており、同審議会のメンバーが、ワトソンとクリックにその報告書を見せたのだ。つまり、ワトソンとクリックはフランクリンの発見を盗んだわけ

DNA

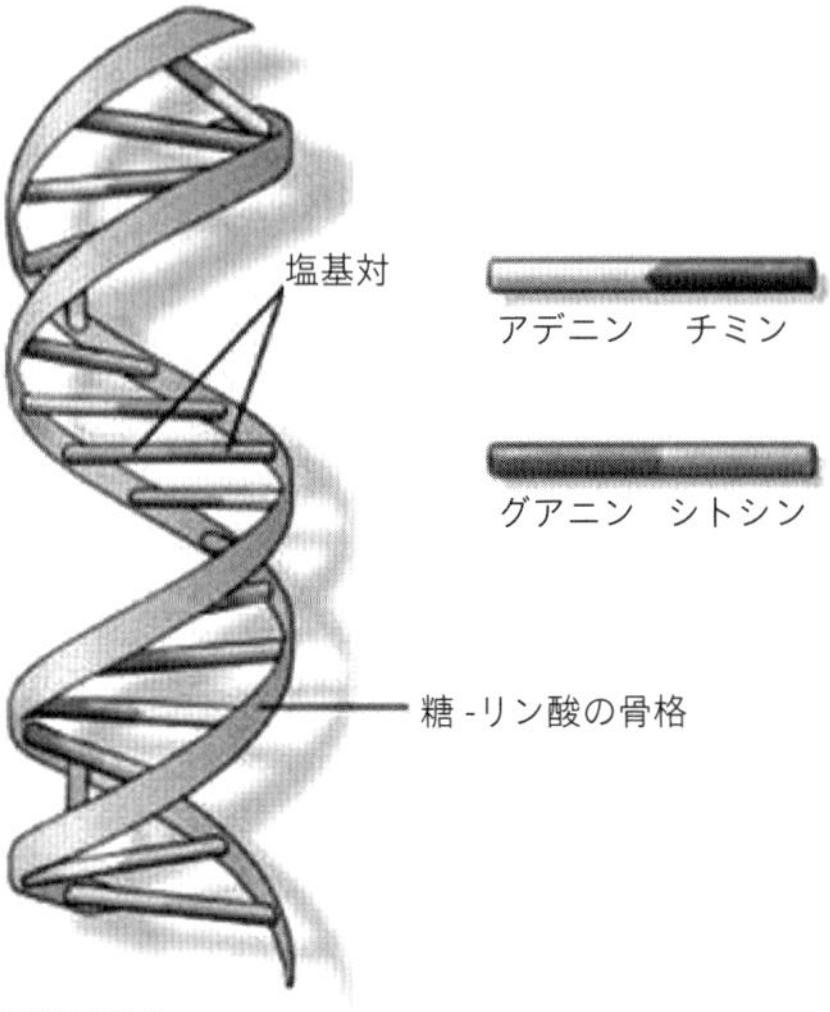

塩基対

アデニン　チミン

グアニン　シトシン

糖 -リン酸の骨格

米国国立医学図書館

ではないが、彼女の許可を得ないまま、それを使用したのである。

　その頃には、ワトソンとクリックは、DNAの構造をかなり正確に理解していた。糖とリン酸からなる二本の鎖がねじれて、二重らせん構造を形づくっており、そこから四つの塩基、アデニン、チミン、グアニン、シトシンが突き出ている。現代では一般に、その四つは、A、T、G、Cで表される。かねてよりフランクリンは、骨格は外側にあり、塩基は内側にある、と主張していたが、ワトソンらはそれが正しかったことを認めた。後にワトソンは、慇懃無礼にこう述べている。「この件について彼女が妥協のない意見を貫いたのは、心得ちがいな男女同権主義者（フェミニスト）が感情に流されたわけではなく、一流の科学的考察に裏づけられていたことがわかった」。

　当初、彼らは、塩基は同じもの同士で対になると仮定した。たとえば、アデニンはもう一つのアデニンと結びつく、というように。しかしある日、ワトソンは自作したダンボール製の塩基の模型で、いろいろな組み合わせを作っているうちに、「突然、二個の水素結合で連結されたアデニン－チミンの塩基対は、二個以上の水素結合で結合されたグアニン－シトシンの塩基対と全く同じ形をしていることに気づいた」。幸運にもその研究所には、さまざまな分野のスペシャリストがいた。そのうちの一人である量子化学者は、アデニンはチミンを引き付け、グアニンはシトシンを引き付けることを認めた。

この構造は、優れた結果をもたらす。二本の鎖が一本ずつになると、どの横木も決まったパートナーを引き付けるので、元のパートナーと同じ鎖を複製できる。つまり、この構造は、ＤＮＡが自らを複製し、その配列にコード化された情報を伝えることを可能にするのだ。

ワトソンは研究所の工作室へ行き、模型用の塩基の制作を急がせた。すでにワトソンの熱意にすっかり影響されていた機械工たちは、二時間ほどでぴかぴかの金属板をハンダ付けしてくれた。こうしてすべての部品を手に入れたワトソンは、わずか一時間で、Ｘ線データにも化学結合の法則にもかなう位置に原子を配列し終えた。

『二重らせん』におけるワトソンの、記憶に残る少々大げさな言い回しによれば、「フランシスはイーグル亭に飛び込むと、そこにいる皆に聞こえる大声で、『ぼくたちは生命の秘密を発見した』と言った」。その答えはあまりに美しく、真実としか思えなかった。その構造は、ＤＮＡの機能にとって最適だった。なぜなら、複製可能な遺伝子コードを運ぶことができたからだ。

男性三人がノーベル賞受賞、フランクリンは卵巣がんで亡くなる

ワトソンとクリックは、一九五三年三月の最後の週末に論文を書き終えた。それはわずか九七五語からなり、ワトソンの妹がタイプした。彼女はワトソンから「生物学の歴史上、おそらくは

ダーウィンの著書以来、最も有名になる出来事に参加できる」と説得され、その仕事を引き受けた。クリックは、遺伝に関連する章を追加したいと思ったが、ワトソンは、短いほうがインパクトがあると言ってそれを拒んだ。こうして、科学における最も重要な文章の一つが生み出された。「我々が仮定した特異的塩基対が、ただちに遺伝物質の複製メカニズムについて、ある可能な機構を示唆することに、当然ながら、我々は気づいている」。

ノーベル賞は一九六二年、ワトソン、クリック、ウィルキンスに贈られた。フランクリンが対象とならなかったのは、一九五八年に三七歳で卵巣がんで亡くなっていたからだ。おそらく、実験中に何度も放射線を被ばくしたからだろう。もし彼女が生きていれば、ノーベル委員会は気まずい状況に直面したはずだ。各賞の受賞者は三名まで、と決まっていたからだ。

一九五〇年代には二つの革命が起きた。一つは、クロード・シャノンやアラン・チューリングなどの数学者が、あらゆる情報はビットと呼ばれる二進数でコード化できることを示したことだ。これはデジタル革命をもたらし、オン／オフの切り替えスイッチを備えた情報処理回路が、その動力源になった。もう一つの革命は、ワトソンとクリックが、あらゆる生命体のあらゆる細胞を作る命令がＤＮＡの四文字の配列によってコード化されていることを発見したことだ。こうして、デジタル・コード（０１００１１０１１１００１……）と遺伝子コード（ＡＣＴＧＧＴＡＧＡＴＴＡＣＡ……）に基づく情報化時代が誕生した。二つの川が合流すると、歴史の流れは加速する。

第4章

生物学者になるための教育

ポモナ・カレッジの研究室にて

科学はエキサイティングでミステリーを解くようなもの

ジェニファー・ダウドナは後にジェームズ・ワトソンと出会い、一緒に仕事をしたりするうちに、その複雑な人格のすべての面を知ることになる。ワトソンはある意味で知のゴッドファーザーのような存在だが、時として、フォースの暗黒面(ダークサイド)から発せられるような言葉を口走る(『スターウォーズ』でシスの暗黒卿がアナキン・スカイウォーカーに語った通り、「フォースの暗黒面(ダークサイド)は、人によっては異常と見なすような多くの能力に通じている」)。

しかし、小学六年生で初めてワトソンの著書を読んだ時のダウドナの反応は、はるかにシンプルだった。その本は、自然の美しい層をはがして、「最も基本的なレベルで、物事がどのように、そしてなぜ、機能しているか」を発見するのは可能であること、そして、生物は分子でできており、それらの分子の働きは化学成分と構造によって決まることを、彼女に教えた。

また、その本は、科学は楽しいものだということを教えてくれた。それまでに読んだ科学の本は、「白衣を着てメガネをかけた感情のない男たち」を描いていた。しかし、『二重らせん』が描き出す世界はもっと色鮮やかで、活気に満ちていた。「科学はとてもエキサイティングだということに気づいた。最高のミステリーを解くように、あちこちに散らばっている手がかりを集めて、一つにまとめていくのだから」と、彼女は言う。ワトソンとクリックとフランクリンの話は、競争と協力の物語であり、データと理論をペアにして躍らせ、ライバルの研究室と競い合う物語だった。そのすべてが幼いダウドナの心に響き、後のキャリアを通して共鳴し続けた。(1)

女の子に科学は無理という男性進路カウンセラーに負けず、科学を志す

高校時代、ダウドナはＤＮＡに関する初歩的な実験を行った。その一つでは、サケの精細胞を壊し、ぬるぬるした内容物をガラス棒でかき回した。彼女は、エネルギッシュな化学教師と、細胞ががんになる生化学的理由について講義してくれた女性に刺激された。「そうした経験から、女性は科学者になれるといっそう強く確信するようになった」と、彼女は思い起こす。

溶岩洞にいる目のないクモ、触ると丸まるオジギソウ、がんになる細胞。それらへの子どもらしい好奇心が一本の糸でつながり、その糸は、二重らせんにまつわる推理小説につながっていた。

大学では化学を専攻したいと思ったが、当時の多くの女性科学者と同じく、抵抗に遭った。高校の進路カウンセラーは年配の日系男性で、保守的な考えの持ち主だった。ダウドナが希望する進路を説明すると、彼はつぶやくように「ノー、ノー、ノー」と繰り返した。ダウドナは話すのをやめて、彼を見た。「女の子は科学をしないものだ」と彼は言い、大学進学適性試験で化学の試験を受けることにさえ反対した。「それが何なのか、知っているの？　何のテストなのか、わかっている？」と彼女に尋ねた。

「わたしは傷ついた」とダウドナは振り返るが、そのおかげで決心が固まった。「よし、やってやる！」と、自分に言い聞かせた。「今に見てなさい。科学をやると言ったら、やるんだから」。そして、化学と生化学の優れたプログラムを持つ、カリフォルニアのポモナ・カレッジに出願し、入学を許可され、一九八一年の秋に入学した。

ポモナ・カレッジで化学を専攻、はじめは自信がなかった

初めのうちは大変だった。ダウドナは小学校で一学年、飛び級していたので、まだ一七歳だった。「大きな池の中の小さな魚になったような気分だった」とダウドナは回想する。「やっていけるのかなと、不安になった」。ホームシックになり、またしても疎外感を覚えた。クラスメイトの多くは南カリフォルニアの裕福な家庭の出身で、自分の車まで持っていたが、彼女は奨学金を受けていて、生活費を稼ぐためにアルバイトをしなければならなかった。当時は、家に電話をかけるのも高くついた。「両親はあまりお金がなかったので、電話はコレクトコールにしていいけれど、月に一度にしなさい、と言われた」。

化学を専攻すると決めていたが、やっていけるという自信が次第に薄れてきた。あの進路カウンセラーの言う通りだったのでは、とさえ思えた。一般化学のクラスには学生が二〇〇人いたが、そのほとんどはＡＰテスト［適性試験］の化学で最高評価の５点を取っていた。「それを知って、自分にできそうにないことを目指していいのだろうかと思うようになった」。負けず嫌いのダウドナは、平凡な学生にしかなれない分野には魅力を感じなかった。「トップを狙えないのなら、化学者になりたくない、と思った」。

そこで、専攻をフランス語に変えることを検討した。「フランス語の先生に相談したら、あなたは今何を専攻しているのかと尋ねられた」。ダウドナが「化学です」と答えると、先生は「あきらめずにそれを続けなさい」と言った。「先生はそう言って譲らなかった。化学を専攻すれば何でもできる。でも、フランス語を専攻すれば、フランス語の教師にしかなれないのよ、と言わ

れた」[2]。

一学年を終えた夏、ハワイに戻ったダウドナは、家族ぐるみの友人であるドン・ヘムズの研究室で働き始めた。次第に、視界がひらけてきた。ヘムズはハワイ大学の生物学教授で、幼い頃の彼女をよく自然散策に連れていってくれた。当時、彼は、電子顕微鏡で細胞の中の化学物質の動きを調べていた。「ジェニファーは細胞の中を見ることに魅了され、その小さな粒子が何をしているかを夢中になって調べていた」と彼は振り返る[3]。

また、ヘムズは小さな貝殻の進化についても研究していた。スキューバ・ダイビングをする彼は、顕微鏡でしか見えないような小さな貝殻を海中からすくい上げた。研究室の学生たちがそれらを樹脂(じゅし)に埋め込み、薄くスライスして電子顕微鏡で分析した。「ヘムズが、さまざまな薬品を使って標本を異なる色に染める方法を教えてくれたので、貝殻の成長の過程を見ることができた」と、ダウドナは回想する。この時、彼女は初めて実験ノートをつけた[4]。

大学の化学のクラスでは、実験の大半はレシピに沿って行われ、最初から厳密な手順と正しい答えがあった。「ヘムズの研究室では、そうではなく、わたしたちは答えを知らなかった」。この経験を通じて、ダウドナは発見のスリルを味わった。また、科学者のコミュニティのメンバーになって研究を進め、断片をつなぎ合わせて自然の働きを発見するのがどんな感じなのかを体験することができた。

尊敬する女性生化学者のもと粘菌を研究、科学雑誌に初めて名前が掲載される

夏休みが終わって、ポモナに戻ったダウドナは、友だちを作り、周囲に溶け込み、化学に対し

ても自信が持てるようになった。ワークスタディ・プログラム［修学支援制度］の一環で、大学の化学実験室でいくつかの仕事を経験したが、その大半は、化学と生物学との関連を探究するものではなかったので、彼女の興味を引かなかった。しかし、大学三年を終えた夏休みに、指導教官である生化学教授、シャロン・パナセンコの研究室で働くようになると、状況が変わった。「当時の大学では、女性の生化学者の環境は厳しかったので、わたしはパナセンコを科学者としてだけでなく、ロールモデルとしても尊敬していた(5)」。

パナセンコが研究していたのは、粘菌［アメーバのような単細胞生物］が、栄養が不足した時に互いにコミュニケーションをとって一つにまとまる仕組みだ。このテーマは、生きている細胞のメカニズムを知りたいというダウドナの興味に合致した。粘菌は子実体（しじったい）と呼ばれる生活共同体（コミューン）を形成する。無数の粘菌が互いに化学信号を送って一つにまとまるのだ。パナセンコはその化学信号の働きを解明するために、ダウドナに協力を求めた。

「最初に警告しておくわね」と、パナセンコはダウドナに言った。「半年前から、助手が粘菌の培養に取り組んでいるけれど、うまくいっていないの」。ダウドナは通常のペトリ皿ではなく、はるかに大きいベーキングパン［オーブン用の焼き型］を使うことにした。ある晩、準備したものをインキュベーター［温度を一定に保つ装置］に入れた。「翌日、養分を入れていないベーキングパンのアルミホイルをめくって、びっくりした。美しい子実体ができあがっていた！」。それは小さなサッカーボールがいくつも並んでいるように見えた。検査助手にできなかったことを彼女はやり遂げたのだ。「信じられないほど素晴らしい瞬間で、わたしには科学ができるのだと、思わせてくれた」。

その実験は十分な結果を出し、パナセンコは『細菌学ジャーナル』に論文を発表した。パナセンコは、四人の研究助手による「予備観察が本プロジェクトに大きく貢献した」と記し、その一人として、ダウドナの名前を挙げた。ダウドナの名前が科学雑誌に掲載されたのはこれが最初だった。(6)

ハーバード大学院へ

大学院に進学する際、ダウドナは物理化学クラスでトップの成績だったにもかかわらず、ハーバードに行くことは考えていなかった。しかし、父親はそれを強く勧めた。「無理よ、パパ」と彼女は言った。「入れるわけないもの」。しかし父親はこう返した。「そりゃあ、出願しないと入れるはずないね」。そして彼女は合格し、ハーバードは彼女に多額の奨学金さえ提供した。

その夏、ダウドナは、ポモナ・カレッジでのワークスタディ・プログラムで貯めたお金でヨーロッパを旅行した。一九八五年七月、旅行から戻るとすぐハーバードに向かった。授業が始まる前に、研究室で働くためだ。他の大学と同じく、ハーバードの化学系の大学院生は、学期ごとに異なる教授の研究室で働くことが義務づけられていた。このローテーションの目的は、学生にさまざまな技術を学ばせると同時に、論文研究のための研究室を選びやすくすることにある。

ダウドナは、大学院研究プログラムの責任者であるロベルト・コルターに電話をかけ、彼の研究室からローテーションを始めてもいいか、と尋ねた。コルターは若いスペイン人で、細菌が専門だ。髪を優雅になでつけ、縁なし眼鏡をかけ、明るい笑顔を浮かべ、弾むような話し方をする。彼の研究室は国際色豊かで、スペインやラテンアメリカから多くの研究者が集まっていた。彼らが若く、政治活動にも熱心なことにダウドナは驚いた。「科学者を年老いた白人として描くメディアに、わたしはかなり影響されていて、ハーバードでもそんな人たちと交流するのだと思っていた。けれども、コルターの研究室での経験は、まったく違っていた」。後に、クリスパーからコロナウイルスまでの彼女の経歴には、現代科学のグローバルな性質が反映される。

コルターはダウドナに、細菌が他の細菌にとって有害な分子を作る仕組みを研究するよう指示した。彼女の仕事は、細菌の遺伝子のクローン（DNAの正確なコピー）を作り、その機能を調べることだ。彼女はクローンを作る新たな方法を思いついたが、コルターはそれではうまくいかない、と断言した。しかし、ダウドナは聞き入れなかった。「わたしは自分のやり方でクローンを作ります」と、コルターに言った。コルターは驚いたが、協力してくれた。ダウドナにとってこの経験は、心に潜む不安を克服する一歩になった。

酵母はDNA断片を取り込むのがうまい――天才ジャック・ショスタクの研究室で働く

最終的にダウドナは、酵母のDNAを研究している知的で多才な生物学者、ジャック・ショスタクの研究室で、博士論文のための研究をすることにした。カナダで育ったポーランド系アメリカ人のショスタクは、当時、ハーバード分子生物学科の若き天才の一人だった。研究室を運営しながら自ら実験も行っていたので、ダウドナはショスタクの実験の手法を見たり、思考のプロセスを聞いたりして、あえてリスクを冒す彼の手法に感銘を受けた。異なる分野を大胆につなげることがショスタクの知性の重要な側面であることに、彼女は気づいた。

ショスタクの研究室での実験を通して、ダウドナは、基礎科学が応用科学に変わる可能性を垣間見ることができた。酵母は、外部のＤＮＡ断片を自分のＤＮＡに取り込むのがうまい。ダウドナはそれを利用する実験を考案した。酵母の塩基配列と一致する配列で終わるＤＮＡ断片を作り、微量の電気刺激で、酵母の細胞壁に小さな穴を開け、そのＤＮＡ断片を内部に潜り込ませた。すると、それは酵母のＤＮＡと結合した。つまり彼女は酵母のゲノムを編集するツールを作ったのだ。

第5章　ヒトゲノム計画とは何だったのか

クレイグ・ベンター（左）とフランシス・コリンズ（右）

ＤＮＡの三〇億配列を解読し、二万個以上の遺伝子をマッピング

一九八六年、ダウドナがジャック・ショスタクの研究室で働いていた頃、大規模な国際的研究が生まれつつあった。[1]「ヒトゲノム計画」である。目的は人間のＤＮＡの三〇億超の塩基対の配列を解読し、それらがコードする二万個以上の遺伝子をマッピングすることだ。

ヒトゲノム計画には多くのルーツがあるが、その一つは、ダウドナの子ども時代の英雄、ジェームズ・ワトソンと、彼の息子ルーファスにまつわるものだ。『二重らせん』を挑発的に綴ったワトソンは、一九八六年当時、ニューヨーク州ロングアイランド北岸のコールド・スプリング・ハーバー研究所の所長を務めていた。同研究所は、樹木の茂る一一〇エーカーのキャンパスを擁する、研究とセミナーの楽園だ。一八九〇年に設立され、歴史的に重要な数々の研究の舞台になってきた。一九四〇年代には、サルバドール・ルリアとマックス・デルブリュックがファージ研究を行い、若き日のワトソンもファージ・グループのメンバーだった。しかし同研究所は、物議を醸す幽霊が出没する場所でもあった。一九〇四年から一九三九年まで、チャールズ・ダベンポート所長のもと、優生学研究の中心となり、人種や民族集団の遺伝的な違いは知性や犯罪性などと結びついているという主張が生まれた。[2]ワトソンは一九六八年から二〇〇七年まで所長などを務めたが、任期の終盤に彼が公言した、人種と遺伝学に関する持論は、この幽霊を蘇らせた。

コールド・スプリング・ハーバーは、研究センターであるだけでなく、年間三〇ほどの、テーマを絞った会議が開かれる場でもある。一九八六年にワトソンは、「ゲノムの生物学」をテーマ

とする年次会議を立ち上げた。その最初の年の議題は、ヒトゲノム計画だった。

会議の初日、ワトソンは集まった科学者に向かって衝撃的なことを言った。息子のルーファスが精神科病院から脱走したというのだ。かつてルーファスは世界貿易センタービルからの飛び降り自殺を試み、以来、病院に収容されていた。今、彼は行方不明で、ワトソンは捜索にあたるために離席するとのことだった。

息子の統合失調症は環境ではなく遺伝——ゲノム解読へ駆り立てられるワトソン

一九七〇年生まれのルーファスは、父親譲りの、やせた顔立ち、ぼさぼさの髪、歪んだ笑顔の持ち主で、聡明でもあった。「いっときは、よく二人でバードウォッチングに出かけた。いくらか心を通わせることができたのは、とてもうれしかった」とワトソンは振り返る。バードウォッチングはワトソンが、シカゴの聡明でやせっぽちの少年だった頃に、父親と一緒にやっていたことだ。しかし、ルーファスは長じるにつれて、人とうまく関われなくなった。ニューハンプシャー州エクセターのボーディングスクール（全寮制寄宿学校）の一〇年生の時に、精神に異常をきたして事件を起こし、家に帰された。数日後、ルーファスは人生を終わらせようとして世界貿易センタービルの最上階へ行った。しかし、実行には至らず、医師に統合失調症と診断された。ワトソンは泣いた。「それまでわたしは夫が涙を流すのを見たことがなく、その後も、一度も見ていません」と、妻のエリザベスは言う[3]。

ワトソンは、妻とともにルーファスの捜索にあたり、コールド・スプリング・ハーバーでのゲノム会議の大半を欠席した。ルーファスは翌日、森をさまよっているところを発見された。ワトソンの科学は現実の生活と交差していた。彼にとって、ヒトゲノムのマップを作成するという大規模な国際プロジェクトは、もはや抽象的な学問的探究ではなかった。それは個人的なことであり、彼は遺伝学によって人の生き方が説明できるという、強迫観念に近い信念を抱くようになった。ルーファスがああなったのは、育ちではなく生まれ（遺伝）のせいであり、人間の異なる集団のありようが異なるのも、遺伝のせいだ、と。

少なくとも、ワトソンにはそう思えた。それは彼が、ＤＮＡにまつわる自らの発見と息子の疾患というフィルター越しに世界を見ていたからだ。「ルーファスはこの上なく利口で、察しがよく、思いやりがあるが、怒りがとても激しい」とワトソンは言う。「息子が幼い頃、妻とわたしは、彼がうまくやっていけるように、環境を整えてやろうとした。しかし、まもなく、彼の問題は遺伝子に起因することがわかった。そのことが、わたしをヒトゲノム計画へと突き動かした。わたしにとって、息子を理解し、普通に生きられるようにする唯一の方法は、ゲノムを解読することだった[4]」。

配列をめぐる競争

一九九〇年にヒトゲノム計画が正式に始まると、ワトソンはその初代代表に任命された。主要なプレーヤーはすべて男性だった。やがてフランシス・コリンズがワトソンの後を引き継いだ。コリンズは、二〇〇九年から二〇二一年一二月まで、アメリカ国立衛生研究所（ＮＩＨ）の所長を務めている。ヒトゲノム計画に参加した才能あふれる若手の中に、エリック・ランダーがいた。ブルックリン生まれで、高校時代には数学部の部長を務め、ローズ奨学生としてオックスフォード大学でコーディング理論の博士論文を書いた後、ＭＩＴで遺伝学者になることを決意したという、とてつもなく優秀な人物だ。ヒトゲノム計画のプレーヤーの中で、最も物議を醸したのは、聡明で野性的で憎たらしいクレイグ・ベンターだ。彼はベトナム戦争のテト攻勢の時期に海軍野戦病院で徴募兵として働き、自殺を思いたって沖合まで泳いだものの死に切れず、帰国した後、生化学者になり、バイオテクノロジー企業を創設した。

ヒトゲノム計画は共同研究として始まったが、発見とイノベーションの物語の多くと同じく、やがて競争の場になった。ベンターは、シーケンシング（塩基配列解析）をより安く、より速く行う方法を開発した。そこで、グループから離脱して民間企業セレラを設立し、特許を取得して儲けようとした。ベンターの独走を快く思わないワトソンはランダーに、公的な取り組みとしてのヒトゲノム計画の再編と、そのスピードアップを命じた。ランダーは自尊心を傷つけられながらも、ベンターの取り組みに追いつくことを約束した。(5)

二〇〇〇年初頭、両陣営の競争が世間の注目を集めるようになると、クリントン大統領が休戦を促した。当時、ベンターとコリンズは、メディアを通じて互いをけなしあっていた。コリンズはベンターのシーケンシングを「クリフノート」［要約本］や「マッド・マガジン」［ティーンエイジャー向けのパロディー雑誌］に喩(たと)え、かたやベンターは、コリンズが率いる政府のプロジェクトを、「スピードは遅く、コストは一〇倍」と嘲笑(ちょうしょう)した。「正常な状態に戻そう。彼らを協力させるのだ」と、クリントンは科学顧問のトップに命じた。そういうわけで、コリンズとベンターは共にビールを飲み、ピザを食べながら、まもなく世界で最も重要な生物学的データセットになるものを、私的に利用せず、その成果を共有し公開することに合意できるかどうかを話し合った。

数回にわたってプライベートな会合が持たれた後、クリントン大統領はホワイトハウスにコリンズとベンターを招き、ヒトゲノム計画の初期の成果と、その成果を共有するという合意が交わされたことを世界に向けて発表した。ワトソンはこの決定を称賛した。「この数週間の出来事は、公益のために働く人々が、私益のために動く人々に必ずしも遅れをとるとは限らないことを示していた」と彼は言った。

当時、タイム誌の編集者だったわたしは、ベンターの物語を独占記事にして表紙を飾るために、数週間にわたって彼を取材していた。彼は魅力的なカバーボーイだった。セレラで得た莫大な金を投じて豪華なヨットを購入し、パーティを何度も開き、おまけに巧みなサーファーでもあったからだ。記事を書き終えようとしていた週に、思いがけず、副大統領のアル・ゴアから電話がかかってきた。ゴアは強硬に、かつ言葉巧みに、フランシス・コリンズの写真も表紙に載せることを要求した。ベンターはそれを拒んだ。記者会見でヒトゲノム計画の成果をコリンズと共有することはしぶしぶ受け入れたが、タイム誌の表紙までシェアしたくなかったのだ。最終的に彼は承諾したが、撮影時には、コリンズがセレラのシーケンシングに追いつけないことをばかにせずにはいられなかった。コリンズは笑みを浮かべ、黙っていた[6]。

「今、わたしたちは神が生命を創造した言語を学んでいる」と、クリントン大統領はホワイトハウスで開いたセレモニーで宣言した。セレモニーの主役は、ベンター、コリンズ、ワトソンである。クリントンの言葉は、人々の想像をかきたてた。ニューヨーク・タイムズ紙は第一面に、「人間の遺伝子コード、科学者により解明」と大見出しをうった。名高い生物学ジャーナリストのニコラス・ウェイドが書いた記事は、次のように始まる。「人類の自己認識の頂点となる業績において、ライバル関係にある二つの科学者グループが今日、遺伝の脚本、すなわち人体を定義する一連の命令を解読したと発表した[7]」。

「暗号の解き方」はわかったが、「暗号の書き方」はわからなかった

当時、ダウドナは、ショスタクやジョージ・チャーチや、その他のハーバードの面々と、そのプロジェクトに三〇億ドル投じる価値があっただろうかと話し合った。チャーチは懐疑的だったが、今もそうだ。「三〇億ドルもかける価値はなかった」と彼は言う。「何も見つからなかったし、どの技術も残らなかった」。DNAのマップを解き明かしても、期待されていたような医学の飛躍的進歩は起きなかった。四〇〇〇超の、病気の原因になる遺伝子の変異が見つかったが、治療法は生まれなかった。テイ＝リックス病、鎌状赤血球貧血症、ハンチントン病といった最も単純な単一遺伝子疾患についてさえ。DNAをシーケンシングした人々は、生命の暗号の解き方をわたしたちに教えたが、もっと重要なステップは、その暗号の書き方を知ることだろう。それには異なるツールが必要とされ、ダウドナがDNAより興味深いと見なした、働き者の分子が関わってくる。

第6章　フロンティアとしてのRNA

ダウドナの師、ジャック・ショスタク。彼のもとでRNAを研究

セントラルドグマ——生命の情報は、DNA↓RNA↓タンパク質へと流れる

ヒトの遺伝子を読むだけでなく書くという目的を達成するには、焦点をＤＮＡから、それほど有名ではない兄弟分に移さなくてはならない。それは、コード化された命令を実行する分子、ＲＮＡ（リボ核酸）である。ＲＮＡはＤＮＡ（デオキシリボ核酸）に似た生細胞内の分子だが、一本鎖で、ＤＮＡに比べて、糖‐リン酸の骨格の酸素原子が一つ多く、四つの塩基のうちの一つが異なる。

ＤＮＡはおそらく世界で最も有名な分子で、雑誌の表紙を飾ったり、都市や社会や組織に根づく特徴の喩え（メタファー）として使われたりする。しかし、実を言えば、ＤＮＡは大した仕事はしていない。細胞核の中で安穏としていて、冒険することはない。主な仕事は、自分がコードしている情報を保護することと、時々自分を複製することだ。一方、ＲＮＡは、外に出ていって、実際に働く。核の中に座って情報を管理するのではなく、タンパク質などの製品を作るのだ。このＲＮＡに注目しよう。クリスパーから新型コロナウイルス感染症まで、ＲＮＡは本書とダウドナのキャリアにおけるスターなのだ。

ヒトゲノム計画の時点では、ＲＮＡは、ＤＮＡの命令を運ぶメッセンジャー分子とみなされていた。ＤＮＡの遺伝子をコードする部分がＲＮＡに転写され、それが細胞の製造部門へと向かう。製造部門にたどり着いたこの「メッセンジャーＲＮＡ」は、特定のタンパク質を作るためのアミノ酸配列の組み立てを促す。

これらのタンパク質には多くの種類がある。たとえば、線維状タンパク質は骨、組織、筋肉、毛、角、爪、腱、結合組織、皮膚細胞を形成する。膜タンパク質は、細胞内で信号を中継する。そして、とりわけ魅力的なタンパク質は、酵素だ。酵素は触媒として機能する。すべての生物における化学反応を引き起こし、加速し、調節する。細胞内での活動のほぼすべては、酵素を触媒として起きる。酵素のことを覚えておこう。本書においてそれはＲＮＡの共演者にして、ダンスのパートナーだ。

フランシス・クリックは、ＤＮＡの構造を共同発見した五年後に、遺伝情報がＤＮＡからＲＮＡに移動し、さらにはタンパク質生成へとつながるプロセスを、生物学の「セントラルドグマ」と名づけた。後に彼は、不変で絶対的な信仰を意味する「ドグマ」（教義）という言葉を選んだのは軽率だったと認めた。[1] しかし、「セントラル」はふさわしい言葉だった。ドグマが修正されても、そのプロセスは生物学の中心(セントラル)でありつづけた。

触媒にもなり得るＲＮＡ——リボザイム

セントラルドグマに最初の修正を加えたのは、トーマス・チェックとシドニー・アルトマンだ。二人はそれぞれ、細胞内で触媒の働きをする分子はタンパク質だけではないことを発見した。後にノーベル賞を受賞する一九八〇年代初期の研究において、彼らは、ある種のＲＮＡは触媒になるという、驚くべき発見をした。具体的には、ＲＮＡ分子の中に、化学反応を起こして自らを切断するものがあることを発見したのだ。彼らは、触媒として働くこのようなＲＮＡを「リボザイム」と命名した。「リボ核酸」と「エンザイム」（酵素）からの造語だ。[2]

チェックとアルトマンは、「イントロン」の研究を通じてそれを発見した。DNA配列には、タンパク質を作るための命令［遺伝情報］をコードしていない領域があるが、それがイントロンである。この領域がRNAに転写されていると、RNAは思うように動けない。そこでRNAは、タンパク質生成の任務へと駆け出す前に、イントロンを切り離し、その後、有用なRNA断片をつなぎ合わせて自らを修復する。この編集作業は「スプライシング」と呼ばれる。スプライシングには触媒が必要で、通常はタンパク質からなる酵素が触媒になる。しかし、チェックとアルトマンは、ある種のRNAは自力でスプライシングできることを発見した。

この発見には重要な意味があった。RNAが遺伝情報を保存し、化学反応の触媒にもなるのであれば、生命の起源を考える上で、RNAはDNAより重要なのかもしれない。なぜなら、DNAは、触媒の役目を果たすタンパク質がなければ、自己複製できないからだ。[3]

レッドオーシャンのDNA研究、ブルーオーシャンはRNA研究にあり

一九八六年の春、研究室のローテーションを終えたダウドナは、ジャック・ショスタクに、このままあなたの下で博士課程の研究をしたい、と申し出た。ショスタクは承諾したが、一つ、注意事項を言い添えた。自分はこの先、酵母とDNAを研究するつもりはない、と。当時、他の生化学者は、ヒトゲノム計画のためのDNAシーケンシングに夢中だったが、彼は研究の焦点をRNAに移すことにした。RNAは生物学の最大の謎である「生命の起源」の秘密を解き明かす鍵になる、という予感があったからだ。

ショスタクは、ある種のRNAが触媒能力を持つというチェックとアルトマンの発見に興味を

持っていた。そして、これらのリボザイムがその能力を使って自己複製できるかどうかを突き止めたいと思っていた。「このRNAの断片は、自分を複製する化学的な能力を持っているのだろうか?」と、彼はダウドナに尋ね、それを彼女の博士論文のテーマにすることを提案した。[4]

ショスタクの熱意はダウドナに伝染し、彼女は彼のもとでRNAを研究する最初の大学院生になった。「当時の生物学は、DNAの構造と暗号、それに、タンパク質が細胞内でどのような重要な仕事をしているかに注目していて、RNAはDNAとタンパク質を仲介する、さえない中間管理職のような扱いだった」と彼女は回想する。「それなのに、ハーバードの若き天才ショスタクが、RNAこそが生命の起源を理解する鍵だと考え、その研究に一〇〇パーセント集中しようとしていたので、わたしはとても驚いた」。

実績のあるショスタクと実績のないダウドナのどちらにとっても、RNAに焦点を絞ることにはリスクが伴った。ショスタクはこう回想する。「DNAを研究している大勢の人を追うのではなく、何か新しいものを開拓していると感じた。ほとんど無視されているが、自分にはエキサイティングだと思えるフロンティアを切り開いている気分だった」。RNAが、遺伝子発現に干渉したりヒトゲノムを編集したりするツールと見なされるようになるのは、ずいぶん先のことだ。ショスタクとダウドナがこのテーマを追求したのは、自然の仕組みに対する純粋な好奇心からだった。

ショスタクは一つの指針を持っていた。それは、*大勢の人がやっていることは決してしない*というものだ。ダウドナもそれに共鳴した。「子どものころのわたしが、サッカーチームで、他の子がやらないポジションでプレーしたいと思ったのと同じだった」と彼女は言う。「新しい領域へ踏み出すのは、リスクも大きいけれど、見返りも大きいことを、ショスタクから学んだ」。

この時点で彼女は、自然現象を理解するには、関係する分子の構造を解き明かす必要があることに気づいていた。そのためには、ワトソンとクリックとフランクリンがＤＮＡの構造を解明するのに使った技術を学ぶ必要があった。ＲＮＡの構造の解明に成功すれば、生物学の最も壮大な問いである、「生命はどのように始まったのか？」という問いに答えるための重要な一歩になると期待できた。

師ジャック・ショスタクの教訓「壮大な疑問を抱きなさい」

ショスタクが生命の起源を解き明かすことに情熱を注いでいることは、「リスクを恐れず新たな分野へ進むべきだ」という教訓に加えて、もう一つの偉大な教訓をダウドナに示した。それは「壮大な疑問を抱きなさい」というものだ。ショスタクは実験においては緻密だったが、思考のスケールが大きく、常に深遠な問いを追求していた。「そうでなければ、科学をする意味があるだろうか」と彼はダウドナに尋ねた。この言葉は、彼女の指針の一つになった。[5]
真に壮大な問いの中には、たとえば、「宇宙はどのように始まったか？」、「なぜ何も存在しないのではなく、何かが存在するのか？」、「意識とは何か？」などのように、人間には決して答えられないと思えるものもある。その一方で、今世紀の終わりまでに答えが得られそうなものもある。「宇宙は決定論的か？」、「自由意志はあるのか？」といった問いだ。そして、真に壮大な問いの中で、解決が最も近いのは、「生命はどのように始まったのか？」である。
生物学のセントラルドグマは、ＤＮＡとＲＮＡとタンパク質の存在を必要とする。これら三つが、原始のスープから同時に誕生する可能性は低いため、一九六〇年代初期に、本書ではおなじみのフランシス・クリックと他の人々は、「より単純な先行システムが存在した」という仮説を立てた。クリックの仮説は、「地球の歴史の初期にはＲＮＡは自己複製できた」というものだ。この仮説は、「では、最初のＲＮＡはどこから来たのか？」という疑問を残した。宇宙から来たのでは、と推測する人もいるが、最もシンプルな答えは、初期の地球にはＲＮＡの化学成分が存在し、それらが自然に混ざり合ってＲＮＡになった、というものだ。ダウドナがショスタクの研究室に入った年に、生化学者のウォルター・ギルバートはこの説を「ＲＮＡワールド」と名づけた。[6]

生物の本質は、自己複製できることだ。生物は、自分に似た生物を作り、増やしていく。したがって、「ＲＮＡは生命の誕生を導いた分子だ」と主張したいのであれば、ＲＮＡがどのように自己複製するかを示す必要がある。これが、ショスタクとダウドナが着手したプロジェクトだ。[7]

ダウドナは多様な戦術を駆使して、ＲＮＡ断片をつなぎ合わせることのできるリボザイム（ＲＮＡ酵素）を作成した。最終的に彼女とショスタクは、自らのコピーをつなぎ合わせることのできるリボザイムを作ることに成功した。「この反応が示すのは、ＲＮＡは自らを触媒として自らを複製できるということだ」と、彼女とショスタクは一九八九年にネイチャー誌で発表した論文に記した。生化学者のリチャード・リフトンは、後にこの論文を「巧みな技術がもたらした大傑作」と呼んだ。[8] ダウドナは、ＲＮＡ研究という珍しい領域で期待の星になった。当時その領域は、生物学の僻地にすぎなかったが、続く二〇年間で、ＲＮＡという小さな鎖のふるまいを理解することは、ゲノム編集と、ウイルスとの戦いの両方において重要になっていった。

神は細部と、そして全体にも宿る

ダウドナは年若い博士課程の学生だったが、ショスタクをはじめとする偉大な科学者だけが持つ特別なスキルをすでに身につけていた。それは、緻密な実験を重ねることと、スケールの大きな問いをすることだ。神は細部に宿るだけでなく、全体にも宿ることを彼女は知っていた。「ジェニファーはすばらしく実験がうまかった。スピーディで、鋭く、なんでも上手にこなした」とショスタクは言う。「だがそれだけでなく、彼女とは、大きな問いがなぜ重要なのかということについても、かなり話し合った」。

また、ダウドナはチームプレーヤーとしても優れていた。ショスタクは、ジョージ・チャーチをはじめとするハーバード・メディカル・スクールの科学者たちと協働する上で、彼女の協調性に助けられた。彼女の論文の大半に多くの共著者の名前が記されているのは、その表れだ。科学論文では通常、筆頭著者(ファースト・オーサー)は、実地実験を主に担当した若い研究者で、最終著者(ラスト・オーサー)は、主任研究員か研究室長だ。その間は、一般に貢献度の高い順となる。一九八九年にサイエンス誌に掲載された重要な論文では、作成を手伝ったダウドナの名前は中間著者として記載され、研究室でアルバイトしていた幸運なハーバードの学部生が筆頭著者になった。それは指導にあたったダウドナが、その学生は筆頭著者として注目を浴びるべきだと考えたからだった。ショスタクの研究室で過ごした最後の年、彼女の名前は一流誌に掲載された四つの論文に記載されたが、それらはすべて、RNA分子がどのように自己複製するかについて述べたものだった。(9)

また、ショスタクは、難問に立ち向かうダウドナの意欲と熱心さを高く評価していた。一九八九年にショスタクの研究室での在籍期間が終わる頃、彼女の意欲はますます明らかになった。自己スプライシングするＲＮＡの働きを理解するには、その構造を原子の一個一個にいたるまで解明しなければならないことを彼女は悟っていた。「当時、ＲＮＡ構造は非常に難解だと見なされていて、その解明は不可能だと考えられていた」とショスタクは振り返る。「挑戦しようとする人はほとんどいなかった[10]」。

ダウドナ、ジェームズ・ワトソンと会う

ジェニファー・ダウドナが科学会議で初めて発表したのは、コールド・スプリング・ハーバー研究所でのことだった。ジェームズ・ワトソンはいつものように主催者として最前列に座っていた。それは一九八七年の夏で、ワトソンは「現在地球上に存在する生物を誕生させた可能性のある進化イベント」をテーマとするセミナーを開催した[11]。わかりやすく言えば、「生命はどのように始まったのか？」についてである。

その会議が焦点をあてたのは、ある種のＲＮＡ分子は自己複製できるという、最近の発見だった。ショスタクは出席できなかったので、当時二三歳だったダウドナが招待され、ショスタクと行った研究について発表することになった。ワトソンが署名した招待状には、「親愛なるミズ・ダウドナ」（彼女はまだドクター・ダウドナではなかった）とあった。彼女はすぐ承諾しただけでなく、その手紙を額に入れて飾った。

彼女の発表は、ショスタクとの共著論文に基づくもので、非常に専門的な内容だった。「自己スプライシング・イントロンの触媒ドメインと基質ドメインにおける削除と置換変異について述

べます」と彼女は始めた。それは研究生物学者を興奮させる類の表現であり、ワトソンは熱心にメモをとった。ダウドナは、「信じられないほど緊張して、手のひらに汗をかいていた」と振り返る。発表が終わると、ワトソンは彼女を褒めたたえた。イントロンに関する研究で、ダウドナとショスタクの論文の先駆になったトーマス・チェックは、彼女に歩み寄り、「おつかれさま、上出来だ」とささやいた[12]。

その会議の合間に、ダウドナはキャンパス内のバングタウン・ロードを散策した。途中で、猫背ぎみの女性が歩いてくるのが見えた。生物学者のバーバラ・マクリントックだ。一九四二年から四〇年以上、コールド・スプリング・ハーバーで研究を行い、ゲノム上の位置を変えることのできる「ジャンプする遺伝子」、トランスポゾンの発見によって、一九八三年にノーベル賞を受賞した。ダウドナは立ち止まったが、シャイだったので自己紹介できなかった。「女神の前にいるように感じた」と彼女は今も畏怖を感じながら回想する。「目の前に、科学の世界でよく知られ、強い影響力を持つ女性がいて、気取りのない様子で、次の実験のことを考えながら自分の研究室に向かって歩いていたのだから。わたしにとって彼女は憧れの人だった」。

その後もワトソンとの交流は続き、ダウドナは、彼が主催するコールド・スプリング・ハーバーの会議に何度も出席した。しかし、ワトソンは次第に、人種の遺伝的違いに関する無遠慮な発言を繰り返すようになり、物議を醸す存在になった。しかしそんなワトソンの行動が、彼の科学的業績に対するダウドナの敬意を損なうことはなかった。

「わたしの知るワトソンはいつも、わざと相手が怒るようなことを言っていた」と、彼女はやや硬い笑みを浮かべて回想する。「それが彼のやり方だった。ご存知でしょう?」。『二重らせん』

のロザリンド・フランクリンをはじめとして、ワトソンはしばしば、女性の外見について遠慮のない発言をしていたが、女性にとって良き指導者でもあったようだ。「彼は、わたしの親友でポスドクだった女性の面倒をとてもよく見ていた」とダウドナは言う。「そのことも、彼に対するわたしの見方に影響した」。

第7章　ねじれと折りたたみ

イェール大学の新星だった頃

ＲＮＡ分子の自己複製の仕組みを知るために、構造生物学を学ぶ

子どもの頃にハワイで散歩していて見つけたオジギソウの葉を不思議に思って以来、ダウドナは自然のメカニズムに興味を持っていた。このシダのような葉はなぜ、触ると丸まるのだろう？どのような化学反応が生物の動きを引き起こすのだろう？　誰もが幼い頃そうしていたように、彼女は立ち止まって、物事がどのように働くかを知りたいと思った。

生化学の分野では、細胞内の化学分子のふるまいを研究することによって、多くの答えが得られた。しかし、自然をさらに深く覗き込むことのできる分野がある。それは構造生物学だ。構造生物学者は、ロザリンド・フランクリンがＤＮＡ構造を明らかにしたＸ線回折法のような画像化技術を駆使して、分子の三次元構造を解明しようとしている。ライナス・ポーリングは一九五〇年代の初めに、タンパク質のらせん構造を解明し、続いてワトソンとクリックが、ＤＮＡの二重らせん構造に関する論文を発表した。

ダウドナは、ＲＮＡ分子が自己複製する仕組みを理解するには、構造生物学を学ぶ必要があると考えた。「これらのＲＮＡがどうやって化学的なふるまいをしているかを知るには、その形を知る必要があった」とダウドナは言う。

具体的には、リボザイムの三次元構造の折りたたみとねじれを明らかにするのだ。まるでフランクリンがＤＮＡで行った研究の再現のように思えて、ダウドナはその類似を喜んだ。「フランクリンは、生命の核になっている分子の化学構造について、わたしと同じような疑問を抱いてい

た」とダウドナは言う。「その構造から、さまざまなことがわかるはずだと、信じていた[1]」。

リボザイムの構造がわかれば、画期的な遺伝子技術につながるかもしれないという期待もあった。トーマス・チェックとシドニー・アルトマンがノーベル賞を共同受賞した折に、彼らに捧げられた賛辞はそれを示唆していた。ノーベル委員会は次のように述べた。「将来の可能性として、ある種の遺伝性疾患を治療することが挙げられる。そのような遺伝子のハサミを用いるには、その分子のメカニズムをより詳しく知る必要があるだろう」。遺伝子のハサミ。そう、ノーベル委員会は予見していたのだ。

この方向に進むことは、ジャック・ショスタクの研究室から出ていくことを意味した。ショスタクは、構造生物学の専門家でもなければ、物事を視覚的にとらえる人間でもないことを自認していたからだ。そういうわけで一九九一年に、ダウドナはポスドクの研究ができる場所を探し始めた。明らかな候補が一つあった。リボザイムの発見者で、最近［一九八九年］、ノーベル賞を共同受賞した構造生物学者、トーマス・チェックだ。彼はコロラド大学ボルダー校で、X線回折法によってRNAの構造をくまなく調べているところだった。

コロラド大ボルダー校、最高のRNA生化学研究室へ移籍

ダウドナは、チェックとはすでに面識があった。一九八七年の夏、コールド・スプリング・ハーバーでの手に汗にぎる発表のあと、「おつかれさま、上出来だ」と声をかけてくれたのが彼だった。また、その年にコロラドへ旅行した時にも彼に会った。「チェックとわたしは、リボザイムに関する発見を競いあっている友好的なライバルだったので、旅行に先立って、彼に手紙（メール）を送

った」とダウドナは回想する。

それは紙に書いた手紙だった。当時、メールはまだ普及していなかったのだ。ダウドナは、この旅行ではボルダーを経由することを書き、彼の研究室を訪ねてもいいかと尋ねた。驚いたことに、返事はすぐに来た。ダウドナがショスタクの研究室で働いていると、電話がかかってきた。「トーマス・チェックからきみに電話だよ」と、電話を受けた同僚が叫んだ。研究室の仲間は、なにごとかという表情でダウドナを見たが、彼女は肩をすくめただけだった。

ボルダーでチェックと会ったのは土曜だった。チェックは二歳になる娘を研究室に連れてきていて、ダウドナと話しているあいだずっと膝の上で遊ばせていたので、ダウドナは彼の知性と父性の両方に魅了された。二人の出会いは、科学的研究（および、他の多くの取り組み）にはつきものの、競争と協調の一例だった。「チェックがわたしと会ったのは、ショスタクの研究室がライバルになりそうだったのに加えて、互いに学びあうこともできると考えたからでしょう」と彼女は言う。「ショスタクの研究室がやっていることについて、情報が得られるとも思ったらしい」。

ダウドナは、一九八九年に博士号を取得した後、チェックのもとでポスドクの研究をすることにした。「ＲＮＡ分子の構造を解明したいのなら、最高のＲＮＡ生化学研究室に行くのが最善策でしょう」と彼女は言う。「この分野でトム・チェックに勝る人がいるだろうか。自己スプライシング・イントロンを最初に発見したのは、彼の研究室だったのだから」。

隣の研究室の男子学生との結婚、そして離婚

ダウドナがボルダーでポスドクの研究をすることにした理由は、もう一つあった。一九八八年

一月、彼女はハーバード・メディカル・スクールの学生、トム・グリフィンと結婚した。彼とは研究室が隣どうしだった。「科学の能力も含め、自分では気づいていなかったことに、彼は気づかせてくれた」と、彼女は言う。「もっと大胆になりなさいと、わたしを後押ししてくれた」。

　グリフィンは軍人の家系で、コロラドに愛着があった。「学位を取ったらどこに住もうかと相談していた時、彼はどうしてもボルダーに住みたいと言った」とダウドナは言う。「わたしの方は、ボルダーへ行けばトム・チェックのところで働けると思った」。こうして二人は一九九一年の夏にボルダーに引っ越し、グリフィンはバイオテクノロジーの新興企業（スタートアップ）に就職した。

　最初のうち、結婚生活はうまくいっていた。ダウドナはマウンテンバイクを買って、ボルダー・クリークを走った。また、ローラーブレードやクロスカントリースキーにも挑戦した。しかし、彼女の情熱は常に科学に向けられていた。一方、グリフィンは、彼女のように一つのことに情熱を注いだりしなかった。彼にとって科学は定時で切り上げる仕事であり、学術的な研究者になる気はなかった。音楽と本を愛し、早くからパソコンを愛用した。ダウドナは彼の幅広い興味を尊重したが、それらを共有することはなかった。「わたしは常に科学のことを考えている」と彼女は言う。「いつも、研究室での計画、次の実験、あるいは大きな疑問のことばかり考えているのです」。

　ダウドナは、不和の原因は「わたしの欠点にある」と言うが、おそらく本心ではないだろうし、わたしもそうは思わない。仕事への取り組み方や、情熱の抱き方は人それぞれだ。彼女は週末も夜も、研究室で実験をして過ごしたいと思っていた。誰もがそうすべきだというわけではないが、そうすべき人もいるのだ。

数年後、彼らは離婚して別々の道を歩むことを決心した。「わたしは次の実験をどうしようかということで頭がいっぱいだった」と彼女は言う。「彼にそのような激しさはなかった。それが二人の間に、修復できない溝を作った」。

リボザイムの構造――実験器具の故障をきっかけにＲＮＡ分子の結晶化に成功

コロラド大学にポスドクとして赴任した彼女の任務は、トーマス・チェックが発見した自己スプライシングＲＮＡの一部であるイントロンをマッピングし、その原子、結合、形状を明らかにすることだった。イントロンの三次元構造がわかれば、その折りたたみやねじれが、どのように原子をつなげて化学反応を引き起こし、ＲＮＡの自己複製を可能にしているかがわかるはずだ。

それはリスクの高い挑戦で、他にプレーしようとする人があまりいない競技場に足を踏み入れることだった。当時、ＲＮＡの結晶化を研究する人はほとんどおらず、多くの人はダウドナを変わり者と見なした。しかし、成功すれば、科学に大きな利益をもたらすはずだった。

一九七〇年代、生物学者は小さく単純なＲＮＡの構造を解明した。しかし、以来、二〇年間、進歩はほとんどなかった。なぜなら、より大きなＲＮＡを分離して、画像化するのはきわめて難しかったからだ。ダウドナは同僚から、大きなＲＮＡの良質な画像を撮影しようとするなんて、あまりに無謀だ、と言われた。チェックの言葉を借りれば、「国立衛生研究所にこのプロジェクトへの助成金を申し込んでも、鼻先で笑われただろう(2)」。

第一段階は、ＲＮＡを結晶化させること――つまり、液状のＲＮＡ分子を、整然とした固体構造に変えることだ。Ｘ線回折法やその他の画像技術によってＲＮＡの構成要素や形状を識別するには、結晶化は不可欠だった。

　彼女を手伝ったのは、ジェイミー・ケイトという物静かだが明朗な大学院生だった。彼はＸ線回折法によってタンパク質の構造を研究していたが、ダウドナと出会って、ＲＮＡに焦点を絞る彼女の研究に加わった。「わたしのプロジェクトについて話すと、彼はとても興味を持ってくれた」とダウドナは言う。「とは言え、まるで先の見えない状況だった。自分たちが何を見つけようとしているのかさえ、わからなかった」。二人が開拓しているのはまったく新しい分野であり、ＲＮＡがタンパク質のように明確な構造を持っているかどうかさえわからなかった。グリフィンと違って、ケイトは研究に没頭するのが好きだった。ケイトとダウドナはＲＮＡを結晶化する方法について毎日のように話し合い、じきに、コーヒーを飲みながら、時には夕食をともにしながら、話し合うようになった。

　科学ではよくあることだが、偶然の出来事から突破口が開いた。アレクサンダー・フレミングがうっかりペトリ皿に生やしたカビから、やがてペニシリンが誕生したように、小さなミスが発見をもたらしたのだ。ある日、ダウドナの作業を手伝っていた検査助手が、試料（サンプル）を故障気味のインキュベーターに入れた。ダウドナたちは実験が台無しになったと思ったが、そのサンプルを顕微鏡で見ると、結晶が成長していた。「その結晶はとてもきれいなＲＮＡを含んでいた」とダウドナは回想する。「これが最初のブレイクスルーになった。結晶を得るには温度を上げなければならないことがわかった」。

　もう一つのブレイクスルーは、聡明な人々と同じ場所にいることがもたらした。イエール大学でＲＮＡを研究していた生化学者のトム・スタイツとジョアン・スタイツ夫妻は、長期休暇（サバティカル）で一年間、ボルダーに滞在していた。トムは社交的な性格で、チェックの研究所の食堂でマグカップに入ったコーヒーを飲みながら過ごすのが好きだった。ある朝、ダウドナは彼に、ＲＮＡ分子の結晶化は成功したが、それにＸ線をあてるとすぐ壊れてしまうことを話した。

トムは、イェールの自分の研究室では結晶を冷却する新たな技術を試しているところだ、と言った。「それは、結晶を液体窒素に入れて瞬間的に冷凍する技術で、そうすればＸ線を照射しても結晶の構造が壊れにくい」とトムは言った。さらに彼は、ダウドナがイェールに行って、彼の研究室でその技術を開発している研究者たちと会えるよう手回ししてくれた。この経験は素晴らしい成果をもたらした。「これで、構造を解明できるほど堅牢な結晶を手にいれることができるとわたしたちは思った」とダウドナは言う。

Ｘ線をよく回折するＲＮＡ結晶を作るべく、設備の整ったイェール大学へ

イェール大学のトム・スタイツの研究室は、潤沢な資金を得て、クライオクーラー〔極低温度まで冷却できる冷凍機〕などの革新的な機械を揃えていた。それを目の当たりにしたこともあって、一九九三年の秋にダウドナは、同大学からの終身在職権を持つ教授職のオファーを受け入れた。当然ながら、ジェイミー・ケイトはダウドナと一緒に行くことを望んだ。ダウドナは、彼が大学院生として自分の研究室に移籍できるよう、大学当局に掛けあった。「当局はケイトに試験を受けることを求めた」と彼女は言う。「ご想像通り、彼は楽々と合格した」。

ダウドナとケイトは過冷却技術によって、Ｘ線をよく回折する結晶を作ることに成功した。しかし、結晶学の世界で「位相問題」と呼ばれる壁にぶつかった。Ｘ線検出器が測定できるのは波

の強度（振幅）だけで、波の位相（波の山と谷がどこにあるか）は測定できない。この問題を解決する方法の一つは、結晶の数か所に金属イオンを導入することだ。そうすればX線回折画像に金属イオンの位置が示されるので、それを利用して、残りの分子構造を推定できる。こうしたことはタンパク質分子では行われてきたが、ＲＮＡでどうすればそれができるかを考えた人はいなかった。

ケイトは、「オスミウム・ヘキサミン」と呼ばれる分子を使って、この問題を解決した。オスミウム・ヘキサミンはＲＮＡ分子のわずかな隙間に入り込んで金属イオンとの相互作用を媒介する。その特徴を利用して、Ｘ線回折で電子密度マップを作れば、ＲＮＡの折りたたみ構造を読み解く手がかりになるはずだった。二人は電子密度マップの作成に取り掛かり、それを元に、ワトソンとクリックがＤＮＡについて行ったように、可能性のある構造のモデルを組み立てていった。

父との最期の別れ——人文学と科学の交差点を教えてくれた

研究がクライマックスに達した一九九五年の秋、父、マーティンから電話がかかってきた。父はメラノーマ（悪性黒色腫）と診断され、それは脳に転移していた。余命はわずか三か月だと父は言った。

その秋の残された日々、ダウドナは東海岸のニューヘイブンとヒロを何度も往復した。一二時間以上かかる旅だった。父親のベッドサイドで過ごす時間は、ケイトからの電話で分断された。ケイトは毎日、ファックスかメールで新たな電子密度マップを送ってきて、その解釈についてダウドナと話し合った。「信じられないほど感情の浮き沈みが激しい時期だった」と彼女は振り返る。

幸いなことに、父親はダウドナの研究に純粋な好奇心を抱き、それが苦痛を軽減した。痛みがやわらいでいる間、彼はダウドナに、最近届いた画像の説明を求めた。ダウドナが彼の寝室に入ると、横たわったまま最新の画像を見ていることも珍しくなかった。しばしば、体の具合について話すより前に、画像についてダウドナに質問した。「そんな父の様子を見ていると、父が科学に強い興味を持っていて、幼いころのわたしがその影響を受けたことが思い出された」と彼女は言う。

帰省は感謝祭の頃まで続いた。一一月、実家に戻っていたダウドナのもとに、ニューヘイブンから新たな電子密度マップが届いた。それを見た彼女は、これでＲＮＡ分子の構造を解明できると確信した。ＲＮＡがどのように折りたたまれているかを、驚くほど立体的に見てとることができたからだ。これまで二年以上にわたって、彼女とケイトは努力を重ねてきた。その間、数多くの同僚が、そんなことは無理だと言ったが、今、最新のデータは、ダウドナたちが勝ったことを示していた。

この頃には、父親は寝たきりになり、ほとんど動くことができなかった。しかし、頭は冴えていた。ダウドナは彼の寝室へ入ると、最近のマップのデータから作ったカラー画像を見せた。それは、緑のリボンがねじれて規則的な形になっているように見えた。彼は、「緑色のフェットチーネ［平たいパスタ］みたいだな」と冗談を言った。しかし、すぐ真剣な表情になり、「これは何を意味するのか？」と尋ねた。

父親に説明することで、ダウドナはそのデータの意味について自分の考えをまとめることができた。父親と一緒に、金属イオンのクラスターがもたらしたマップの領域を見つめ、クラスターの周囲でＲＮＡがどのように折りたたまれているかを推測した。「たぶん、ここに金属イオンの核があって、ＲＮＡがこの形状に折りたたまれるのを助けているのでしょう」と彼女は言った。「なぜそれが重要なんだい？」と父親は尋ねた。彼女は、ＲＮＡはごくわずかな化学物質で構成されているので、自らを折りたたむ方法を変えることで、複雑なタスクをこなしている、と説明した。ＲＮＡ研究が難しい理由の一つは、二〇種類の成分を持つタンパク質と違って、ＲＮＡがわずか四つの成分でできていることだ。「ＲＮＡは化学的には単純なので、どのように特定の形状に折りたたまれているかを突き止めることが重要だった」とダウドナは言う。

この里帰りの間にダウドナは、時が経つにつれて父親との関係が深まっていることを実感した。彼は科学にも、彼女にも、真摯に向き合った。細部を重視したが、大局的な視点も忘れなかった。ダウドナは、かつて父親の教室を訪れて、自らの情熱を懸命に生徒たちに伝えようとする彼の姿を見た時のことを思い出した。また、少し悲しいことに、彼が人々に対して時に偏見にもとづく決めつけをしたように思えて、怒りを覚えたことも思い出した。化学でも人生でも、絆はさまざまな形をとる。時には、知的な絆が最も強いこともある。

数か月後、父親は亡くなった。ダウドナと母と妹二人は、遺灰を撒くために、友人たちとともにヒロ近郊のワイピオ渓谷を訪れた。ワイピオは「曲がった水」を意味し、緑豊かな自然の中を曲がりくねって進む川には美しい滝がいくつもある。かつてダウドナを指導した生物学教授のドン・ヘムズや、幼なじみのリサ・ヒンクリー・トゥウィッグ＝スミスも同行した。「遺灰を風の中へ放つと」と、トゥウィッグ＝スミスは回想する。「神の使いと見なされている、イオと呼ばれる固有種のタカが、空高く舞い上がった」。

「科学者になろうと決めたのは、父の影響がとても大きかったことに、父が亡くなった後で初めて気づいた」とダウドナは言う。彼から受け継いだ多くの贈り物の中には、人文学への愛情と、それを科学と交差させる生き方があった。その重要性は、彼女が、電子密度マップだけでなく道徳心(モラル)が必要とされる研究領域に足を踏み入れるにつれて、明らかになっていった。「きっと父はクリスパーについて理解したかったでしょう」と、ダウドナは振り返る。「父はヒューマニストで、人文学の教授だったが、科学も愛していた。わたしは、クリスパーが社会に与える影響について語るとき、父の声が聞こえるように感じる」。[3]

ＲＮＡがらせんを折りたたんで三次元になる仕組みを解明――基礎科学分野での勝利

父親の死と時を同じくして、彼女は初めて大きな科学的成功を収めた。彼女とケイトは研究室の同僚とともに、リボザイムの原子の位置をすべて特定した。つまり、ＲＮＡがらせんを折りたたんで三次元の形状になる仕組みを明らかにしたのだ。金属イオンのクラスターは、構造が折りたたまれる際の核になっていた。ＤＮＡの二重らせん構造が、遺伝情報の保存と伝達の仕組みを明らかにしたのと同様に、ダウドナとチームが発見したＲＮＡの構造は、ＲＮＡが酵素となり、自らを切断し、スプライシング［接合］し、複製する仕組みを説明した。[4]

ダウドナたちの論文が発表されると、イェール大学はプレスリリースを配信し、地元ニューヘイブンのテレビ局がそれに注目した。ニュースキャスターは、リボザイムが何であるかを、どうにか説明した後、その形がわからないことが科学者たちを悩ませてきた、と述べ、「しかし、イエール大学の科学者ジェニファー・ダウドナ率いるチームは、ついにその分子の撮影に成功したのです」と報じた。続く映像では、若く、黒い髪のダウドナが、研究室でコンピュータ画面に映し出されたぼやけた画像を紹介している。「わたしたちの発見が、リボザイムを欠陥遺伝子の修理用キットに作り変える手がかりとなり、やがては欠陥遺伝子の修復につながることを願っています」と彼女は語った。当時、彼女にその自覚はなかったが、それは記念すべき声明だった。RNAに関する基礎科学を、ゲノム編集のツールに変換するための探究がここから始まったのだ。

また、複数のテレビ局に配信された、より洗練された科学ニュース番組では、白衣を着たダウドナがピペットで試験管に液体を入れている姿が映し出された。「RNAが細胞内でタンパク質［酵素］のような働きをすることは、一五年前から知られていましたが、その仕組みは不明でした。なぜなら、RNAがどんな形をしているかを誰も知らなかったからです」と彼女は説明した。「けれども今、わたしたちは、RNAがどのようにして複雑な三次元構造を築いていくかを見られるようになりました」。それは何を意味するのかと聞かれて、彼女は再び、将来自分が取り組むことになるものを指摘した。「一つの可能性として」と、彼女は言った。「遺伝性疾患を治療できるようになるかもしれません(5)」

以後、二〇年にわたって、多くの人がゲノム編集技術の発展に貢献する。しかし、ダウドナが他の研究者と異なるのは、ゲノム編集の領域に入る以前に、最も基礎的な科学、すなわちRNAの構造の解明において評価され、名声を確立していたことだ。

第8章　バークレー——自由でパワフルな環境へ

夫のジェイミー・ケイト、息子のアンドリューとともに。
2003年、ハワイにて

科学のパートナー、ジェイミー・ケイトとの再婚を機にハーバード大へ

ダウドナたちのRNA構造発見に関する論文は、一九九六年九月にサイエンス誌に掲載された。彼女の名前は最後に記載されたが、それは彼女が研究室を率いる主任研究員であることを意味していた。ジェイミー・ケイトの名は最初に記載された。最も重要な実験を行ったからだ。[1] この頃、ダウドナとケイトは、科学のパートナーであるだけでなく、恋愛のパートナーにもなっていた。ダウドナの離婚が成立するのを待って、二〇〇〇年の夏にハワイ島のヒロの反対側にあるマラッカ・ビーチ・ホテルで結婚式を挙げた。二年後、一人息子のアンドリューが生まれた。

その頃、ケイトはMITの助教になっていたので、二人はイェール大学のあるコネチカット州ニューヘイブンとMITのあるマサチューセッツ州ケンブリッジの間を行き来しなければならなかった。電車で三時間かからなかったが、新婚の二人には遠く感じられたので、同じ町で働く方法を探し始めた。[2]

イェール大学は懸命にダウドナを慰留し、二〇〇〇年に名誉教授職に昇格させた。学術界で「二体問題」と呼ばれる問題を解決するために、ケイトにも教授職が用意された。しかし、イェールでは、極低温冷却技術を教えてくれたトム・スタイツが、ケイトがやりたい研究と同種の研究を行っていた。「そこにはぼくのライバルがいた」とケイトは言う。「トムは素晴らしい人物だが、同じ組織にいるのは難しかっただろう」。

そういうわけでダウドナは二〇〇〇年にハーバード大学に移った。大学は彼女に化学・化学生

物学科のポジションを提供した。その学科は改名したばかりで、勢いがあった。最初は客員教授の扱いだったが、着任したその日に、学部長から永久的な地位を約束する内定通知を手渡された。ハーバードはＭＩＴと同じくマサチューセッツ州ケンブリッジにある。ケイトのことも含めて理想的な場所だと思えた。「大学院生の頃に幸せな時間を過ごしたボストンに戻ることができたら、どんなに素敵だろうと思った」と彼女は言う［ボストンとケンブリッジは、チャールズ川を隔てた対岸にある］。

もしダウドナがそのままハーバードにとどまっていたら、その後のキャリアはどうなっただろう。当時、ハーバード大学は、ＭＩＴおよびブロード研究所（ハーバードとＭＩＴが共同運営する研究所）とともに、バイオテクノロジー研究の中心地（メッカ）になっていて、とりわけゲノム操作の研究がさかんに行われていた。一〇年後、ダウドナは、クリスパーをゲノム編集ツールにするためのレースに身を投じ、ハーバードのジョージ・チャーチや、ブロード研究所のフェン・チャンおよびエリック・ランダーなど、ケンブリッジを拠点とする研究者たちと競い合うことになる。

蝶ネクタイのケンブリッジとは対照的なバークレー

二〇〇一年、ハーバードにいたダウドナのもとへ、カリフォルニア大学バークレー校からオファーの電話がかかってきた。彼女はそれを断った。しかし、帰宅してケイトにそのことを話すと、彼は驚いた。「すぐ電話をかけ直すべきだ」と彼は言った。「バークレーはいい所だよ」。彼は、サンタクルーズ校でポスドクとして研究していた時に、大学が運営するローレンス・バークレー国立研究所へよく行って、粒子加速器サイクロトロンで実験をした。

二人でバークレーのキャンパスを訪れたが、ダウドナはまだそこに移る気になれなかった。しかし、ケイトはますます乗り気になった。「ぼくはどちらかというと西部の人間だ」と、彼は言う。「ケンブリッジは堅苦しく思えた。何しろ、ぼくの指導教官はいつも蝶ネクタイを締めていたくらいだから。エネルギッシュなバークレーに行くことを想像しただけで、わくわくした」。ダウドナは、バークレー校が公立大学であることに惹かれたので、容易に説得された。二〇〇二年の夏、彼らはバークレーに引っ越した。

二人がバークレーを選択したことは、アメリカの高等教育への投資が成功したことを物語っていた。彼らが検討した他の大学と違って、カリフォルニア大学は公立（州立）大学だった。そのルーツは南北戦争時代にさかのぼる。エイブラハム・リンカーン大統領は、教育が重要だと考え、一八六二年にモリル・ランドグラント法を成立させ、公有地を売却して得た資金で、農業系、機械技術系の大学を新設した。

それらの大学の一つが、一八六八年にカリフォルニア州オークランドの近くに創設されたカリフォルニア大学である。同大学は一八七三年にバークレーに本拠を移し、後に、世界有数の研究教育機関に成長した。一九八〇年代には運営費の半分以上を州から得ていたが、その後は、ほとんどの公立大学と同様に、予算の削減に直面した。ダウドナがやって来たとき、バークレーの予算に公費が占める割合は、わずか三〇パーセントだった。二〇一八年、公費は再び削られ、一四パーセント以下になった。その結果、二〇二〇年の州内学生の授業料は年間一万四二五〇ドルと、二〇〇〇年の三倍以上になった。住居費、食費、その他の生活費のトータルは年間で三万六二六四ドル。州外学生では、年間の総費用はおよそ六万六〇〇〇ドルだ。

RNA干渉――メッセンジャーRNAが運ぶ遺伝情報を沈黙させる

ＲＮＡの構造の研究は、ダウドナをウイルスの分野に導いた。この分野は彼女のキャリアの後半で思いがけず重要になる。彼女が興味を抱いたのは、コロナウイルスなどのＲＮＡが細胞内のタンパク質生成機構を乗っ取る仕組みだった。

二〇〇二年の秋、バークレーで過ごす最初の学期中に、中国で重症急性呼吸器症候群（ＳＡＲＳ）を引き起こすウイルスが流行した。多くのウイルスはＤＮＡから成るが、ＳＡＲＳはＲＮＡから成るコロナウイルスだ。およそ八か月後に消滅するまでに、全世界で八〇〇人近くが亡くなった。ＳＡＲＳの正式名称は、ＳＡＲＳ-ＣｏＶ（ＳＡＲＳコロナウイルス）だ。二〇二〇年、それはＳＡＲＳ-ＣｏＶ-１（ＳＡＲＳコロナウイルス１号）と改名しなければならなくなった。

ダウドナは、ＲＮＡ干渉と呼ばれる現象にも関心を持った。通常、細胞核内のＤＮＡによってコード化された遺伝子は、メッセンジャーＲＮＡを細胞質に派遣して、タンパク質を作らせる。ＲＮＡ干渉とは、その名の通り、小さな分子がメッセンジャーＲＮＡに干渉して混乱させることだ。

ＲＮＡ干渉は一九九〇年代に発見された。ペチュニアの花の色素遺伝子を増やして花の色（紫）を濃くしようとした研究がきっかけだった。その研究では、一部の遺伝子の発現が抑制され、ペチュニアの花の色はまだらになった。クレイグ・メローとアンドリュー・ファイアーは一九九八年の論文で「ＲＮＡ干渉」という用語を作り、後に、線虫という小さなワームにおけるＲＮＡ干渉の働きを発見して、ノーベル賞を受賞した。[3]

ＲＮＡ干渉では「ダイサー」と呼ばれる酵素が働く。ダイサーは長いＲＮＡ断片を切って、短い断片にする。短くなった断片は、「探索と破壊」の任務に乗り出す。自分と文字列が一致するメッセンジャーRNAを探し出し、ハサミのような酵素を用いて、細かく切り刻むのだ。その結果、メッセンジャーRNAが運んでいた遺伝情報は沈黙させられる。

ダウドナは、ダイサーの分子構造の解明に乗り出した。リボザイムで行ったように、X線回折法によってねじれと折りたたみのマップを作成し、ダイサーの働きを明らかにしようとしたのだ。それまで、ダイサーがRNAの文字列の正確な場所を切断して特定の遺伝子を抑制する仕組みはわかっていなかった。ダウドナはダイサーの構造を調べることで、その謎を解いた。ダイサーは、一方の端にクランプ（固定する留め具）がついた定規のように働くことがわかったのだ。クランプでRNA鎖をつかみ、もう一方の端についたカッターで、ちょうど良い長さに切断するのである。

ダウドナのチームはさらに先へ進んで、ダイサーのゲノムの特定の領域を置き換えれば、他の遺伝子の発現を抑制するツールになることを示した。「おそらくこの研究で最もエキサイティングな発見は、ダイサーを作り直せることだ」と、論文には記されている。[4] それはとても有益な発見だった。RNA干渉によってさまざまな遺伝子のスイッチを切ることで、その働きを明らかにしたり、医療目的で遺伝子の発現を抑制したりできることがわかったのだ。

コロナなどのウイルスから人類を守れる

コロナウイルスの時代には、RNA干渉にはもう一つの役目が期待できる。地球上の生命の歴史を通じて、ある種の生物は、RNA干渉によってウイルスを撃退する方法を進化させてきた。[5]
ダウドナが二〇一三年の論文に記した通り、研究者たちは、RNA干渉を利用して人間を感染症から守る方法を見つけたいと考えていた。[6] その年にサイエンス誌に掲載された二つの論文は、それがうまくいくという強力な証拠を示した。当時、期待されていたのは、ＲＮＡ干渉をベースとする薬が、コロナウイルス感染症を含む重篤なウイルス感染症を治療する選択肢になることだった。[7]

ＲＮＡ干渉に関するダウドナの論文は、二〇〇六年一月にサイエンス誌に掲載された。数か月後、それほど有名でない雑誌に掲載された論文には、ウイルスと戦う自然界のもう一つのメカニズムが記されていた。それはスペインの無名の科学者によるもので、彼はそのメカニズムを、細菌などの微生物で発見した。細菌は人間よりはるかに長くはるかに過酷な、ウイルスとの戦いの歴史を持っていた。この仕組みを研究する一握りの科学者たちは、当初、そのメカニズムはＲＮＡ干渉によって機能していると考えていた。しかしまもなく、それはもっと興味深い現象であることが判明した。

第二部

クリスパー

CRISPR

科学者が自然を研究するのは、有益だからではない。
自然の中に喜びを感じるからであり、喜びを感じるのは
自然が美しいからだ。
——アンリ・ポアンカレ、『科学と方法』、一九〇八年

第9章 反復クラスター

「クリスパー」命名者、古細菌研究者のフランシスコ・モヒカ

エリック・ゾントハイマー（左）、ルチアーノ・マラフィーニ（右）

石野良純とフランシスコ・モヒカ――細菌、古細菌のDNAに反復配列が見つかる

石野良純（いしのよしずみ）は、大阪大学の微生物研究所に在籍していた頃、大腸菌DNAのシーケンシングを行っていた。一九八六年のことで、シーケンシングは骨の折れる作業だったが、ついに大腸菌DNAを構成する一〇三八塩基対の配列決定に成功した。そして、翌年発表した長い論文の最後の段落で、論文要旨に含めるほど重要ではないと考えていた奇妙な発見について言及した。「ある奇妙な構造が見つかった」と彼は記している。「二九ヌクレオチドからなるきわめて相同性の高い配列が、一定の間隔をおいて五回繰り返していた」。ざっくばらんに言えば、互いと同一なDNAのセグメントが五つ見つかったのだ。それぞれ二九の塩基対からなるこの反復配列は、彼が「スペーサー」と呼ぶ、普通のDNA配列のあいだに点在していた。石野には、これらの反復配列が何なのかわからなかった。論文の最後の行にはこう書かれている。「これらの配列の生物学的意義は不明である」。彼はそのテーマを追求しなかった。[1]

その反復配列の機能を初めて解明したのは、スペインの地中海沿岸にあるアリカンテ大学の大学院生、フランシスコ・モヒカだ。一九九〇年、モヒカは博士論文のために古細菌の研究を始めた。古細菌は細菌に似た、核を持たない単細胞生物だ。彼が研究していた古細菌は、海水の一〇倍の塩分を含む塩湖で繁殖する。彼はその好塩性を説明できそうに思える領域をシーケンシングしていて、一定の間隔で繰り返される一四個の同じ配列を見つけた。それは、前から読んでも後ろから読んでも同じ、回文のように見えた。[2]

最初、彼はシーケンシングに失敗したのだと思った。「当時、シーケンシングは難しかったので、しくじったと思った」と言って彼は笑った。しかし、一九九二年になっても相変わらず、データは同様の規則的な反復を示し続けたので、モヒカは、他にも同様の発見をした人がいるのでは、と思い始めた。当時、グーグルはまだ存在せず、オンライン検索もなかったので、論文タイトル速報誌『カレント・コンテンツ』をめくって、「ｒｅｐｅａｔ（反復）」という単語を含むタイトルを探した。オンライン上の出版物がほとんどない前世紀のことなので、見込みのある論文が見つかるたびに、図書館へ行って、該当する雑誌があるかどうか探さなければならなかった。そしてついに石野の論文を見つけた。

石野が研究した大腸菌は、モヒカの古細菌とはかなり異なる生物だ。したがって、その両方に反復配列とスペーサー部分があるのは驚くべきことだった。このことからモヒカは、この現象には重要な生物学的目的があるに違いないと確信した。一九九五年に発表した論文で、彼と論文指導教官はそれらを「タンデム・リピート（tandem repeats）」（ＴＲＥＰｓ）と名づけ、細胞複製と関係があるのではと推測したが、それは間違いだった。[3]

モヒカはソルトレイクシティとオックスフォードでポスドクとしての研究を行った後、一九九七年に、生まれ故郷に程近いアリカンテ大学に戻った。そこで彼は、例の不可解な反復配列を研究するためのグループを立ち上げた。しかし、研究資金の調達は難しかった。「反復配列にこだわるのはやめなさい、と言われた。そのような現象は生物にはよくあることで、ぼくが見つけたのもおそらく特別なものではない、というのがその理由だった」と彼は言う。

しかし、細菌と古細菌は遺伝物質をごくわずかしか持たない。したがって、重要でない機能のために、配列を浪費する余裕はないはずだ。そう考えた彼は、反復配列の目的を解明しようとしつづけた。ＤＮＡ構造の形成か、タンパク質がひっかかるループの形成を助けているのではないか、と推測したが、後にどちらも間違いだとわかった。

クリスパーと命名――クラスター化され規則的に間隔があいた短い回文構造の繰り返し

この頃までに、研究者たちは二〇種の細菌と古細菌でこの反復配列を発見し、独自に名前をつけていた。モヒカは指導教官から押しつけられた「タンデム・リピート」という名前に不満を感じていた。配列は、間隔をあけて配置されているのであって、タンデム（縦列）に並んでいるわけではないからだ。そこで彼は改名することにして、最初は、「短い規則的な間隔のあいた反復配列（Short Regularly Spaced Repeats）」にした。より説明的ではあったが、頭文字のＳＲＳＲは発音できず、覚えにくかった。

モヒカは、結核菌でこの配列を研究していたオランダのユトレヒト大学のルード・イェンセンと手紙でやり取りしていた。イェンセンは反復配列を「直接配列（direct repeats）」と呼んでいたが、もっとふさわしい名前が必要だというモヒカの意見に賛成だった。ある晩、モヒカは、研究室から車で帰宅する途中、「ＣＲＩＳＰＲ」（クリスパー）という名前を思いついた。「クラスター化され、規則的に間隔があいた短い回文構造の繰り返し」（Clustered Regularly Interspaced Short Palindromic Repeats）の略である。込み入ったフレーズは覚えられそうにないが、頭字語をとったクリスパーは歯切れがいいと感じた。威圧的でなく、親しみやすい。また、「新鮮」を意味するcrisperの「ｅ」が抜けている点が未来的だ。家に帰ると妻に、この名前をどう思うかと尋ねた。「イヌの名前にぴったりだわ」と彼女は言った。「クリスパー、クリスパー、こっちへおいで、ワンちゃん！」。モヒカは笑って、この名前はきっとうまくいく、と思った。

二〇〇一年一一月二一日、モヒカの提案に、イエンセンからメールで返信があった。「親愛なるフランシス」と、そのメールは始まった。「クリスパーは素晴らしい頭字語だ。ＳＲＳＲやＳＰＩＤＲといった他の候補はどれも歯切れがよくないから、ぼくはクリスパーがいいと思う」[4]。イエンセンはこの決定を、二〇〇二年四月の論文で正式なものにした。その論文は、クリスパーと関連がありそうな遺伝子の発見を報告するものだった。クリスパーを持つほとんどの生物で、クリスパーの近くにそれらの遺伝子の一つが存在した。それらの遺伝子は、酵素を作る命令をコードしていると思われた。イエンセンはそれらを「クリスパー関連」（CRISPR - associated）酵素、略してＣａｓ（キャス）酵素と名づけた[5]。

細菌の免疫システム――「過去にどのウイルスに攻撃されたか覚えている」

モヒカが好塩性の古細菌のＤＮＡをシーケンシングし始めた一九八九年当時、シーケンシングは時間のかかる作業だった。しかし、同じ頃にスタートしたヒトゲノム計画によって、やがて高速シーケンシング法が生み出された。二〇〇三年までに、ヒトやマウスだけでなく、二〇〇種近い細菌のゲノムが解読された。

二〇〇三年の八月、モヒカは大学のあるアリカンテからおよそ一二マイル南の海沿いの町サンタ・ポラで、妻の両親の家に滞在して、休暇を過ごしていた。それはモヒカの好みではなかった。「ぼくは砂が嫌いだし、暑くて混んでいる夏の海岸で過ごすのも好きじゃない」と彼は言う。「その日、妻はビーチに寝そべって日焼けするつもりだったので、ぼくは大学の研究室に車で行くことにした。妻はビーチで楽しんでいたが、ぼくは大腸菌の配列を分析するほうが楽しかった」[6]。熱心な科学者らしい言葉だ。

彼を虜(とりこ)にしていたのは「スペーサー」だった。反復するクリスパーの間にある、普通に見えるDNA配列だ。彼は大腸菌のスペーサー配列をデータベースにかけた。すると興味深い事実が見つかった。スペーサー配列が大腸菌を攻撃するウイルスの配列と一致したのだ。他のクリスパーを持つ細菌でも、同じだった。スペーサー配列は、それぞれの細菌を攻撃するウイルスの配列と一致したのだ。彼は思わず「すごい!」と叫んだ。

自らの発見に間違いはないと確信した彼は、その夜、海辺の家に戻ると、妻に説明した。「本当に、すごいことを発見したんだ」と彼は言った。「細菌は免疫システムを持っている。過去にどのウイルスに攻撃されたかを、覚えているんだよ」。妻は笑って、よくわからないと言いながらも「あなたがそれほど興奮しているのだから、きっとすごいことなのでしょうね」と同意した。彼は、「数年のうちに、ぼくが今発見したことが新聞や歴史の本に書かれることになるよ」と返した。それについては、妻は信じなかった。

細菌vs.ウイルス

モヒカが遭遇したのは、地球上で最も古くから続いている最も壮大で凶悪な戦いだった。それは細菌と、「バクテリオファージ」あるいは「ファージ」と呼ばれるウイルスとの戦いだ。ファージは自然界で最大のウイルスカテゴリであり、地球上で最も多く存在する生物学的存在である。

その総数は10^{31}（10の31乗）。世界中の砂一粒あたりファージが一兆個存在することになる。細菌を含むあらゆる生物の合計よりも多い。一ミリリットルの海水中には、九億個ものファージが含まれると言われる。[7]

わたしたち人間が新種のウイルスと戦う時には、プラスマイナス数億年の誤差はあるとしても、およそ三〇億年にわたって、細菌がそれらとどう戦ってきたかを心に留めておくとよい。この惑星に生命が誕生したのとほぼ同じ頃から、細菌とウイルスは激しい軍拡競争を繰り広げてきた。細菌はウイルスへの対抗策を巧みにつくりあげ、一方ウイルスは、細菌の防御を崩す方法を探して、進化しつづけてきたのだ。

ウイルス由来のスペーサー配列を持つ細菌が、その配列を持つウイルスへの免疫を持っているらしいことを、モヒカは発見した。実のところ、ウイルスと同じ配列を持たない細菌は、そのウイルスに感染した。これはかなり巧妙な防御システムだったが、さらにモヒカを驚かせたのは、新しい脅威に晒された細菌が進化することだ。新しいウイルスが襲ってきた後、生き残った細菌はそのウイルスのDNAの一部を取り込み、子孫がその新しいウイルスに免疫を持てるようにしているのだ。それに気づいた時、モヒカは感動のあまり泣きそうになった。[8] 自然の美しさは、時として人を泣かせる。

モヒカにとって、自然の美しさへの愛が研究の動機だった

これは驚くべきエレガントな発見であり、大きな反響をよぶと思われた。しかし、その発見を発表するまでに、モヒカは途方もない苦労を経験した。二〇〇三年一〇月、彼は「原核生物の反

復配列は免疫システムに関与している」と題した論文をネイチャー誌に送った。この論文は、クリスパー・システムは細菌がウイルスに対する免疫を獲得する方法だ、という発見を報告していたのだが、編集者は査読審査にかけることさえしなかった。これまでのクリスパー論文と大差ないと誤解したからだ。加えて、この論文はクリスパー・システムがどのように働くかを示す実験を提示していないという、やや妥当な批判もなされた。

　モヒカの論文は、他の二つの雑誌からも却下され、やっとのことで、『分子進化ジャーナル』に掲載された。それは一流誌ではなかったが、ついにモヒカの発見が、査読審査のある雑誌に掲載されたのだ。もっとも、『分子進化ジャーナル』でさえ、モヒカは動きの遅い編集者をせっつき、うるさく催促しなければならなかった。「毎週のように編集者に連絡をとろうとした」と彼は言う。「一週間ごとに不安がつのり、悪夢を見ているようだった。なぜなら、本当に素晴らしいことを発見したとわかっていたからだ。そのうち他の誰かが発見するに違いないのに、編集者は論文の重要性をわかってくれなかった」[9]。『分子進化ジャーナル』は二〇〇四年二月にモヒカの論文を受け取り、一〇月まで決定を下さず、二〇〇五年二月になってようやく掲載した。モヒカがクリスパーにまつわる重要な発見をしてからまる二年たっていた[10]。

　モヒカは、自然の美しさへの愛が原動力になった、と言う。アリカンテでは、実益にこだわることなく基礎研究に没頭できた。また彼は、クリスパーにまつわる発見を特許化しようとはしなかった。「塩湖などの珍しい環境に生息する奇妙な生物について研究するとき、動機になるのは好奇心だけだ」と彼は言う。「ぼくたちは、この発見は普通の生物には当てはまらないと思っていたが、それは間違いだった」。

科学の歴史ではよくあることだが、発見が思いがけない応用につながる場合がある。「好奇心に突き動かされて研究している時、それが将来、何につながるかは知り得ない」とモヒカは言う。「基礎研究の発見が、やがて幅広い応用につながることもあるのだ」。自分の名前はいつか歴史の本に載るだろうという、彼が妻に語った予測は正しかった。

モヒカの論文を皮切りに、クリスパー・システムは細菌が新たに出会ったウイルスと戦うための免疫システムであることを示す論文が続々と発表された。一年たたないうちに、ＮＩＨ傘下の生物工学情報センターの研究者、ユージーン・クーニンは、モヒカの仮説からさらに先へ進んだ。クリスパー関連酵素の役割は、攻撃してきたウイルスからＤＮＡの断片を切り取って、細菌のＤＮＡに挿入することだと彼は述べた。言うなれば、危険なウイルスのマグショット（逮捕者の顔写真）を切り取って、壁に貼りつけているのだ。[11]しかしクーニンのチームは一つ間違っていた。彼らは、クリスパー・システムはＲＮＡ干渉によって機能する、と推測した。つまり、細菌はウイルスの顔写真（マグショット）を使って、ＤＮＡの命令を実行するメッセンジャーＲＮＡを妨害している、と考えたのだ。

他の研究者も同じ考えだった。バークレー校でＲＮＡ干渉の第一人者であるダウドナのもとに、クリスパーの解明に取り組む同僚からいきなり電話がかかってきたのもそのためだ。

第10章　フリースピーチ・ムーブメント・カフェ

バークレー校教授の微生物学者ジリアン・バンフィールド

微生物学者ジリアン・バンフィールドが、クリスパー研究にダウドナを誘う

二〇〇六年の初め、ダウドナがダイサーに関する最初の論文を発表して間もない頃、バークレーの彼女のオフィスに一本の電話がかかってきた。名前は知っているが会ったことのないバークレーの教授、ジリアン・バンフィールドからだった。

微生物学者のバンフィールドは、モヒカと同じく、極限環境に生息する微生物に興味を持っていた。不敵な笑顔と協調性を備えたおおらかなオーストラリア人で、オーストラリアの高濃度の塩湖や、ユタの間欠泉、カリフォルニアの銅山から塩性湿地に流れ出る酸性度の高い排水の中で見つかる細菌を研究していた[1]。

バンフィールドが細菌のＤＮＡをシーケンシングしていると、クリスパーと呼ばれる反復配列が絶えず見つかった。彼女は、クリスパー・システムはＲＮＡ干渉によって機能すると考える一人だった。「バークレーでＲＮＡ干渉の研究をしている人を探していて、グーグルで『ＲＮＡ干渉　ＵＣバークレー』で検索したら、あなたの名前が出てきたわ」と彼女はダウドナに言った。二人はお茶を飲みながら話をすることにした。

それまでダウドナは、クリスパーという言葉を聞いたことがなかった。実のところ、バンフィールドが「クリスパー」と言うのを聞いて、「野菜室」（ｃｒｉｓｐｅｒ）のことかと思ったほどだ。電話を切ったあと、オンラインでざっと検索して、クリスパーに関する論文を二、三見つけた。ある論文で、クリスパーが「クラスター化され、規則的に間隔があいた短い回文構造の繰り返

し」の略だと書かれているのを読み、あとはバンフィールドが説明してくれるのを待つことにした。

風の強い春の日に、二人はバークレーの学部生用図書館の入り口にあるフリースピーチ・ムーブメント・カフェの中庭の石のテーブルで待ち合わせた。バンフィールドは、モヒカとクーニンの論文のプリントアウトを持参していた。クリスパー配列の機能を解明するには、謎めいた分子の成分を実験室で分析できるダウドナのような生化学者と協力するのが得策だと、彼女は考えていた。

わたしがその時のことを聞くと、二人は当時の興奮そのままに語り始めた。どちらも互いの話を引き取るようにして話し続けた。特にバンフィールドはよくしゃべり、よく笑った。ダウドナは、「二人でお茶を飲んだ。バンフィールドは、見つけた配列のデータをまとめたプリントの分厚い束を持ってきていた」と振り返る。バンフィールドは、わたしはいつもパソコンで仕事をしていて、プリントアウトすることはめったにない、と言いながら、「その配列を次々にあなたに見せたわね」と応じた。ダウドナは、「バンフィールドはとても情熱的で、早口でしゃべった。その上、大量のデータを持ってきていたから、この人は本当にエキサイトしているのね、と思ったわ[2]」

カフェのテーブルで、バンフィールドはひと続きのひし形と四角形を描き、細菌のDNAで発見した配列を再現した。ひし形はすべて同じ配列だが、その間にある四角形は、それぞれ異なる配列だと言う。バンフィールドはダウドナに言った。「この同じ配列は何かに反応してものすごいスピードで広がっているように思える。わたしが知りたいのは、何がこの奇妙なDNA配列のクラスターを引き起こしているのか、これらの配列は実際に何をしているか、ということよ」

それまでクリスパーを研究していたのは主に、モヒカやバンフィールドなどの微生物学者だった。彼らはクリスパーについてエレガントな理論を考え出し、その一部は正しかったが、試験管で実験を行ったわけではなかった。「当時、クリスパー・システムを構成する分子を分離し、実験室で調べて、構造を解明した人はいなかった」とダウドナは言う。「わたしのような生化学者や構造生物学者が参入するには絶好のタイミングだった[3]」。

第11章　才能あふれる同志が集う

ダウドナ研究室の若手、ブレイク・ウィーデンヘフト。
ロシア、カムチャッカにて

クリスパーを研究したい――意欲ある若者ブレイク・ウィーデンヘフトが志願

バンフィールドからクリスパーを一緒に研究しないかと誘われ、乗り気になったものの、ダウドナの研究室には、クリスパーに取り組める人材がいなかった。

ところが、一風変わった若者が、ポスドクの採用面接を受けにやってきた。子熊のように愛嬌(あいきょう)がありカリスマ性も備えたブレイク・ウィーデンヘフトだ。モンタナ出身の彼はアウトドアが大好きで、研究者としての経歴のほとんどを自然の中で過ごしてきた。休暇を取って自然探検に出かけるか、さもなければロシアのカムチャッカや、彼にとっては裏庭に等しいイエローストーン国立公園で、バンフィールドやモヒカと同じく、極限環境に生息する微生物を採集した。推薦状に記された経歴は輝かしいものではなかったが、彼は真剣に、かつ情熱的に、研究対象を微生物の生物学から分子の生物学に切り替えようとしていた。ダウドナがここで何を研究したいのかと尋ねると、彼は驚くべき言葉を口にした。「クリスパーって、聞いたことありますか？」[1]。

ウィーデンヘフトはモンタナ州フォートペックで生まれた。人口わずか二三三人、カナダとの国境から八一マイル離れた、何もない僻地だ。父親はモンタナ州野生生物局で働く水産生物学者だった。ウィーデンヘフトは、高校では陸上競技、スキー、レスリング、サッカーに熱中した。

モンタナ州立大学に入学し、生物学を専攻したが、研究室にはほとんど行かなかった。その代わりにイエローストーン国立公園をひんぱんに訪れ、酸性の熱水泉に生息する微生物を採集した。「この経験は、ぼくの心に深く刻まれた」と彼は言う。「酸性の熱水泉から微生物をすくい上げ、魔法瓶に入れて研究室に持ち帰り、急ごしらえした人工の熱水泉の中で育てて顕微鏡でじっくり観察した。すると、これまで見たことのないものが見えた。それを見たことで、ぼくの生命に対する考え方はすっかり変わった」。

彼にとってモンタナ州立大学は申し分のない環境だった。好きなだけ冒険ができたからだ。「ぼくはいつも、次の山頂の向こうには何があるだろうと、それを楽しみに進んできた」と彼は言う。[2] 卒業する時、研究科学者になる気はなかった。父親と同じく魚の生態に興味があったので、アラスカのベーリング海沖のカニ漁船に乗って政府機関のためにデータを収集する仕事についた。その後、ひと夏の間、ガーナで若い学生たちに科学を教え、次はモンタナでスキーパトロールの仕事をした。「ぼくは冒険に夢中になっていた」。

しかし旅先では、夜になると昔使った生物学の教科書を読み返した。大学で彼の指導教官だったマーク・ヤングは、イエローストーンの酸性の熱水泉に生息する細菌を攻撃するウイルスを研究していた。「生物学的メカニズムを解明しようとするマークの熱意が、文字通り、ぼくに伝染した」。[3] 三年間、放浪した後、ウィーデンヘフトは、冒険は自然界だけでなく研究室でもできると確信した。そこでモンタナ州立大学に戻り、ヤングのもとで博士課程の学生としてウイルスが細菌に侵入する仕組みを研究した。[4]

ウィーデンヘフトはウイルスのDNAのシーケンシングに成功したが、それ以上のことがしたいと思うようになった。「DNA配列を見つめていても、何もわからないことに気づいた」と彼は言う。「構造を見きわめる必要がある。なぜなら、折りたたみや形状といった構造は、核酸［DNA、RNA］の配列よりはるかに長い年月、保存されてきたからだ」。つまりウィーデンヘフトはこう考えたのだ――DNAの文字列だけでは、その働きはわからない。重要なのは、DNAがどのように折りたたまれ、ねじれているかだ。それがわかれば、DNAが他の分子とどのように相互作用するかがわかるだろう[5]。

　そういうわけで彼は、構造生物学を学ぶ必要があると確信した。それを学ぶのに最もふさわしい場所は、バークレーのダウドナの研究室だった。

　ウィーデンヘフトは熱意のあまり、不安を忘れ、ダウドナとの面接をうまく切り抜けた。「モンタナの小さな研究室の出身だから、怖気づいても当然だったけれど、十分自信があったので、そうはならなかった」と彼は振り返る。取り組みたいテーマはいくつもあったが、中でも最大の関心事であるクリスパーにダウドナが興味を示したので、ウィーデンヘフトは勢いづいた。「ぼくは声を張り上げて、懸命に自分を売り込んだ」。ホワイトボードまで行って、他の研究者が進めているクリスパー・プロジェクトについて細かく書き出した。その研究者には、オランダ人のジョン・ファン・デア・オウストとスタン・ブロウンズがいた。彼らとは、イエローストーンの熱水泉で共に微生物を採集した仲だった。

　ウィーデンヘフトとダウドナは、追求できる可能性があるものについて話し合った。特に注目したのは、クリスパー関連酵素（キャス酵素）の機能だ。ダウドナはウィーデンヘフトのエネルギッシュさと伝染性の熱意に心を惹かれた。ウィーデンヘフトの方は、クリスパーへの熱い想いにダウドナが共感してくれたと感じた。「彼女には、次に何が重要なテーマになるかを見抜く才能がある」と彼は言う[6]。

　ウィーデンヘフトはアウトドア派ならではの快活な情熱を持って、ダウドナの研究室での仕事に打ち込んだ。これまで使ったことのない技術も臆することなく使った。ランチタイムにマウンテンバイクに乗り、午後から夕方までサイクリングスーツを着たまま働き、ヘルメットをかぶって研究室をうろついた。四八時間休みなく実験を続け、実験台の横で寝たこともあった。

生細胞に興味を抱く結晶学者マーティン・イーネックも加わる

ダウドナの研究室に入ったウィーデンヘフトは、構造生物学について教わりたい一心で、知的な面でも社交の面でも自分とはかなり異なる、結晶学を専門とするポスドクのマーティン・イーネックに付きまとった。イーネックは、当時チェコスロバキアだったシレジアのトゥジネッツという町で生まれた。イギリスのケンブリッジ大学で有機化学を学び、ドイツのハイデルベルク大学のイタリア人生化学者エレナ・コンティの下で博士課程の研究を行った。こうした経歴から、科学的視野が広い一方、各国の訛りが入り混じった英語を話す。その合間に、正確な発音で「基本的に（ベイスイクリィ）」と挟むのが口癖だった。[7]

イーネックはコンティの研究室にいた頃から、本書のスター分子であるＲＮＡに熱中していた。後に彼は『クリスパー・ジャーナル』の記者、ケヴィン・デイヴィスにこう語った。「ＲＮＡは万能の分子で、触媒にもなるし、自らを三次元構造に折りたたむこともできる。同時に、情報の運び屋でもある。まさに分子生物学の世界の万能選手だ！」[8]。彼の目標は、ＲＮＡと酵素が結合した複合体の構造を解明できる研究室で働くことだった。[9]

イーネックは、進むべき道を自力で切り開くことができた。「彼は独自に研究を進められるタイプです。わたしは細かい指示を出さないので、そのような資質は、わたしの研究室ではとても重要だった」とダウドナは言う。「わたしが雇いたいのは、創造的なアイデアを持っていて、わたしの指導の下でチームの一員として働くことを望みながらも、日々の指示を必要としない人です」。彼女は会議でハイデルベルクに赴いた時にイーネックと面談し、バークレーへ来て自分の研究室のメンバーと話してほしいと誘った。新人を採用する際には、チームメンバーがその人と気持ちよく付きあえるかどうかが重要だと考えていたからだ。

イーネックがダウドナの研究室で最初に取り組んだのは、RNA干渉の仕組みの解明だった。他の研究者は生細胞の研究によってそのプロセスを説明したが、イーネックは、完全な説明をするには、試験管内（インビトロ）でプロセスを再現する必要があると考えた。そして、インビトロの実験によって、遺伝子の発現を阻害するのに必要な酵素を単離することに成功した。また、ある酵素の結晶構造を解明し、その酵素がメッセンジャーRNAを切断する仕組みを明らかにした[10]。

背景も性格もまったく異なるイーネックとウィーデンヘフトは、言うなれば、相補的な粒子になった。イーネックは生細胞での経験を積みたいと思っている結晶学者で、ウィーデンヘフトは結晶学を学びたいと考えている微生物学者だった。

彼らはすぐ、互いを気に入った。ウィーデンヘフトはイーネックよりはるかに遊び心とユーモアのセンスを備えていたが、それらは伝染力が強く、イーネックもたちまち感化された。ある時、彼らと研究室のメンバーが、放射光実験のためにシカゴに近いアルゴンヌ国立研究所に出かけた。大型放射光施設は円形の加速器で構成されるため、建物全体が巨大な円形になっている。その建物はとても大きかったので、研究者が移動するための三輪車があった。夜を徹して働いたのちの午前四時、ウィーデンヘフトは建物の円周を走る三輪車レースを企画し、もちろん自分が優勝した[11]。

ダウドナは、クリスパー・システムを構成要素に分解し、それぞれの機能を調べることを研究室の目標に定めた。彼女とウィーデンヘフトはまず、クリスパー関連酵素に注目した。

免疫システムの記憶形成段階の鍵を握るキャス1

ここでざっとおさらいしよう。酵素はタンパク質の一種で、主な機能は、細菌からヒトまで、さまざまな生物の細胞内で触媒となって化学反応を引き起こすことだ。消化器系におけるデンプンやタンパク質の分解、筋肉の収縮、細胞間の信号伝達、代謝のコントロール、そして、（本書のテーマにとって最も重要な）ＤＮＡとＲＮＡの切断およびスプライシングなど、酵素が触媒する生化学反応は五〇〇〇以上ある。

二〇〇八年までに科学者たちは、細菌ＤＮＡのクリスパー配列に隣接する遺伝子が生成する酵素を、いくつか発見した。細菌のクリスパー・システムは、これらのクリスパー関連酵素（キャス酵素）によって、新たに攻撃してきたウイルスの記憶を、カット・アンド・ペーストしている。また、そのシステムは、クリスパーＲＮＡ（ｃｒＲＮＡ）と呼ばれる短いＲＮＡ断片も生成し、そのＲＮＡ断片がハサミのような酵素を危険なウイルスへと導き、その遺伝物質を切断させる。なんとも見事な限り。これこそが賢い細菌が作り上げた、適応性のある免疫システムなのである。

キャス酵素は、さまざまな研究室で発見されたため、二〇〇九年にはそれらの表記はまだ流動的だった。最終的に、キャス1、キャス9、キャス12、キャス13という名前に統一された。

ダウドナとウィーデンヘフトはキャス１と呼ばれる酵素に注目した。キャス１はキャス酵素の中で唯一、クリスパー・システムを持つすべての細菌に見られるので、基本的な機能を果たしていると思えた。また、X線回折によってキャス酵素の構造と機能を解明しようとする研究室にとって、キャス1にはもう一つの利点があった。結晶化が容易だったのだ[12]。ウィーデンヘフトは細菌からキャス1遺伝子を分離してクローン化し、蒸気拡散法によって結晶化した。しかし、X線回折の経験が乏しい彼は、そこで壁にぶつかった。

ダウドナはウィーデンヘフトの助っ人にイーネックを起用した。イーネックはRNA干渉に関する論文をダウドナと共著し終えたばかりだった[13]。ウィーデンヘフトとイーネックは、近くにある、粒子加速器を備えたローレンス・バークレー国立研究所に赴き、イーネックは、キャス1タンパク質の原子モデルを構築するためのデータ分析を手伝った。「そうするうちに、ウィーデンヘフトの熱意がぼくに伝染した」と彼は回想する。「そこでぼくは、ジェニファーの研究室のクリスパー・チームに加わることにした[14]」。

彼らがモデル化したキャス1の折りたたみは独特で、キャス1が侵略してきたウイルスのDNA断片を切り取ってクリスパー配列に組み込むための細菌のメカニズムであることを示唆していた。ゆえにキャス1は、この免疫システムの記憶形成段階のカギを握っていると言えた。二〇〇九年六月、ダウドナの研究室がクリスパー分野で初めて出す論文で、彼らはその発見を発表した。それは、クリスパーの構成要素の分析に基づいてクリスパーのメカニズムを説明した最初の論文だった[15]。

第12章　ヨーグルトメーカー

食と科学を愛する食品科学者、ロドルフ・バランガー

バランガーと協働したフランスの食品科学者、フィリップ・オルヴァト

基礎研究とイノベーションの線形（リニア）モデル

わたしも含め、科学技術の歴史を研究する者は、「イノベーションの線形（リニア）モデル」と呼ばれる概念にしばしば言及する。それはMITの工学部長ヴァネヴァー・ブッシュが広めたものだ。ブッシュは軍需企業レイセオン社の共同設立者で、第二次世界大戦中は、レーダーと原子爆弾の開発を監督したアメリカ科学研究開発局の長官を務めた。彼は一九四五年の報告書「科学、その果てしないフロンティア」において、純粋な好奇心を動機とする基礎科学という種（たね）から、やがて新たな技術やイノベーションが生まれる、と論じた。「新しい製品やプロセスは、完成した状態で生まれるわけではない」と彼は記している。「それらは新たな原理と概念を基盤としており、その原理と概念は、純粋な科学領域におけるたゆみない研究と努力によって徐々に発展していく。つまり、基礎研究に導かれて技術は進歩するのだ」[1]。この報告書に基づいてハリー・トルーマン大統領は、主に大学における基礎研究への資金提供を目的とするアメリカ国立科学財団を創設した。

リニアモデルは、いくらかは真実を語っている。量子論と、半導体の表面準位に関する基礎研究は、トランジスタとマイクロチップの開発を導いた。しかし、その過程は、基礎研究から開発へと、リニア（直線的）に進んだわけではない。トランジスタはアメリカ電話電信会社（AT&T）の研究機関であるベル研究所で開発された。そこには、ウィリアム・ショックレーやジョン・バーディーンをはじめとする基礎科学の理論家が数多く在籍していた。アルベルト・アインシュタインさえ一時的に関与した。しかし、ベル研究所には実用技術者や実際に電柱に登る技師もいて、彼らは電話信号を増幅する方法を知っていた。また、大陸全体をカバーする遠距離通話を実現しようとする事業開発担当者もいた。これらのプレーヤーは互いに情報を交換し、刺激しあった。

クリスパーの物語は一見、リニアモデルに従っているように見える。フランシスコ・モヒカのような基礎科学の研究者が、純粋な好奇心から自然界の奇妙な現象を探究し、その研究を種として、ゲノム編集やウイルスと戦うツールといった応用技術が育っていった。しかし、トランジスタの場合と同じく、それは基礎研究から開発へと直線的に進歩したわけではない。基礎科学研究者、実用化を目指す発明者、ビジネスリーダーが交流し、互いを刺激しあった結果なのだ。

科学が発明の母になることがある。しかし、マット・リドレーが著書『人類とイノベーション』で指摘しているように、道は一方通行ではない。「逆に、発明が科学の母になることも多い。技術とプロセスがまず開発され、理解は後からついてくる」とリドレーは記している。「蒸気機関が熱力学の理解を導いたのであって、逆ではない。動力飛行もほぼすべての航空力学を先取りしていた[2]」。

クリスパーの多彩な歴史は、基礎科学と応用科学の共生について、もう一つの魅力的な物語を提供する。それにはヨーグルトが関わっている。

食を愛する研究者ロドルフ・バラングーとフィリップ・オルヴァトが協働

ダウドナのチームがクリスパーの研究を始めた頃、異なる大陸に暮らす二人の若い食品科学者が、ヨーグルトとチーズの製造方法を改善するためにクリスパーを研究していた。一人はノースカロライナ州のロドルフ・バラングー。もう一人はフランスのフィリップ・オルヴァトである。どちらもデンマークの食品素材メーカーのダニスコ社に所属していた。ダニスコは、スターターカルチャー（乳製品の発酵を導く種菌）を製造している。

ヨーグルトとチーズのスターターカルチャーは細菌からつくられるが、その四〇〇億ドル規模の世界市場にとって最大の脅威は、細菌を死滅させるウイルスだ。そのためダニスコは、ウイルスから細菌を守るための研究に多額の資金を投じていた。ダニスコは貴重な資源を持っていた。長年にわたって使ってきた細菌のＤＮＡ配列の記録だ。そういうわけで、ある学会でモヒカのクリスパー研究のことを知ったバラングーとオルヴァトは、基礎科学と商業ビジネスを結ぶ取り組みに参加することになった。

バラングーはパリで生まれ、その都市で育つうちに食べ物への情熱を育んだ。彼は科学も好きだったので、大学ではその二つの情熱を統合するために、ノースカロライナ州ローリーのノースカロライナ州立大学に入学した。食べ物について学ぶためにフランスからノースカロライナにやってきた人は、わたしの知る限り彼だけだ。同大学では、ピクルスとザワークラウトの発酵に関する研究で修士の学位を取得した。博士課程に進み、同じクラスで学ぶ食品科学者と結婚した。妻がウイスコンシン州マディソンにあるオスカー・マイヤー食肉会社に職を得たので、彼もその地に移った。マディソンはダニスコ製造部門の本拠地で、ヨーグルトを含む発酵乳製品用の細菌が年間数百メガトン生産されている。バラングーは二〇〇五年に研究責任者として同社に就職した。[3]

数年前から、バラングーはもう一人のフランスの食品科学者フィリップ・オルヴァトと親しくなっていた。オルヴァトは、フランス中部の町ダンジェ＝サン＝ロマンにあるダニスコ研究所で、細菌株を攻撃するウイルスを特定するツールを開発していた。二人は遠距離でクリスパーの共同研究を始めた。

計画を立てる段階では、バラングーとオルヴァトは一日に二、三回、電話でフランス語で話した。彼らの手法は、ダニスコの膨大なデータベースにある細菌のクリスパー配列を計算生物学を用いて研究するというもので、まず、乳製品培養業界の主要戦力と言うべき細菌、ストレプトコッカス・サーモフィルス、略してサーモフィルス菌から着手した。彼らはサーモフィルス菌のクリスパー配列を、それらを攻撃したウイルスのＤＮＡと比較した。ダニスコの歴史的コレクションには一九八〇年代初期以降のサーモフィルス菌株がそろっていたので、その経年変化を観察することができた。

ヨーグルトの細菌を死滅させるウイルスの特定を試みる

大規模なウイルス攻撃の直後に収集されたサーモフィルス菌のスペーサーには、ウイルスの配列が含まれることに彼らは気づいた。サーモフィルス菌は、将来の攻撃を撃退するために、それらの配列を獲得したと考えられた。なぜなら、ウイルスの配列はサーモフィルス菌のＤＮＡの一部となり、子孫の全世代に受け継がれていたからだ。二〇〇五年五月に行った比較で、バラングーとオルヴァトはついに確かな証拠をつかんだ。「サーモフィルス菌株のクリスパー配列と、かつてその細菌を攻撃したウイルスの配列が、一〇〇パーセント一致した」と、バラングーは回想する。「発見の瞬間（ユーレカ）だった」[4]。それは、フランシスコ・モヒカとユージーン・クーニンが立てた仮説を裏づける重要な証拠だった。

その後、バラングーとオルヴァトは極めて有益なことを成し遂げた。人為的に新しい配列を作って加えることで、この免疫を作り出せることを示したのだ。フランスの研究機関は遺伝子操作を許可していなかったので、バラングーはこの実験を米国ウィスコンシン州で行った。「ウイルスの配列をクリスパー遺伝子座に追加したところ、細菌はそのウイルスに対する免疫を獲得した」と彼は言う[5]。さらに彼らは、キャス酵素が、新しい配列の獲得とウイルス撃退のカギになることを明らかにした。「わたしたちは二つのキャス遺伝子を機能停止（ノックアウト）した」と、バラングーは回想する。「二年前の当時、それはかなり難しい作業だった。一つはキャス9で、それをノックアウトすると細菌は免疫を失った」。

二〇〇五年八月、彼らはこれらの発見によってクリスパー・キャス・システムに関する最初の特許の一つを取得した。その年、ダニスコはクリスパーを用いて菌株への「ワクチン接種」を始めた。

バラングーとオルヴァトの共著論文は、二〇〇七年三月にサイエンス誌に掲載された。「素晴らしい瞬間だった」とバラングーは言う。「無名のデンマークの企業で働くわたしたちが、生物内のあまり知られていないシステム、これまでどの科学者も顧みなかったシステムに関する論文を送ったのだから、査読を受けられただけでも驚きだったのに、その上、受理されたのだから！」[6]。

クリスパー会議――パイオニア研究者たちが互いを信頼し助け合う

その論文をきっかけに、クリスパーへの関心はさらに高まった。かつてバークレーのフリースピーチ・ムーブメント・カフェでダウドナに協力を求めた微生物学者、ジリアン・バンフィールドは、早速バラングーに連絡をとった。バンフィールドとバラングーは、新興分野のパイオニアがよくやることをした。つまり、定例会議を開くことにしたのだ。最初の会議は、二〇〇八年七月下旬に、ダウドナの研究室があるバークレーのスタンリーホールで開かれた。参加者はわずか三五人だったが、その中には講演者としてスペインからやってきたフランシスコ・モヒカの姿があった。

科学の世界では、遠距離での共同研究がうまくいく。特にクリスパー分野では、バラングーとオルヴァトが示した通りスムーズに運ぶ。しかし、物理的な近さは、より強力な反応を引き起こす。フリースピーチ・ムーブメント・カフェのような場所で一緒にお茶を飲むと、アイデアが具体化するのだ。「あの定例会議がなかったら、この分野がこれほどのスピードと協力体制で進むことはなかっただろう」と、バラングーは言う。「仲間意識は育たなかったはずだ」。

会議のルールは緩く、信頼に基づいていた。まだ公表していないデータについて非公式に話すことができたし、他の参加者がそれを利己的に利用するようなこともなかった。「未発表のデータやアイデアを共有し、互いを助けようとする小規模な会議が、世界を変えることもある」とバラングーは後に語る。最初の成果の一つは用語と名称を標準化したことで、クリスパー関連タンパク質の名称も統一された。初期の参加者の一人であるシルヴァン・モアノは、七月の会議を「わたしたちの科学のクリスマス・パーティ」と呼んだ。[7]

クリスパーがゲノム編集ツールになる可能性

会議が始まった年には、大きな進展があった。シカゴにあるノースウェスタン大学のルチアーノ・マラフィーニと指導教官のエリック・ゾントハイマーが、クリスパー・システムの標的がＤＮＡであることを明らかにしたのだ。バンフィールドがダウドナに接近した頃、クリスパーはＲＮＡ干渉によって機能すると考えられていたが、それは間違いだった。クリスパー・システムが標的にするのは、侵入してきたウイルスのＤＮＡだった。[8]

この発見の意味は非常に大きい。なぜなら、ＤＮＡを標的とするのであれば、クリスパー・システムは、ゲノム編集ツールになるかもしれないからだ。この将来性のある発見は、世界中でクリスパーに対する新たな関心を引き起こした。「この発見は、クリスパーは根本的な変化をもたらす可能性があるという考えにつながった」と、ゾントハイマーは言う。「クリスパーがＤＮＡを狙って切断できるのなら、遺伝性疾患の原因遺伝子を修正できるようになるだろう[9]」。

しかし、それを実現するには、多くのことを解明しなければならなかった。マラフィーニとゾントハイマーは、クリスパー酵素がどうやってＤＮＡを切断しているのかを正確には知らなかった。ゲノム編集ツールになり得ない方法で切断している可能性もあった。それでも彼らは、二〇〇八年九月にゲノム編集ツールとしてのクリスパー使用に関する特許を出願した。それは却下されたが、将来、クリスパーがゲノム編集ツールになるかもしれないという彼らの推測は正しかったが、それを裏付ける証拠はなかったからだ。「アイデアだけでは特許は取れない」と、ゾントハイマーは言う。「アイデアは、形にしなければならないのだ」。彼らは、ゲノム編集ツールの可能性を追求するために、国立衛生研究所（ＮＩＨ）に助成金を申請したが、それも却下された。しかし記録上、彼らは、クリスパー・キャス・システムをゲノム編集ツールにする可能性を初めて示唆した人物になった。[10]

ゾントハイマーとマラフィーニは、細菌などの生細胞でクリスパーを研究した。同じ年にクリスパーに関する論文を発表した他の分子生物学者たちも、それは同じだった。しかし、クリスパー・システムの基本的な構成要素を解明するには、別のアプローチが必要とされた。「インビトロ」、すなわち、試験管の中で分子を研究する生化学者のアプローチだ。生化学者は試験管の中で構成要素を分離することによって、生体内（インビボ）で研究する微生物学者や、コンピュータ内（インシリコ）で配列データを比較する計算遺伝学者による発見を、分子レベルで説明できる。

「インビボの研究では、原因を完全に突き止めることはできない」と、マラフィーニは認める。「なぜなら細胞の中で何が起きているのかを、見ることはできないからだ」。細胞の構成要素を完全に理解するには、それらを細胞から取り出し、試験管に入れて、内容物を正確にコントロールする必要がある。これはダウドナが得意とする分野であり、ブレイク・ウィーデンヘフトとマーティン・イーネックが彼女の研究室で追求していたことだった。「これらの問題に取り組むには、遺伝子の研究を超えて、より生化学的なアプローチをとる必要があった」とダウドナは後に記している。「構成分子を分離して、そのふるまいを調べるアプローチが必要だった」。[11]

しかし、その後、彼女はキャリア上の奇妙な迂回路に足を踏み入れる。

第13章

巨大バイオベンチャー——ジェネンテック

ハーバート・ボイヤー（左）とロバート・A・スワンソン（右）。
遺伝子組換え特許をいちはやく取った

ダウドナ、中年の危機もあり「次へ移る」気持ちが芽生える

二〇〇八年の秋までに、クリスパーに関する論文が続々と発表された。ジリアン・バンフィールドはダウドナに、重要な発見はすでになされたようだから、そろそろ「次へ移る」時ではないか、と言った。ダウドナは異議を唱えた。「これまでの発見は、エキサイティングな旅の始まりであって終わりではないとわたしは考えていた」と、ダウドナは回想する。「何らかの獲得免疫システムが存在するのは確かだったので、それがどのように働くのかを、わたしは知りたかった」[1]。

もっとも、その時期、ダウドナは個人的に「次へ移る」ことを計画していた。

彼女は四四歳で、幸せな結婚生活を送り、聡明で礼儀正しい七歳の息子もいる。しかし、すべてがうまくいっていたにもかかわらず、あるいは、いくらかはそのせいで、軽い「中年の危機」に陥っていた。「それまで一五年間、大学の研究室を率いてきたけれど、ふと、他にするべきことがあるのでは、と思った」と、彼女は回想する。「広い視野で見て、わたしの研究に意味はあるのだろうか、と思えてきた」。

クリスパーというエキサイティングな新興分野の最前線にいたにもかかわらず、このまま基礎科学に没頭していていいのだろうか、と不安になってきた。そして、人々の健康増進を後押しするような応用科学の研究をしたくてたまらなくなった。すなわち、基礎科学の知識を活かして病気の治療法を開発するような研究だ。クリスパーがゲノム編集ツールになる可能性が見えてきて、

その実用的価値は大きいとわかっていたが、ダウドナは、より直接的に社会に影響するプロジェクトを追求したいという思いに駆られた。

　最初、彼女は医学部に進むことを考えた。「実際の患者を相手にしたり、臨床試験に関わったりしたいと思ったから」と彼女は言う。また、ビジネススクールへ行くことも考えた。コロンビア大学には経営者向けのＭＢＡプログラムがあり、月に一度、週末の授業に出席すれば、あとはオンラインで履修できた。バークレーとコロンビア大学のあるニューヨークを往復し、加えて病気の母がいるハワイにも通うのは大変だとわかっていたが、真剣にこのプランを検討した。

　そんな折に、思いがけなく、前年からサンフランシスコのバイオテック企業ジェネンテックで働いている元同僚と再会した。ジェネンテックは、基礎科学と特許弁護士と投資資本家（ベンチャーキャピタリスト）が出会うことで生まれるイノベーションと利益を体現していた。

いちはやく組換えＤＮＡ特許を取り、のちのジェネンテック誕生につなげる

　一九七二年、スタンフォード大学の医学部教授スタンリー・コーエンとカリフォルニア大学サンフランシスコ校の生化学者ハーバート・ボイヤーが、ホノルルで開かれたＤＮＡ組換えに関する会議に出席した時に、ジェネンテックの種が蒔かれた。組換えＤＮＡとは、異なる生物のＤＮＡ断片をつなげて交配種（ハイブリッド）を作る技術で、スタンフォードの生化学者ポール・バーグが発見した。その会議でボイヤーは、自分が発見した、これらのハイブリッドをうまく作り出すことのできる酵素について説明した。続いてコーエンは、大腸菌にＤＮＡ断片を導入して、同じＤＮＡを持つ数千のクローンを作る方法について発表した。

会議の夕食後、コーエンとボイヤーは、退屈で、まだ少しおなかがすいていたので、ワイキキ・ビーチに近いショッピングモールまで歩き、よく見る「アロハ」ではなく「シャローム」［ヘブライ語の挨拶］というネオンサインを掲げたニューヨークスタイルのデリに入った。二人はパストラミサンドを食べながら、自分たちの発見を組み合わせて新しい遺伝子を設計し製造する方法について議論した。彼らはこのアイデアをもとに協力することに同意し、四か月たたないうちに、異なる生物に由来するＤＮＡ断片をつなぎ合わせて、そのクローンを大量に作成し、バイオテクノロジーという新分野を誕生させ、遺伝子工学革命に火をつけた。[2]

コーエンとボイヤーのもとに、知的財産権に詳しい、抜け目のないスタンフォードの弁護士がやってきて、驚いたことに特許出願の支援を申し出た。一九七四年、彼らはその特許を出願し、最終的に受理された。組換えＤＮＡプロセスは自然界で見られるので、その特許を取得できるというのは、思ってもいないことだった。他の科学者もそれは同じで、多くは激怒し、とりわけ、組換えＤＮＡの突破口を開いたポール・バーグは怒り心頭で、その特許取得を「疑わしく、厚かましく、傲慢だ」と言い放った。[3]

創業者はタイム誌表紙に、ウォールストリートからも注目

コーエンとボイヤーの特許出願から一年を経た一九七五年後半、ロバート・スワンソンという若いベンチャーキャピタリストが、遺伝子工学企業の立ち上げに興味を持ってくれそうな科学者に電話をかけ始めた。スワンソンはベンチャーキャピタリストとして失敗の連続記録を更新中だった。ルームシェアのアパートに住み、おんぼろのダットサンに乗り、冷製の薄切り肉のサンド

イッチを食べて生き延びていた。しかし、組換えＤＮＡの記事を読んで、ついに勝ち馬を見つけたと確信した。科学者の一覧をアルファベット順にたどって電話をかけ、会うことに最初に同意してくれたのがボイヤーだった（バーグには断られた）。スワンソンは一〇分くらい話すつもりでボイヤーのオフィスに向かったが、結局、二人は近くのバーで三時間を過ごし、遺伝子を操作して薬を作る新タイプの企業を興す計画を立てた。当初の法的費用として五〇〇ドルずつ出資することで合意した。[4]

スワンソンは、新会社の名前を、二人のファーストネーム、ハーバートとロバート（ボブ）を組み合わせて「ハーボブ」（HerBob）にしようと持ちかけたが、出会い系サイトか下町の美容院の名前のように聞こえたので、ボイヤーは賢明にも却下し、遺伝子工学テクノロジー（Genetic Engineering Technology）を略して、ジェネンテック（Genentech）と名づけることを提案した。遺伝子操作による薬の製造を始めた同社は、一九七八年八月、糖尿病を治療する合成インスリンの製造競争に勝利し、異常なほどの急成長を遂げた。

それまで、一ポンドのインスリンを得るために、二万三〇〇〇頭以上の豚や牛から、八〇〇〇ポンドものすい臓を集めなければならなかった。ジェネンテックのインスリンでの成功は、糖尿病患者（および多くの豚や牛）の生活を変えただけでなく、バイオテクノロジー業界全体を軌道に乗せた。

微笑むボイヤーの肖像画が「急成長する遺伝子工学」という見出しと共にタイム誌の表紙を飾った。同じ週に、イギリスのチャールズ皇太子がダイアナを妃に選んだことが発表されたが、ジャーナリズムが高尚だった当時、ダイアナのニュースは二次的な扱いだった。

一九八〇年一〇月、ジェネンテックはバイオテック企業として初めてＩＰＯ（新規株式公開）を果たし、サンフランシスコ・エグザミナー紙の一面を華々しく飾った。ＧＥＮＥというシンボルで取引された同社の株は、一株三五ドルでオープンし、一時間たたないうちに八八ドルで取引された。新聞の一面には、「ジェネンテック、ウォールストリートを席巻」との大見出しが躍った。そのすぐ下には、別の記事の写真が掲載されていた。ポール・バーグが受話器を手に微笑んでいる写真だ。この日彼は、組換えＤＮＡ技術の発明によるノーベル賞受賞の知らせを受けのだ。(5)

ダウドナ、ジェネンテックに採用される

ジェネンテックがダウドナの採用に乗り出した二〇〇八年末までに、同社の価値は一〇〇〇億ドル近くになった。ダウドナが再会したジェネンテックで働く元同僚は、遺伝子組換えによる抗がん剤を研究していて、同社での役割をとても気に入っている、と語った。彼の研究は、大学にいた時よりもはるかに焦点が絞られており、新たな治療法の開発に直接つながっていた。「そう聞いてわたしは、学校に戻るより、自分の知識を活かせる場所に行くべきかもしれないと思った」とダウドナは言う。

その第一歩として、ダウドナはジェネンテックで自分の研究内容を説明するセミナーを二回行った。彼女とジェネンテックのチームが、お互いにうまくやっていけるかを調べるためだ。ダウドナを欲しがっていた人の中に、製品開発部門のチーフであるスー・デズモンド＝ヘルマンがいた。彼女はダウドナと性格が似ていて、機転が利き、人の話に熱心に耳を傾け、よく笑顔を浮かべた。「ジェネンテックから誘われていた頃、ヘルマンのオフィスに二人で座っていると、彼女

は、ジェネンテックに来てくれたら、わたしが相談相手になるわ、と言ってくれた」とダウドナは振り返る。

ダウドナがジェネンテックに入ることを決意すると、同社は、バークレーのチームのメンバーを何人か連れてきてもいいと言った。「皆で引っ越しの準備をしました」とダウドナの研究室に所属する博士課程の学生だったレイチェル・ハウルウィッツは当時を振り返る。ハウルウィッツは他の学生の大半と同じく、ダウドナについていくことを決めていた。「どの装置を持っていくかを考えて、梱包（こんぽう）を始めました」[6]。

「間違った決断をしてしまった」――発見でなく、権力と昇進のために競争する企業

しかしダウドナは、二〇〇九年一月にジェネンテックで働き始めてすぐ、間違いを犯したことに気づいた。「自分にふさわしくない場所に来てしまったと、直感的に感じた」と彼女は言う。「本能的な反応だった。間違った決断をしてしまったという思いが昼も夜も消えなかった」。彼女はよく眠れなくなった。家でも動揺していた。最も基本的なことさえこなせなくなり、中年のアイデンティティの危機から、軽い神経衰弱に移行しつつあった。それまで彼女は常に慎重で、心配や、時々感じる強い不安をコントロールし、覆い隠すことができていた。しかし、今はそうではなかった。[7]

ほんの数週間で動揺はピークに達した。一月下旬の強い雨が降る晩、ベッドで目を覚ました彼女は、起き上がってパジャマのまま外に出た。「雨の中、裏庭に座り、ずぶ濡れになりながら、すべて終わってしまったと思っていた」と回想する。夫のジェイミーは、雨の中でうずくまって

いる彼女を見つけ、なだめて家の中へ連れ戻した。彼女は本物のうつ病になったような気分だった。バークレーの研究室に戻りたかったが、そのドアはもう閉ざされてしまったと思った。

翌朝、バークレーの化学部門の教授で近隣に住むマイケル・マーレッタに電話をかけ、うちへ来てほしいと頼むと、マーレッタはすぐやってきた。ダウドナは、夫と息子には外へ出かけてもらって、マーレッタに心の内を明かした。マーレッタは、ダウドナがひどく憔悴（しょうすい）しているのを見て衝撃を受けた。「きみはずいぶん落ち込んでいるようだ。バークレーに戻りたいんだね」と彼は言った。

「わたしはそのドアを閉めてしまったのよ」とダウドナは返した。

「そんなことはないさ」と、マーレッタは彼女を元気づけた。「きみが戻れるよう、手を貸そう」。それを聞いてたちまち彼女の心は晴れた。その夜はぐっすり眠ることができた。「自分がいるべき場所に戻れるとわかったから」と彼女は言う。三月の初め、ほんの二か月留守にした後、彼女はバークレーの研究室に戻った。

この失敗によって彼女は、自分の情熱とスキル、それに弱点を深く知ることができた。自分は研究室の研究科学者でいるのが好きで、信頼できる人たちとブレインストーミングをするのが得意だが、発見のためではなく権力や昇進のために競い合う企業という環境は苦手だ、と悟ったのだ。「わたしは大企業で働くためのスキルや情熱を持ちあわせていなかった」。もっとも、ジェネンテックでの束の間の勤務はうまくいかなかったが、自らの研究を実用的な新しいツールの開発や、それを商業化する企業の設立に結びつけたいという思いが、彼女の人生の次章を動かしていく。

第14章 研究室を育てる

研究室の仲間たちと。(左から) マーティン・イーネック、レイチェル・ハウルウィッツ、ブレイク・ウィーデンヘフト、カイホン・ジョウ、ジェニファー・ダウドナ

ダウドナ流の採用方法——自分で決められ、かつ仲間とうまくやれる人を

科学的発見は二つの要素に支えられている。それは、優れた研究を行うことと、その研究を行う研究室を構築することだ。かつてわたしはスティーブ・ジョブズに、あなたの最高の製品は何かと尋ねたことがある。マック、あるいはiPhoneという答えが返ってくるものと思っていたら、ジョブズはこう答えた。「素晴らしい製品を作ることは重要だが、もっと重要なのは、そのような製品を継続的に作ることのできるチームを作ることだ」。

ダウドナは、研究室で働く「ベンチ・サイエンティスト」、つまり、朝早く研究室に入り、ゴム手袋と白衣を身につけ、ピペットとペトリ皿を使って実験する研究者であることを心から楽しんでいた。バークレーに自分の研究室を立ち上げてからの数年間は、自分の時間の半分をベンチ（実験台）で過ごすことができた。「その時間を失いたくなかった」と彼女は言う。「わたしは実験がかなり得意だと思う。頭が実験に向いているようで、特に一人で研究をしている時には、頭の中に実験の展開が浮かんでくる」。

しかし、二〇〇九年にジェネンテックから戻った後、ダウドナは、細菌を育てることより、研究室を育てることに、もっと時間をかけるべきだと気づいた。

このようなプレーヤーからコーチへの移行は、多くの分野で起きている。ライターは編集者になり、技術者は管理者になる。そしてベンチ・サイエンティストが研究室のトップになると、適任の若い研究者を雇い、指導し、結果を観察し、新しい実験を提案し、そこから得られる洞察を

明らかにするという任務を新たに担うことになる。

ダウドナはこれらの仕事も得意だった。新たに博士課程の学生やポスドクを雇い入れる際には、他のメンバーに受け入れてもらえるかどうかを入念に調べた。彼女が求める人材は、自分で方向を決めることができ、なおかつ同僚とうまくやっていける人だった。クリスパーに関する仕事が増えていた時、ダウドナは、熱心さと賢さを適度なバランスで備えた、二人の博士課程の学生を見つけた。この二人は、ウィーデンヘフトとイーネックとともに、研究室の中心メンバーになっていく。

新しくリスキーな分野に魅了される学生

レイチェル・ハウルウィッツはテキサス州オースティンで育った。幼い頃は「科学オタク」だったとハウルウィッツは言う。ダウドナと同じく、彼女はＲＮＡに関心を持つようになった。ハーバードの学部生だった頃にはＲＮＡについて研究し、その後、博士号を取得するためにバークレーに進んだ。当然ながら彼女は、ダウドナの研究室で働くことを強く望んだ。二〇〇八年に、念願かなってその研究室に入ると、たちまちブレイク・ウィーデンヘフトの魅力的な人柄と、奇妙な細菌に対する楽しげな熱意に魅了され、彼のクリスパーの軌道に取り込まれた。「ブレイクと一緒に働き始めた時、クリスパーのことはまだほとんど知らなかったので、その分野の発表されていた論文をすべて読みました」と彼女は回想する。「と言っても、論文は少なかったので、二時間で読み終えました。ブレイクもわたしも、自分たちが氷山の先端に立っていることに、気づいていなかったのです[1]」。

二〇〇九年の初め、ハウルウィッツが自宅で博士号取得試験の勉強をしていると、ダウドナがジェネンテックでの仕事を短期間で打ち切り、バークレーへ戻ってくるというニュースが届いた。ハウルウィッツにとっては朗報だった。彼女はダウドナについて行くことにしていたが、本心では、バークレーに留まり、ウィーデンヘフトと協力してクリスパーに関する論文をまとめたいと思っていたのだ。ハウルウィッツとウィーデンヘフトは、生化学とアウトドアへの情熱も共有していた。彼女が趣味のマラソンを再開する時に、ウィーデンヘフトはトレーニングと食事の計画を立てる手伝いまでした。

ダウドナはハウルウィッツに自分に似たものを感じた。クリスパーはとても新しくリスキーな分野だが、だからこそ、ハウルウィッツはそれを研究することにした。「ハウルウィッツはクリスパーが新奇な分野であることを気に入っていた。それを恐れる学生もいるけれど、彼女は違った」とダウドナは言う。「だから、わたしは『ぜひ、やりなさい』と励ました」。

手強いキャス6に迫る

ウィーデンヘフトはキャス1の構造を明らかにした後、自分が取り組んでいる細菌に含まれる他の五つのクリスパー関連タンパク質についても、構造を解明することにした。そのうちの四つは簡単だった。しかし、キャス6（※）はかなり手強かったので、ハウルウィッツに協力を求めた。「彼はその問題児をわたしにくれたのです」と彼女は言う。

実のところ、キャス6の解明が難航したのは、そのゲノム配列がテキストとデータベースの両方に間違って記載されていたからだった。「こんなに苦労したのは、最初から間違っていたからなのだとブレイクは気づきました」とハウルウィッツは説明する。問題が解決すると、実験室でキャス6を作ることができた。[2]

次の段階は、キャス6が何をどのように行っているかを解明することだった。「それには、ダウドナの研究室が使っている二つの方法を利用しました」とハウルウィッツは言う。「つまり、生化学で機能を、構造生物学で構造を解明するのです」。二人はまず生化学的実験によってキャス6の機能を突き止めた。キャス6は、クリスパー配列が作った長いRNAをつかみ、それを切断して短いクリスパーRNA断片を作り、攻撃してくるウイルスのDNAを正確に狙えるようにしていた。

さらに次の段階は、キャス6の構造を読み解いて、それが<ruby>ど<rt>、</rt></ruby>の<ruby>よ<rt>、</rt></ruby>う<ruby>に<rt>、</rt></ruby>働いているかを説明することだ。「当時、ブレイクもわたしも、構造生物学の十分なスキルを持ち合わせていませんでした」とハウルウィッツは言う。「そこで、隣の実験台の前に座っているマーティン・イーネックの肩をポンと叩いて、このプロジェクトに参加して、やり方を教えてくれないかしら、と尋ねました」。

彼らは奇妙なことを発見した。キャス6は、常識に反する方法でRNAと結合していた。結合するのに最適な場所を見つけることができるのだ。「わたしたちが見てきたキャス・タンパク質の中で、そんなことができるのはキャス6だけでした」。キャス6はRNAの切断すべき場所をきわめて正確に見つけて切断し、RNAの他の場所を混乱させないのだ。

※当時、一般にはCsy4と呼ばれていた。後にCas6fと呼ばれるようになった。

論文の中で、彼らはそれを「予想外の認識メカニズム」と呼んだ。RNAの、キャス6が結びつく場所には、「RNAヘアピン」(ヘアピン型のRNA配列)があった。今回も、分子のねじれと折りたたみが、その機能を解明するカギになった。[3]

コロンビア大へ派遣した院生サム・スターンバーグによる、酵素にまつわる発見

二〇〇八年の初め、コロンビア大学の学生だったサム・スターンバーグは、ハーバードとMITを含む、多くのトップレベルの博士課程に合格した。しかし彼はバークレーを選んだ。ダウドナと出会い、彼女と一緒にRNA構造について研究したいと思ったからだ。しかし、コロンビア大学の学部生時代に行ってきた研究の論文を仕上げるために、バークレーへの入学をしばらく延期した。[4]

その間に、ダウドナがいきなりジェネンテックに移り、また、いきなりバークレーに戻ってきたというニュースが届いたので、スターンバーグは驚いた。自分の選択は正しかったのだろうかと、不安になったので、メールでダウドナに、バークレーで真剣にやっていくつもりですか、と尋ねた。「緊張していたので、電話で直接尋ねることはできなかった」と彼は振り返る。ダウドナからの返信は、バークレーこそ自分にふさわしい場所だと今は確信している、という心強いものだった。「それは十分な説得力があったので、ぼくは計画通り、バークレーに行くことにした」と、スターンバーグは言う。[5]

ダウドナの研究室に入ったスターンバーグを、ハウルウィッツはボーイフレンドと暮らすアパートでの過越(ペサハ)の晩餐[ユダヤ教の儀式的食事]に招待した。

例年のペサハと違って、その年の主な話題はクリスパーだった。「ぼくはハウルウィッツに、今やっている実験についてもっと話してほしいとせがんだ」とスターンバーグは言う。ハウルウィッツが、執筆中のキャス酵素に関する論文を見せると、スターンバーグはすっかり心を奪われた。「その後、ぼくはダウドナに、ＲＮＡ干渉の研究はもうやめにして、この新しいクリスパーというものについて研究したい、と伝えた」とスターンバーグは言う。

スターンバーグは、コロンビア大学の教授、エリック・グリーンによる単一分子蛍光顕微鏡法に関する講演を聞くと、おそるおそるダウドナに、その新しい技法をクリスパー・キャス・タンパク質で試せないだろうかと尋ねた。「もちろんいいわ」と、ダウドナは答えた。「ぜひやってみて」。それは彼女が好むリスキーなアプローチだった。彼女の科学的成功は常に、小さな点をつなげて全体像を明かすことから生まれていたので、スターンバーグがクリスパーに関する細かい問題だけに取り組んでいることを彼女は心配していた。そこでこう言った。「あなたは聡明で才能があるのに、今のところ能力以下の仕事しかしていないように見える。あなたのように有能な学生にふさわしいプロジェクトに取り組もうとしていない。科学をするのは、大きな疑問を追求し、リスクを冒すためです。他に科学をする理由がある？　挑戦しなければ、突破口が開けることは決してありません[6]」。

スターンバーグは確かにそうだと思った。そこで、「単一分子蛍光顕微鏡法についてもっと知りたいので一週間ほどコロンビア大学へ行ってもいいですか」と尋ねた。「彼女は試しに一週間ほど行かせてくれただけでなく、結局、まるまる半年、滞在させてくれた」と、後にスターンバーグは博士論文の謝辞に記している。彼はその半年の間に、単一分子蛍光顕微鏡法を用いてクリスパー関連酵素のふるまいを調べる方法を見つけ出した。[7] その研究は、スターンバーグ、コロンビアのエリック・グリーン、マーティン・イーネック、ブレイク・ウィーデンヘフト、ダウドナの共著による二本の画期的な論文に結実した。この論文は、侵入してきたウイルスの標的配列をクリスパー・システムのガイドＲＮＡがどうやって見つけ出すかを、初めて正確に示した。[8]

協調性のある人物を評価する理由

スターンバーグはウィーデンヘフトと親しくなり、彼をロールモデルと見なした。二〇一一年の後半、ウィーデンヘフトがネイチャー誌に送るクリスパーに関するレビュー論文（総説論文）を執筆していた時、二人はハードな一週間を過ごした。[9] 何日もコンピュータの前に並んで座り、論文のための言い回しや図表の選択について議論した。また、二人は、バンクーバーの会議に出席し、ホテルで同室になった時にも絆を深めた。「ホテルの部屋で科学について雑談した時間は本当に楽しかった」と、スターンバーグは言う。「あの時に、ぼくの科学者としてのキャリアは本格的に始まった。なぜなら、ウィーデンヘフトを超えるにはどうすればいいだろうと、考えるようになったからだ[10]」。

研究室でスターンバーグとウィーデンヘフトとハウルウィッツの座席は、互いと一メートルほどしか離れておらず、そのあたりは生物オタクの「巣窟」と化していた。大きな実験が進行している時、彼らはよくその結果について賭けをした。「何を賭けようか？」とウィーデンヘフトは尋ね、ミルクシェイクを賭けることにした。問題は、バークレー校の近辺は、流行の先端を行きすぎていたせいか、あるいは、遅れていたせいか、ミルクシェイクの店がなかったことだ。それでも、彼らは賭けのスコアをミルクシェイクの数で記録していった。

研究室での友情は、偶然の産物ではない。研究者を採用する時、ダウドナはその人が、研究室にうまくなじめるかどうかを研究成果と同じくらい重視した。ある日、わたしは研究室を一緒に歩きながら、彼女にこの件について尋ねた。協調性を重んじると、優秀な人材をふるい落とす可能性もあるのでは？　他の人に盾ついたり、グループ思考を妨害したりしても、それが有益な場合もあるのでは、と。すると彼女は、「それについては、わたしも少し考えたことがあります」と言った。「創造的な争いを好む人がいることは知っているけれど、わたしの研究室には、仲間とうまくやっていける人にいてほしいのです」。

スケールの大きな問いでメンバーを導く

オハイオ州立大学で博士号を取得したばかりのロス・ウィルソンが、ダウドナの研究室のポスドクを志願したとき、マーティン・イーネックは彼にこう警告した。「この研究室では、自分のことは自分でやらないといけない。自発的に仕事をしないと、ジェニファーは助けてくれないし、指導もしてくれないだろう。時として彼女は、やる気がないように見える。けれども、きみが自ら行動するのなら、彼女はリスクを負うチャンスと、実に賢明な助言を与えてくれるし、きみが必要とする時に、そばにいてくれるだろう(11)」。

ダウドナの研究室は、ウィルソンが二〇一〇年に面接を受けた唯一の研究室だった。彼はRNAと酵素の相互作用に興味を持っており、ダウドナのことを、その分野の第一人者と見なしていた。彼女の研究室に入れることになって、彼はうれし泣きした。「本当に泣いたのです」と、彼は言う。「これまで生きてきて、こんなことは初めてだった」。

ウィルソンによると、イーネックの警告は「一〇〇パーセント正しかった」が、そのおかげでダウドナの研究室は、ウィルソンのように自主性のある研究者にとって、刺激的な場所になっていた。現在、彼はバークレーに自分の研究室をかまえ、ダウドナの研究室と連携している。「彼女があなたの周りをうろうろすることは決してない」と、彼は言う。「けれども、実験や結果を一緒に検討する時には、時々、声を少し低くし、こちらに近づき、目を見つめてこう言う。『こうやってみたらどうかしら……』」。その後、彼女は新しいアプローチ、新しい実験、さらには、より大きな新しいアイデアについて説明する。たいていは、RNAを用いる新たな方法に関することだ。

たとえば、ある日ウィルソンは、自分が結晶化させた二つの分子の相互作用に関する結果を見せに、ダウドナのオフィスを訪れた。すると彼女はこう言った。「それらの分子の相互作用を知った上で、その働きを阻害できるのなら、細胞内でも同じように阻害できるだろうし、そうすることで、細胞内の分子のふるまいがどう変わるかを、観察できるかもしれない」。その言葉はウィルソンの背中を押し、彼は試験管を超えて、生細胞の内部の働きに踏み込むことになった。

「そんなことは考えたこともなかった」と、彼は言う。「でも、うまくいった」。

ソクラテス流の質問を投げかけ、論文発表にも積極的

ダウドナは研究室に来ている時はほぼ毎朝、自分のオフィスに研究者たちを順番に招き入れ、最新の成果を報告させる。彼らに対して、ダウドナはよくソクラテス流の質問をする。RNAを

追加することは考えた？　同じことを生細胞の中で想像できる？　「プロジェクトを進める上で重要で適切な、スケールの大きな問いをするコツを彼女は知っているんだ」と、イーネックは言う。そういった質問は、細部からいったん離れて全体像を見るよう、研究者を導く。彼女は尋ねる。なぜあなたはこれをしているの？　何が狙いなの？

彼女はプロジェクトの初期段階では放任主義のアプローチをとるが、プロジェクトが成熟するにしたがって、熱心に関わるようになる。「エキサイティングな展開があったり、本物の発見があったりすると、ダウドナはその重要性を察知して、全力で関わりはじめる」と、彼女の元学生であるルーカス・ハリントンは言う。「興奮が感じられる」。ダウドナの競争心に火がつくのはこの時だ。他の研究室に先を越されたくないのだ。「彼女は不意に研究室に入ってくる」と、ハリントンは言う。「そして淡々とした口調で、何をすべきか、すぐにやるべきことは何かを明確に告げる」。

研究室で新しい発見がなされると、ダウドナは是が非でもそれを論文発表につなげようとする。「科学雑誌の編集者は、積極的で強引な人を好むことがわかった」と、ダウドナは言う。「わたしはそんな性質ではないけれど、成果の重要性を編集者が理解していないと感じる時には、より積極的になった」。

一般に科学界の女性は自分を売り込むことに消極的で、そのせいでかなり損をしている。二〇一九年に行われた、女性を筆頭著者とする六〇〇万件超の論文を対象とする研究により、女性科学者は自らの発見について、「新規の」、「独自の」、「前例のない」といった宣伝的な言葉を、男性の科学者ほどには使わないことが明らかになった。その傾向は、権威ある雑誌に掲載された論文において特に顕著だった。それらの雑誌に掲載されたからには、画期的な研究であるはずなのだが。重要な最先端の研究を掲載する、影響力の強い雑誌に掲載された論文では、女性科学者は、積極的で宣伝的な言葉を使う確率が、男性より二一パーセント低かった。いくらかはその結果として、彼女らの論文が引用される頻度は、およそ一〇パーセント低い[12]。

しかし、ダウドナは違った。たとえば二〇一一年に彼女とウィーデンヘフトは、バークレー校の同僚エヴァ・ノガレスとともに、CASCADE（カスケード）と呼ばれる一連のキャス酵素に関する論文を完成させた。CASCADEは、侵入したウイルスのDNAの正確な位置を特定し、酵素を動員してそれを数百の断片に切り刻む。ダウドナたちはその論文を、最も権威ある雑誌の一つであるネイチャー誌に送り、受理された。しかし同誌の編集者は、その発見は同誌が「論文」として発表するほど重要なブレイクスルーではないとして、重要度がワンランク下がる「レポート」として掲載したいと言った。ダウドナは動揺した。チームのほとんどのメンバーは、一流雑誌にすぐ受理されたことに興奮していたが、ダウドナは動揺した。彼女は、この発見は大きな進歩であり、大々的に発表される価値がある、とレターを書き、論文としての掲載を求めたが、編集者は譲らなかった。「ネイチャーからオーケーをもらえたら、ほとんどの人は大喜びして跳びはねるだろう」とウィーデンヘフトは言う。「けれども、ダウドナは、それが論文ではなくレポートになることに腹を立てて地団駄を踏んだ[13]」。

第15章 カリブーを起業

ダウドナが信頼する教え子、レイチェル・ハウルウィッツ

「学術研究」と「ビジネス」との融合

ダウドナは、ジェネンテックで企業科学の世界に入るという選択肢には背を向けたものの、クリスパーに関する基礎的な発見を有益な応用に変換したい、という思いを持ち続けていた。その機会は、ウィーデンヘフトとハウルウィッツがキャス6の構造の解明に成功した後に訪れた。

クリスパーを医療に役立つツールに変えるという、彼女のキャリアの新しい側面が幕を開けたのだ。ハウルウィッツはこのアイデアをさらに一歩進め、キャス6を医療ツールに変えることができれば、それを基盤として企業を興せるかもしれない、と考えた。彼女は言う。「キャス6タンパク質の働きがわかると、それを細菌から取り出して、人間のために再利用する方法について、いくつかアイデアが浮かんできました(1)」。

二〇世紀の大半を通じて、新薬のほとんどは化学の進歩によってもたらされた。しかし一九七六年にジェネンテックが登場すると、製薬の焦点は化学からバイオテクノロジーに移行した。バイオテクノロジーでは、主に遺伝子操作によって、新たな治療法を開発する。ジェネンテックは、バイオテクノロジーの発見を商業化するモデルを示した。それは、科学者とベンチャーキャピタリストが手を組み、株式分割によって資金を調達し、新薬ができあがったら、そのライセンスを大手製薬会社に供与し、製造・販売を委託する、というものだ。

このようにしてバイオテクノロジーは、かつてデジタルテクノロジーがそうしたように、学術研究とビジネスとの境界を曖昧にしていった。デジタル分野での学術研究とビジネスとの融合は、第二次世界大戦直後、主にスタンフォード大学の周辺で始まった。スタンフォードの教授たちは、学部長のフレデリック・ターマンに奨励されて、自分たちの発見を起業につなげた。スタンフォードから生まれた企業には、リットン・インダストリーズ、ヴァリアン・アソシエイツ、ヒューレット・パッカードなどがあり、その後、サン・マイクロシステムズ、グーグルが生まれた。この一連の流れによって、アプリコットの果樹園だった谷は、シリコンバレーに変わった。

この時期、ハーバードやバークレーなど、他の多くの大学では、大学に所属する科学者は基礎研究に専念すべきだと考えられていた。保守的な教授や学部長は、商業とのつながりを軽蔑したのだ。しかしスタンフォードが情報テクノロジーとバイオテクノロジーの分野で成功したのを見て、彼らも起業家精神を受け入れるようになった。それらの大学でも研究者は、発見を特許化し、ベンチャーキャピタリストと組んでビジネスを立ち上げることを奨励されるようになった。「これらの企業の多くは大学とのつながりを維持し、教授やポスドク候補と密接に連携して研究プロジェクトを進め、時には大学の研究室を利用した」と、ハーバード・ビジネス・スクールのゲイリー・ピサノ教授は書いている。「多くの場合、起業した科学者は、教授職も維持している」[2]。これがダウドナのアプローチになる。

信頼する教え子レイチェル・ハウルウィッツとともに自ら起業する

それまでダウドナは、商品化について深く考えたことはなかった。当時も今も、彼女にとってお金は主な動機ではない。彼女と夫と息子は、バークレーの豪華ではないが広い家に暮らしていて、もっと立派な家に住みたいと思ったことはなかった。しかし、彼女はビジネスの一翼を担うことには興味があり、とりわけ人々の健康に寄与するビジネスに関わりたいと思っていた。また、ジェネンテックに入るのと違って、自ら起業すれば、企業政治に巻き込まれたり、学究的環境から引き離されたりする恐れはなかった。

ハウルウィッツもビジネスに魅力を感じていた。彼女は実験室での作業が得意だったが、自分がアカデミックな研究に向いていないことを知っていた。そこでバークレーのハース・スクール・オブ・ビジネスの授業を受け始めた。特に気に入ったのは、ベンチャーキャピタリスト、ラリー・ラスキーの授業だった。[2] 彼はクラスを六人ずつのチームに分け、半分はビジネスの学生、もう半分は科学研究者と見なした。それぞれのチームは架空のバイオテック企業に関する資料をつくり、その企業を投資家に売り込む方法を一学期を費やして探求した。ハウルウィッツは、ジェシカ・フーバーの授業も受けた。フーバーはバイオテック企業の事業開発責任者で、特許の確保やライセンス供与など、医薬品の商業化を研究していた。

ハウルウィッツがダウドナの研究室で過ごす最後の年、ダウドナは彼女に、次は何をしたいのかと尋ねた。「バイオテック企業を経営したいです」と、ハウルウィッツは答えた。それは、研究の商業化が称賛されるスタンフォードでなら驚くような答えではなかったが、博士課程の学生の大半が学究的なキャリアを目指すバークレーで、ダウドナがそのような答えを聞いたのは初めてだった。

数日後、ダウドナが研究室に行くと、ハウルウィッツがいた。ダウドナは彼女に、「キャス6やその他のクリスパー酵素をツールとして使う会社を始めるべきじゃないかと、考えているのだけれど」と言った。ハウルウィッツは迷うことなく、「もちろん、そうすべきです」と答えた。[3]

こうして、二人は二〇一一年一〇月に会社を興した。ハウルウィッツが研究を終えるまでの一年間、会社の拠点はダウドナの研究室に置いた。二〇一二年の春、博士号を取得したハウルウィッツはこの誕生間もない会社のCEOになり、ダウドナは最高科学顧問に就任した。

会社は近くのショッピングモールの一階に拠点を移した。キャス6構造に関連する特許を取得し、ひいてはダウドナの研究室でなされた他の発見も商品化するというのが、その構想だ。最初の目標は、キャス6を利用して、人間の体内のウイルスを検知する診断ツールを作ることだった。

女性蔑視的なベンチャーキャピタリストに頼れず、自己資金で始める

二〇一一年にダウドナとハウルウィッツが起業した頃には、バークレーは研究者の起業を奨励するようになっていた。そして、学生や教授によるスタートアップを支援するために、多様なインキュベーター（起業支援制度）やプログラムを立ち上げた。

その一つが、二〇〇〇年にベイエリアにあるカリフォルニア大学の他のキャンパスと連携して設立したカリフォルニア定量生命科学研究所（QB3）である。目的は「大学研究と民間産業とのパートナーシップの触媒になること」だった。ダウドナとハウルウィッツは、QB3の「スタートアップ・イン・ア・ボックス」プログラムの参加者に選ばれた。同プログラムは、基礎研究の発見を商業ベンチャーに変えたいと考えている科学者兼起業家に、トレーニング、法律相談、銀行業務サービスを提供した。

ある日、ダウドナとハウルウィッツは地下鉄でサンフランシスコに行って、スタートアップ・イン・ア・ボックスが紹介してくれた弁護士に会った。新会社を法人化するためだ。弁護士に会

社名を訊かれて、ハウルウィッツはこう答えた。「ボーイフレンドと相談したのですが、カリブー（Caribou）にしようと思います」。それはCasと、DNAとRNAを構成するリボヌクレオチド（ribonucleotide）を切り貼りした名前だった。

ハウルウィッツは、シリコンバレーの起業家には稀な資質を備えていた。堅実な上に、生来、優秀なマネージャーだった。地に足が着いていて、冷静で、現実的で、率直だった。スタートアップのCEOにありがちな、自惚れと不安の混合は見られず、誇張や、オーバーな約束もしなかった。それは多くの利点をもたらしたが、その一つは、人々が彼女のことを過小評価することだった。

とは言え、彼女はCEOになるのは初めてだったので、いくつか学ぶべきことがあった。そこで、「アライアンス・オブ・チーフ・エグゼクティブ」に参加した。それは地域の若いCEOのために研修や支援を行うグループで、月に一度、半日の会合を開いて、問題と解決策を共有する。スティーブ・ジョブズやマーク・ザッカーバーグがそのような支援グループに参加することは想像できないが、ハウルウィッツはメンターであるダウドナと同じく、アルファ雄「群れを率いるオス」には見られない、自己認識力と謙虚さを備えていた。彼女がこのグループから学んだことの一つは、専門性の異なる人材を集めてチームを作る方法だった。

現在では、事業計画書に「クリスパー」という文字を入れるだけで、ベンチャーキャピタリストは熱狂する。しかし、ダウドナとハウルウィッツが資金調達を試みた頃はそうではなかった。「当時、分子診断というテーマに興味を持つベンチャーキャピタリストはいなかった」と、ダウドナは言う。「また、根底に女性蔑視が感じられ、ベンチャーキャピタリストから資金を引き出したら、ハウルウィッツがＣＥＯから外されるのではないかと心配だった」。彼女らが会ったベンチャーキャピタリストに女性はいなかったが、それが二〇一二年の現実だった。そういうわけで、二人はベンチャーキャピタリストを探すのをやめて、友人と家族から資金を集めることにした。ダウドナもハウルウィッツもそれぞれ自分のお金を投じた。

政府、ビジネス界、研究機関のトライアングル

カリブー・バイオサイエンシズ社の成功は、表面的には、純粋な自由市場資本主義の賜物のように見えるかもしれない。確かに、その要素はあった。しかし、深部に目を向けると、インテルやグーグルなど他の多くの企業と同様に、アメリカ特有の触媒の組み合わせから、イノベーションが生まれたことがわかる。

第二次世界大戦が終わった時、偉大なエンジニアで官僚であったヴァネヴァー・ブッシュは、アメリカのイノベーションを推進するには、政府、ビジネス界、研究機関という三者の連携が必要だと主張した。彼は三つの陣営すべてに足を踏み入れていたので、そう提言する人として誰よりもふさわしかった。彼はＭＩＴの工学部長にして、レイセオン社の共同設立者であり、加えて、政府の科学行政の最高顧問として、国のプロジェクトをいくつも監督した。原爆の製造もその一つだ。[4]

ブッシュが政府に勧めたのは、原子爆弾計画のように大きな研究所を作ることではなく、大学や企業の研究所に研究資金を提供することだった。その結果生まれた政府とビジネス界と研究機関のパートナーシップは、数々のイノベーションをもたらし、戦後のアメリカ経済を推進した。

トランジスタ、マイクロチップ、コンピュータ、グラフィカル・ユーザ・インターフェース（GUI）、GPS、レーザー、インターネット、検索エンジンはこうして生まれた。
カリブーもこのアプローチの一例だった。ダウドナの研究室があるバークレーは、民間の支援を受ける公立大学で、政府が資金提供するローレンス・バークレー国立研究所と連携している。連邦政府はNIHを通じてバークレーに多額の助成金を支給しており、ダウドナのクリスパー・キャス・システムの研究への助成金だけで一三〇万ドルに達した。[5]
さらに、カリブーは、RNAタンパク質複合体を分析するキットを作成する資金として、NIHの小規模ビジネス・イノベーション・プログラムから一五万九〇〇〇ドルを提供された。このプログラムは、イノベーターが基礎研究を製品化するのを支援するためのもので、ベンチャーキャピタリストから資金を得られなかった初期の数年間、カリブーを支えた。[6]
現在では政府とビジネス界と研究機関という三者に、しばしばもう一つの要素が加わる。それは慈善財団だ。カリブーは、キャス6をウイルス感染症の診断ツールにするための研究に、ビル&メリンダ・ゲイツ財団から一〇万ドルの助成金を得た。ダウドナはその財団に宛てた提案書に、次のように記した。「ウイルスのRNA配列を認識する酵素の開発を計画している。このウイルスには、HIV、C型肝炎、インフルエンザが含まれる」。この流れで、二〇二〇年にダウドナは、ゲイツ財団からの資金提供により、クリスパー・システムを利用して新型コロナウイルスを検出するための研究を行うことになる。[7]

第16章　エマニュエル・シャルパンティエ

エマニュエル・シャルパンティエ。ダウドナと科学的な絆を結ぶ

科学と芸術は似ている――バレリーナ志望だったパリジェンヌ

会議には結果が伴うものだ。二〇一一年の春、プエルトリコで開かれた会議に出席したダウドナは、神秘的な雰囲気とパリジェンヌの無愛想さが魅力的に混ざりあった、フランスの生物学者、エマニュエル・シャルパンティエに出会った。彼女もクリスパーを研究していて、キャス9と呼ばれるクリスパー関連酵素に狙いを定めていた。

警戒心が強いが魅力的なシャルパンティエは、いくつもの都市の研究室を転々とし、いくつもの学位をとり、いくつものポスドクプログラムに所属してきた。一か所に根を下ろすことはほとんどなく、実験道具をまとめて引っ越すことをいとわなかった。そしてどこにいても、不安や競争心を表に出さない。そういうところはダウドナとはかなり違ったが、だからこそ、二人は会ってすぐ互いに惹かれたのだろう。もっとも、二人の絆は感情的というより科学的なものだった。どちらも暖かな笑顔が、自らを守る殻を、すっかりとは言わないまでも、ほとんど見えないものにしていた。

シャルパンティエはパリの南、セーヌ河沿いの緑豊かな郊外で育った。父親は近隣の公園システムの管理者で、母親は精神科病院の看護師だった。一二歳のある日、シャルパンティエは感染症研究センターであるパスツール研究所の前を通りかかった。「大きくなったら、あそこで働くの」と彼女は母親に言った。数年後、大学で学ぶコースを決めるバカロレア試験で、彼女は生命科学を選択した。[1]

彼女は芸術にも惹かれた。近所に住む演奏家からピアノのレッスンを受ける一方、プロのバレエダンサーを目指して、二〇歳になるまで熱心にバレエのレッスンを続けた。「本当はバレリーナになりたかったけれど、バレエを一生の仕事にするのは、あまりにもリスキーだということに気づいた」と彼女は言う。「身長が数センチ足りなかったし、靭帯に問題があって、右脚が十分に伸びなかったから[2]」。

しかし彼女は、ピアノやバレエから、科学にも当てはまる教訓を学んだ。「どちらも方法論が大切よ」と彼女は言う。「基本を知り、方法をマスターする。そのためには粘り強さが必要とされる。実験で遺伝子のクローンを作る時には、DNAの準備を完璧にして、何度も何度も繰り返すけれど、それは一種のトレーニングで、バレエダンサーが同じ動作と方法を一日中繰り返すのと何も変わらない」。また、基本作業をマスターしたら、創造性を加えなければならないという点も、科学と芸術は似ている。シャルパンティエはこう説明する。「厳格で、規律正しいだけでなく、自分を解放して、創造的なアプローチを取り入れるタイミングを知ることも欠かせない。わたしは生物学の研究で、持続性と創造性の望ましいバランスをとることができた」。

自由を愛する放浪者気質ゆえ、研究所を転々とする

母親に予告したとおり、シャルパンティエは大学院生としての研究をパスツール研究所で行った。研究テーマは細菌が抗生物質に耐性を持つようになる仕組みだ。研究室にいると心が休まった。シャルパンティエにとってそこは、一人で粘り強く熟考するための静謐な神殿だった。彼女は、誰かに導かれなくても、独自の発見を目指して、道を切り開いていくことができた。「自分

をただの学生ではなく科学者とみなすようになった。知識を学ぶだけではなく、知識を創造したいと思うようになったのです』。

シャルパンティエはポスドクの放浪者になった。その旅は、マンハッタンにあるロックフェラー大学の微生物学者イレーヌ・トゥオマネンの研究室から始まった。トゥオマネンは、肺炎の原因菌がDNA配列を変えて抗生物質に耐性を持つようになる仕組みを研究していた。しかしシャルパンティエは、トゥオマネンの研究室に到着したその日に、トゥオマネンが研究室ごとメンフイスのセント・ジュード小児研究病院に移ることを知らされた。一緒にメンフィスに移ったシャルパンティエは、同じ研究室のポスドク、ロジャー・ノバクとともに研究を行い、しばらく恋愛関係になった後、ビジネスパートナーになった。メンフィスでシャルパンティエは、ノバクとトゥオマネンと共に、ペニシリンなどの抗生物質が、細菌の細胞壁を溶かす自殺酵素を誘発する仕組みを明らかにする重要な研究を行った[3]。

シャルパンティエは、自由で放浪を好む気質のおかげで、新しい町や新しいテーマに移ることを厭わなかったが、メンフィスでは、ミシシッピ川の蚊がフランス人の血を好むという不愉快な生物学的発見のせいで、移動が加速した。また、研究の焦点を、細菌などの単細胞の微生物から、マウスなどの哺乳類の遺伝子に移したいという思いもあった。そういうわけで、ニューヨーク大学の研究室へ移り、マウスの遺伝子を操作して毛の成長を調節する方法についての論文をまとめた。また、三度目となるポスドクの研究として、ノバクとともに、皮膚感染症や咽頭炎を引き起こす細菌、化膿レンサ球菌の遺伝子発現を制御するRNA分子の役割を研究した[4]。

アメリカで六年を過ごした後、二〇〇二年にヨーロッパに戻り、ウィーン大学の微生物学・遺伝学研究室の室長になった。しかし、またもや落ち着かない気分になってきた。「ウィーンの人たちは少々、互いを知りすぎていた」と、彼女は言う。それは彼女にとって良いことではなく、むしろ障害だった。「組織に縛られ、動きにくかった」。そういうわけで、二〇一一年にダウドナに会った頃の彼女は、部下の大半をウィーンに残して、スウェーデン北部のウメオ大学に移っていた。ウメオはウィーンとは大違いだった。ウメオ大学は、一九六〇年代に、ストックホルムから四〇〇マイル北の町に誕生した。樹木の研究で知られ、キャンパスはかつてトナカイの放牧地だった土地にあり、モダンな建物が立ち並んでいる。「たしかにリスキーな移動だった」とシャルパンティエは言う。「けれども、この移動はわたしに考える機会を与えてくれた」。

移動することで新しい視点が得られる

一九九二年にパスツール研究所に入って以来、シャルパンティエは五か国七都市の一〇の施設で働いてきた。気ままな放浪生活は、束縛を嫌う性質の反映だったが、放浪するうちにそうした性質はますます強くなった。配偶者も家族もいない彼女は、常に新しい環境を求め、しがらみに囚（とら）われることなく新天地に適応していった。「わたしはパートナーシップに頼らず、一人でいる自由を享受している」と彼女は言う。彼女は「ワーク・ライフ・バランス（仕事と生活のバランス）」という言葉が好きではない。なぜなら、その言葉は仕事と生活が競合することを示唆しているからだ。研究室での仕事と「科学への情熱」は、「他の何に対する情熱にも負けないほど充実した幸せ」をもたらしてくれる、と彼女は語る。

研究対象の生物と同じく、シャルパンティエは新しい環境に適応しなければならず、そのため、常に革新的であり続けた。「移動し続けようとする衝動のせいで、一か所に落ち着くことができないけれど、この衝動にはプラスの側面もあり、停滞しなくなるのは確かです」と彼女は言う。ある場所から別の場所へ行くたびに、彼女は自分の研究を振り返り、新たなスタートを切ることができた。「移動すればするほど、新しい観点から分析できるようになり、長年、同じシステムにいる人には見えないことが見えるようになる」。

また、移動した先で外国人扱いされた時の気分は、ダウドナが子どもの頃にハワイで経験した疎外感に似ていた。「アウトサイダーになることは大切です」とシャルパンティエは言う。「くつろぐことのできない環境は、人を突き動かし、安穏さを求めてはいけない、と挑んでくる」。観察力と創造性を備えた多くの人と同様に、シャルパンティエは、孤立感やわずかな疎外感が、「その場に作用している大きな力」を見極める助けになることを悟った。彼女は、「想定外の事態に備えよ」という、ルイ・パスツールがよく口にした格言を、重んじるようになった。

いくらかはこうした性格のせいもあって、シャルパンティエは、集中力があるものの、注意散漫だった。自転車に乗る時でさえエレガントなファッションできめているが、実のところ、典型的な「ぼんやり博士」だ。シャルパンティエに会うために、わたしがベルリンを訪れた時、彼女は約束の時間に数分遅れて、わたしが泊まっていたホテルに自転車でやってきた。その朝、彼女は訪問先のミュンヘンから戻ってきたのだが、駅を出てから、手荷物を列車に置き忘れたことに気づいた。終着駅まで行って荷物を取り戻し、自転車でホテルまでやって来たのだった。また、ベルリン中心部の由緒ある大学病院シャリテーの敷地内にある、マックス・プランク感染症研究所の研究室に向かっていた時には、慣れた様子で広い道を自転車を押して進んでいたが、数ブロツク行ったところで方向を間違えていたことに気づいた。翌日、わたしと友人と三人で美術館を訪れた時には、チケット売り場で買ったチケットを、正面玄関まで行く間に紛失した。静かな日本食レストランでディナーをともにした時には、携帯電話を置き忘れた。しかし、研究室にいる時や、寿司のコース料理を一緒に食べた時には、何時間も熱心に話し続けた。

トレイサーRNA（tracrRNA）

二〇〇九年、シャルパンティエがウィーンからウメオに移った年、クリスパーの研究者は、クリスパー関連酵素の中で最も興味深いキャス9に焦点を絞っていた。キャス9を不活性化すると、クリスパー・システムは侵入中のウイルスを切断できないことがわかった。また、クリスパー・システムの別の要素であるクリスパーRNA（crRNA）の重要な役割も判明した。crRNAは、過去に攻撃してきたウイルスの遺伝子コードを含む短いRNA断片だ。そのウイルスが再び侵入しようとすると、crRNAはキャス酵素のガイドになって、ウイルスへの攻撃を誘導する。ガイドとして働くcrRNAと、ハサミとして働くキャス酵素、この二つがクリスパー・キャス9システムの核である。

しかし、クリスパー・キャス9システムにはもう一つ重要な要素があることが判明した。それもやはり短いRNA断片で、「トランス活性化型クリスパーRNA」、略してトレイサーRNA（tracrRNA）と呼ばれる。この小さな分子が、やがてこの物語で特大の役割を担うことになる。科学は往々にして、飛躍的な大発見によってではなく、小さな前進の積み重ねによって進歩する。そして各前進が誰によってなされ、どれほど重要であるかが論争の種になる。これから見ていく通り、ｔｒａｃｒＲＮＡに関わる発見に関しても、それは真実だった。

ｔｒａｃｒＲＮＡは二つの重要な役割を担っている。一つは、ｃｒＲＮＡの生成を促進すること。もう一つは、侵入中のウイルスをつかむハンドルになり、ｃｒＲＮＡが、切断すべき場所へキャス９酵素を導けるようにすることだ。

ｔｒａｃｒＲＮＡ、ｃｒＲＮＡ、キャス９の三要素でウイルスを撃退していると発見

ｔｒａｃｒＲＮＡの役割の解明は二〇一〇年から始まった。シャルパンティエが、細菌を用いる実験をしていて、ある短いＲＮＡ断片（後にｔｒａｃｒＲＮＡと名づけられる）が何度も現れることに気づいたのが発端だ。その役割はわからなかったが、クリスパーのスペーサーの近くにあることから、両者には関係があるのだろうと、彼女は推測した。その関係を調べるために、細菌からそのＲＮＡ断片（ｔｒａｃｒＲＮＡ）を除去したところ、ｃｒＲＮＡが生成されなくなった。それまで、ｃｒＲＮＡが細菌の細胞の中でどのように作られるかはわかっていなかった。この実験によって彼女は、ｔｒａｃｒＲＮＡがｃｒＲＮＡの生成を指示している、という仮説を立てた。

当時、彼女はスウェーデンのウメオ大学にいた。ウィーンの研究室に残した部下から、ｔｒａｃｒＲＮＡがないとｃｒＲＮＡが生成されないことを実験で示すことができたというメールが届いた。そこで彼女は夜を徹して、次の実験計画を練った。「わたしはｔｒａｃｒＲＮＡに夢中になった」と彼女は言う。「わたしは頑固だから、徹底的に追求したかった。ウィーンの部下たちに、『がんばってやり遂げましょう！』と言った。誰かにｔｒａｃｒＲＮＡを追求してほしかったから」(5)。

問題は、ウィーンの研究室にはそれをする時間とやる気のある人がいないことだった。それは

彼女が放浪しているせいでもあった。学生を残して去ると、彼らは別のことに興味を移してしまうものだ。シャルパンティエはスウェーデンにいたにもかかわらず、自分で実験することも考えた。しかし、ついに志願者が見つかった。ブルガリアから来た修士課程の若い学生、エリツァ・デルチェバだ。「エリツァは活力にあふれていて、わたしを信じてくれた」とシャルパンティエは言う。「まだ修士だったけれど、何が起きているかを理解していた」。デルチェバは大学院生のクシシュトフ・チリンスキーに、一緒に研究しよう、と声をかけた。

このシャルパンティエの小さなチームは、クリスパー・キャス9システムがわずか三つの要素を用いてウイルスを撃退していることを発見した。その要素とは、ｔｒａｃｒＲＮＡ、ｃｒＲＮＡ、キャス9である。ｔｒａｃｒＲＮＡは、ＲＮＡの長鎖をつかみ、切断して小さなｃｒＲＮＡにする。そしてｃｒＲＮＡは、キャス9を、攻撃してくるウイルスの特定の配列へと導く。

彼らがまとめた論文は、二〇一一年三月にネイチャー誌で発表された。デルチェバは筆頭著者になり、協力を断った大学院生たちは歴史に名を残さなかった。[6]

ｔｒａｃｒＲＮＡに残された謎

二〇一〇年一〇月にオランダで開催されたクリスパー会議で、シャルパンティエはこの発見について発表した。論文はネイチャー誌の査読プロセスをまだ通過していなかったので、ネイチャー誌の刊行より前に研究を公にするのは危険だった。しかし彼女は、聴衆の中に論文の査読者がいて、手続きを速めてくれることを期待した。

発表しながら、シャルパンティエはストレスを感じた。ｔｒａｃｒＲＮＡがｃｒＲＮＡの生成を助けた後、どうなるのかを、まだ解明できていなかったからだ。ｔｒａｃｒＲＮＡの任務はその時点で終わるのだろうか。それとも、ｃｒＲＮＡと合体して、キャス酵素のガイドになり、侵入ウイルスの切断を手伝うのだろうか。聴衆の一人が要点をつく質問をした。「この三つの要素は、一緒になって存在しつづけるのですか？」。シャルパンティエはその質問をはぐらかした。「わたしは笑って、質問の意味がわからないふりをした」と彼女は言う。

この問題と、この時点でシャルパンティエが何を知っていたかは、ごく専門的なことのように思えるかもしれない。しかし、興味がそそられる。なぜなら、後にこの問題がもたらした論争は、個々の小さな進歩が誰の功績によるかについて、クリスパー研究者、とりわけダウドナの競争心の激しさをくっきりと浮かび上がらせるからだ。後に、ｔｒａｃｒＲＮＡはｃｒＲＮＡと合体して、侵入ウイルスの切断において重要な役割を果たすことが明らかになった。ｔｒａｃｒＲＮＡのこの機能は、シャルパンティエがダウドナと共著した二〇一二年の論文で発表された。しかし、ダウドナが困惑したことに、数年たってからシャルパンティエは、自分は二〇一一年の時点ですでにｔｒａｃｒＲＮＡの完全な役割を知っていたと、時々ほのめかすようになった。

わたしが追及すると、シャルパンティエは、二〇一一年にネイチャー誌に掲載された彼女の論文が、ｔｒａｃｒＲＮＡの役割を完全には説明していなかったことを認めた。「（ｃｒＲＮＡの生成を助けた後も）ｔｒａｃｒＲＮＡはｃｒＲＮＡと協力しつづけるはずだと、わたしは考えていた」と、シャルパンティエは言う。「けれども、まだ理解できていない細かな点が残っていたので、論文には書かなかった」。ｔｒａｃｒＲＮＡの完全な機能については、実験で証明する方法が見つかるまで論文に書かないでおこうと、彼女は決めたのだった。

シャルパンティエは、クリスパーを生細胞で研究していた。次のステップに進むには、試験管の中でクリスパーの成分を分離し、それぞれの働きを解明できる生化学者が必要だった。彼女がダウドナに会いたいと思ったのはそのためだ。ダウドナは、二〇一一年三月にプエルトリコで開催されるアメリカ微生物学会の学会で講演することになっていた。「わたしも出席する予定だったので、チャンスを見つけてダウドナに話しかけようと、心に決めていた」とシャルパンティエは言う。

二〇一一年三月、プエルトリコでふたりは出会った

学会二日目の午後、ダウドナがホテルのコーヒーショップに行くと、隅のテーブルにシャルパンティエが、いつもそうするように一人で座っていた。その姿は、他の常連客より格段にエレガントだった。ダウドナはオランダのクリスパー研究者で友人のジョン・ファン・デア・オウストと一緒だったが、彼がシャルパンティエに気づいて紹介しようと申し出た。「うれしいわ」とダウドナは答えた。「ちょうど彼女の論文を読んだところよ」[7]。

ダウドナはシャルパンティエを魅力的だと思った。少し内気で、あるいは内気なふりをしていて、人を惹きつけるユーモアのセンスがあり、洗練されたオーラをまとっていた。「彼女の真剣さに心を奪われたが、茶目っ気のあるユーモアにも魅了された」とダウドナは言う。「彼女のことがたちまち好きになった」。数分間おしゃべりした後、シャルパンティエは、もっと真剣な話をしませんか、と提案した。「実は、共同研究のことであなたに連絡をとりたいと思っていたの」と、彼女は言った。

翌日、二人はランチを共にし、サン・ファン旧市街の石畳の道を散歩した。話題がキャス9に

及ぶと、シャルパンティエはエキサイトした。「その正確な仕組みを解明したいのです」と、彼女はダウドナに言った。「どんなメカニズムでDNAを切断しているのかを知りたいの」。

シャルパンティエは、ダウドナの真剣さと緻密さに魅了された。「あなたと一緒に研究するののはきっと楽しいでしょうね」と、彼女はダウドナに言った。ダウドナの方も、シャルパンティエの熱心さに心を動かされていた。「彼女が二人で研究するのは楽しいだろうと言ったとき、どういうわけか背中がぞくぞくした」と彼女は回想する。もう一つ、ダウドナをぞくぞくさせたのは、キャス9の研究は、生命の根本的な謎の一つを解く推理小説のように感じられたことだ。

プエルトリコに来る直前、ダウドナは研究室のポスドクでキャス1とキャス6について研究していたマーティン・イーネックと、彼の進路について話し合った。後から思えば杞憂にすぎないのだが、彼は研究者としてやっていくことに自信を失い、医学雑誌の編集者になることを考えていた。しかし、ダウドナと話し合って、思い直した。「もう一年、あなたの研究室に留まります」と彼はダウドナに告げた。そして、「何をすればいいでしょうか」と尋ねたが、実のところ彼は、独自のクリスパー・プロジェクトを見つけたいと思っていた。

ダウドナがシャルパンティエの話を聞いて、すぐ頭に浮かんだのは、イーネックのことだった。「わたしの研究室には有能な生化学者がいて、おまけに彼は構造生物学者よ」と、彼女はシャルパンティエに言った。[8] 二人はイーネックと、シャルパンティエの研究室のポスドクで、初期のキャス9論文を彼女と共著したクシシュトフ・チリンスキーを引き合わせることにした。チリンスキーはポーランド生まれの分子生物学者で、シャルパンティエがウメオに移った時にウィーンに残った。こうして誕生した四人組は、現代科学の最も重要な進歩の一つを成し遂げることになる。

第17章　クリスパー・キャス9

（左から）エマニュエル・シャルパンティエ、ジェニファー・ダウドナ、
マーティン・イーネック、クシシュトフ・チリンスキー。
2012年、バークレーにて

やけになって試験管にtracrRNAを投入したところ、成功する

バークレーに戻ったダウドナは、イーネック、ウメオのシャルパンティエ、ウィーンのチリンスキーとスカイプでやりとりして、クリスパー・キャス9のメカニズムを解明するための戦略を練った。ハワイ出身のバークレーの教授、チェコ出身のポスドク、スウェーデンで研究中のパリ生まれの教授、そしてウィーンで働くポーランド生まれのポスドクからなるこのチームは、まるで国連のミニチュアのようだった。「二四時間営業になった」と、イーネックは回想する。「ぼくが一日の終わりに実験をして、ウィーンにメールを送ると、クシシュトフが朝起きてすぐそれを読む」。その後、スカイプ通話をして、最新の結果をもとに、次の実験の方針を決める。「その日のうちにクシシュトフがその実験をして、ぼくが寝ているあいだに結果を送ってくるので、朝起きて受信ボックスを開くと、更新情報が入っている」[1]

最初のうち、シャルパンティエとダウドナがスカイプ通話に参加するのは、月に一度か二度だった。しかし、二〇一一年七月、シャルパンティエとチリンスキーがクリスパーの年次会議に出席するためにバークレーにやってきたのを機に、そのペースは速まった。スカイプでつながってはいたものの、イーネックがチリンスキーと会うのはその時が初めてだった。チリンスキーは気さくな性格の、瘦せて背の高い研究者で、基礎研究をツールに変えることに熱意を注いでいた[2]。

じかに会うと、電話やZoomでの会議では起こりえない形で新しいアイデアが生まれることがある。プエルトリコでもそうだったが、四人の研究者がバークレーで初めて集まった時も、新

たなアイデアが生まれた。クリスパー・システムがDNAを切断するのに必要な分子を特定する戦略について、彼らは意見を出し合った。実際に会っての会議は、プロジェクトの初期段階において特に有益だ。同じ部屋にいて、互いの反応を見ながらアイデアを出し合うことが重要だと、ダウドナは言う。「それがわたしたちの共同研究の基本です。多くの作業を電子的コミュニケーションで行う場合も、直接会っての会議は欠かせない」。

最初の頃、イーネックとチリンスキーは、試験管の中で、クリスパー・キャス9にウイルスのDNAを切断させることができなかった。彼らはその作業を、キャス9とcrRNAだけで行おうとしていた。理屈では、crRNAは標的となるウイルスへキャス9を導き、キャス9がウイルスのDNAを切断するはずだった。しかし、そうはならなかった。何かが欠けていた。「理由がわからなくて、ぼくたちは困惑した」とイーネックは回想する。

ここで、tracrRNAが再び登場する。二〇一一年の論文でシャルパンティエは、crRNAガイドの生成にはtracrRNAが必要であることを示した。後にシャルパンティエは、tracrRNAにはさらに大きな役割があることに自分はうすうす気づいていたと語ったが、シャルパンティエ、デルチェバ、チリンスキーによる初期の実験は、その役割を解明するには至らなかった。

実験に失敗したイーネックとチリンスキーは、ほとんどやけになって、試験管にtracrRNAも投入してみた。すると、うまくいった。crRNA、キャス9、tracrRNAという三つの成分の複合体は、標的DNAを確かに切断したのだ。イーネックはすぐダウドナに報告した。「tracrRNAがないと、crRNAはキャス9と結合できない」と。こうして突破口が開けた後、ダウドナとシャルパンティエは日々の作業により深く関わるようになった。明らかに、四人は重要な発見へと向かっていた。遺伝子を切断するクリスパー・システムの必須要素が明かされようとしていた。

イーネックとチリンスキーは毎晩、結果のやり取りを続け、少しずつパズルのピースを埋めていった。シャルパンティエとダウドナも加わって、オンラインでの作戦会議はますます頻繁になった。ついに彼らは、クリスパー・キャス９システムの三要素の正確なメカニズムを解明した。

ｃｒＲＮＡは二〇文字の配列を含み、同じ配列を持つウイルスＤＮＡにクリスパー・キャス９システムを導くガイドの役割を果たしている。ｔｒａｃｒＲＮＡはｃｒＲＮＡの生成を助けるが、もう一つの役割を持っている。それは、ｃｒＲＮＡとキャス９が標的ＤＮＡの適切な場所をつかめるよう、「足場」になることだ。キャス９は、その足場を利用してＤＮＡを切断する。

ウイルスを見つけて切り刻むキャス９——パスタを茹でながら息子に報告

重要な実験で肯定的な結果が得られた直後のある晩、ダウドナは家でパスタを茹(ゆ)でていた。お湯の中で渦巻くパスタを見ているうちに、高校でＤＮＡについて学んだ時に顕微鏡で見たサケの精子を思い出して笑い始めた。九歳になる息子のアンディが、「どうして笑っているの？」と尋ねた。「ママたちは、タンパク質を見つけたの。キャス９という名前の酵素よ」と彼女は説明した。「この酵素は、ウイルスを見つけて切り刻むようにプログラムされているの。すごいでしょう？」。アンディはクリスパーの仕組みについて質問しつづけ、彼女は説明した——細菌は何十億年もかけて、ウイルスから身を守るために、この奇妙で驚異的な方法を進化させ、しかもそれには適応性があり、新しいウイルスが現れるたびに、それを認識して撃退できる、と。アンディは夢中になって耳を傾けた。「二重の喜びだった――とても素晴らしく根本的な発見を成し遂げ、しかもそれを息子に説明して、理解させることができたのだから」。好奇心とは実に素晴らしいものだ。[3]

ユーレカ！　生命の暗号を書き換えるゲノム編集ツールを開発

この驚くべき小さなシステムは、重要な応用の可能性を秘めていることがすぐ明らかになった。crRNAガイドは、切断したいDNA配列を標的にするよう修正できる。つまり、編集ツールになり得るのだ。

クリスパーの研究は、基礎科学とトランスレーショナル医療とのコール・アンド・レスポンス（掛け合い）の鮮やかな例になるだろう。クリスパー研究は、微生物ハンターの純粋な好奇心から始まった。彼らは、変わった細菌のDNAをシーケンシングしていて見つけた奇妙な現象を解明したいと思っただけだった。その後、クリスパーは、ヨーグルトの種菌をウイルスから守るために研究された。それが、生物の基本的な働きにまつわる基本的な発見につながった。そして今、生化学的分析によって、実用的なツールの発明へと続く道が示されたのだ。「クリスパー・キャス9システムの構成要素がわかった時点で、それをプログラムできることに気づいた」と、ダウドナは言う。「つまり、別のcrRNAを追加して、任意のDNA配列を切断させることができるのです」。

科学の歴史において、真の発見（ユーレカ）の瞬間はそうそう訪れるものではないが、これはかなり「ユー

CRISPRのはたらき

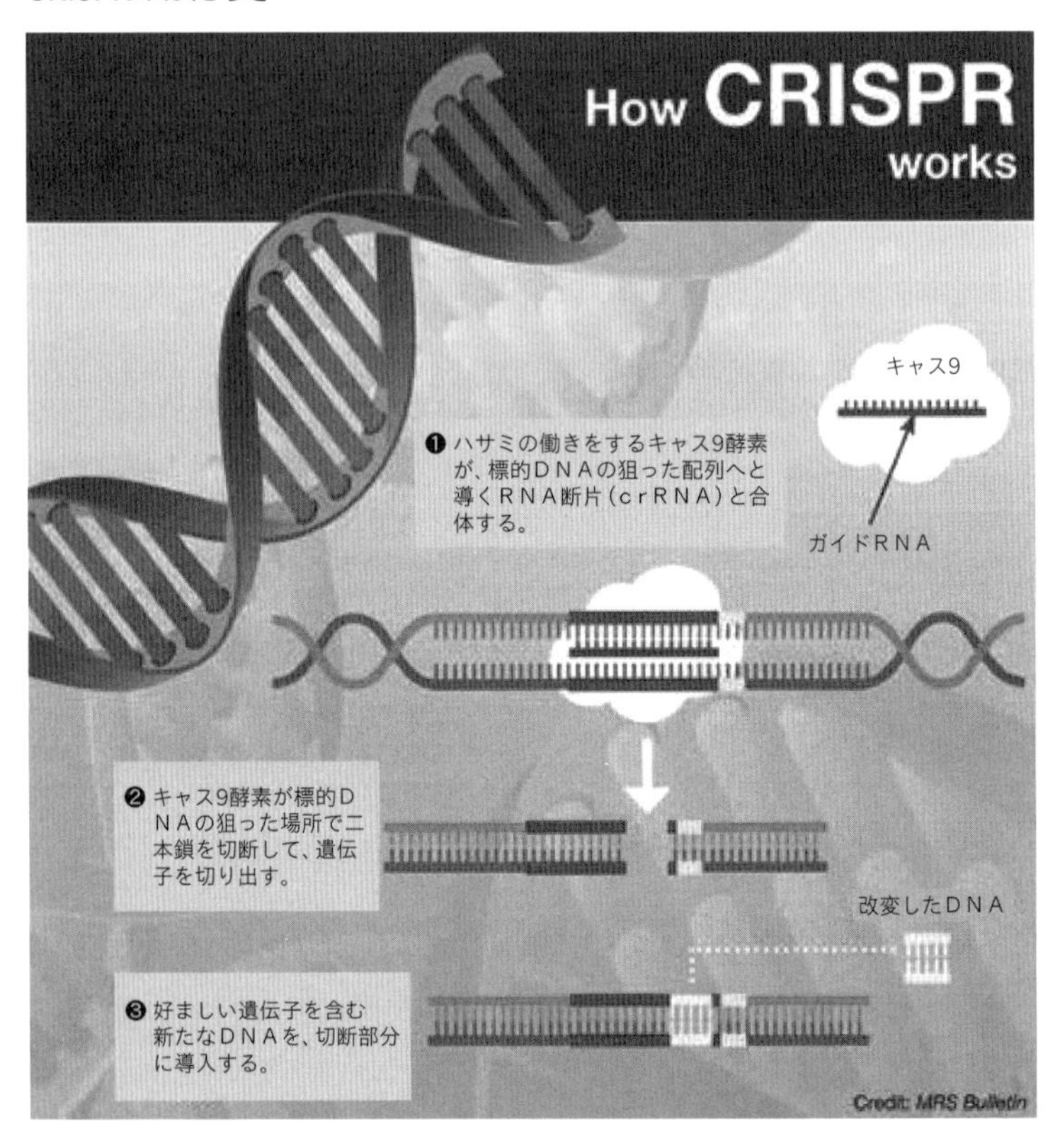

How CRISPR works
キャス9
❶ ハサミの働きをするキャス9酵素が、標的DNAの狙った配列へと導くRNA断片(crRNA)と合体する。
ガイドRNA
❷ キャス9酵素が標的DNAの狙った場所で二本鎖を切断して、遺伝子を切り出す。
改変したDNA
❸ 好ましい遺伝子を含む新たなDNAを、切断部分に導入する。
Credit: MRS Bulletin

レカ！」に近かった。「わたしたちは徐々に理解していったわけではなく、瞬間的に気づいた」とダウドナは言う。イーネックがダウドナに、異なるガイドRNAでキャス9をプログラムして標的DNAを好きな場所で切断できることを示唆するデータを見せた時、二人は動きを止めて、顔を見合わせた。「オー・マイ・ゴッド！　これはゲノム編集の強力なツールになるわ」と、ダウドナはイーネックに言った。要するに彼女らは、生命の暗号を書き換える手段を開発したのだ。(4)

シングルガイドRNAの誕生

次なる課題は、クリスパー・システムをもっとシンプルにする方法を見つけることだった。シンプルにできれば、クリスパー・システムは単にゲノム編集ツールになるだけでなく、既存のゲノム編集ツールよりはるかに容易にプログラムできて、おまけにより安価なツールになるだろう。

ある日、イーネックが実験室から急ぎ足でダウドナのオフィスへやって来た。イーネックは、crRNAとtracrRNAがDNAを切断するために最低限必要な条件を調べていた。ダウドナとともに、デスクのそばにあるホワイトボードの前に立ち、イーネックはcrRNAとtracrRNAの構造を表す略図を描いた。「試験管の中でDNAを切断するにはcrRNAとtracrRNAのどの部分が必要でしょうか？」と彼は尋ね、「クリスパー・システムは、この二つのRNAの長さに関して、ある程度、柔軟性があるようです」と言った。crRNAとtracrRNAはどちらも、少々切り取って短くしても機能した。ダウドナはRNAの構造を深く理解しており、その働きを解明することに子どものような喜びを感じた。二人で意見を出し合ううちに、crRNAとtracrRNAは、一方の末端ともう一方の先端を結合させて一つにしても、その機能を維持することがわかった。

そうであれば、一方の端にガイド情報を、もう一方の端にハンドルを持つ単体のＲＮＡ分子を作ることができるはずだ。こうして後に彼らが「シングルガイドＲＮＡ」（ｓｇＲＮＡ）と呼ぶものが誕生する。ｃｒＲＮＡとｔｒａｃｒＲＮＡを結合できるとわかった瞬間、イーネックとダウドナは黙って顔を見合わせた。ダウドナは、「すごい」と言った。彼女はその時のことを振り返ってこう言う。「それは、科学がもたらす特別な瞬間だった。わたしはゾクゾクして、鳥肌がたった。その瞬間、わたしたちは、好奇心から生まれたこの楽しいプロジェクトは、とてつもない意味を秘めていて、それがプロジェクトの方向性を大きく変えることに気づいた」。小さな分子のふるまいがダウドナの身の毛をよだたせるというのは、想像するのにふさわしいシーンだ。

ダウドナは、ｃｒＲＮＡとｔｒａｃｒＲＮＡを結合させて単一ガイドにするための研究をすぐ始めるよう、イーネックに指示した。彼は必要なＲＮＡ分子を発注するために廊下を急いだ。また、チリンスキーとともに、迅速に実験計画を立てた。彼らはｃｒＲＮＡとｔｒａｃｒＲＮＡのどの部分が削除可能で、どうすれば結合できるかを理解すると、わずか三週間で、機能するシングルガイドＲＮＡを作成した。

このシングルガイドＲＮＡを使えば、クリスパー・キャス９システムはさらに用途が広く、簡単で、再プログラム可能なゲノム編集ツールになる。科学と知的財産権という二つの観点から見て、シングルガイドシステムがとりわけ重要なのは、それが単なる自然現象の発見ではなく、人間による発明であることだ。

ここまでの段階で、ダウドナとシャルパンティエの共同研究は、二つの重大な進歩をもたらした。一つは、ｔｒａｃｒＲＮＡが、ｃｒＲＮＡガイドの生成だけでなく、ｃｒＲＮＡガイドをキャス9と結びつけ、切断プロセスのために標的ＤＮＡに結合させるという重要な役割を果たしているという発見だ。もう一つは、ｔｒａｃｒＲＮＡとｃｒＲＮＡを結合してシングルガイドＲＮＡにする方法を発明したことだ。彼らは、進化が一〇億年以上かけて細菌の中で完成させた現象を研究することによって、自然の奇跡を人間のツールに変えたのだ。

実験ノートに記録し、証人が署名――歴史的な夜

シングルガイドＲＮＡの作成方法についてイーネックと意見を出し合ったその日、家に戻ったダウドナは、夕食の席でそのアイデアを夫に説明した。夫は、ゲノム編集技術に関する特許をとれる可能性に気づき、「そのアイデアを実験ノートに完全に記録し、証人に署名してもらうべきだ」と言った。ダウドナから指示を受けて、イーネックはその夜、研究室に戻り、自分たちのアイデアを詳細に記録した。午後九時近かったが、研究室にはサム・スターンバーグとレイチェル・ハウルウィッツが残っていた。実験ノートの各ページの一番下には、証人の署名欄がある。重要な進歩について第三者の確認を得たという証拠になるものだ。イーネックは二人に署名を頼んだ。スターンバーグはこれまでそんなことを頼まれたことはなかったので、これは歴史的な夜になると予感した。[5]

第18章　二〇一二年、世紀の発表

シャルパンティエ（左）とダウドナ（右）

ダウドナ - シャルパンティエの論文が、サイエンス誌へ投稿される

クリスパー・キャス9についての論文の執筆では、ダウドナとチームは実験の時と同じく、二四時間体制で作業を進めた。原稿をDropbox［オンラインのストレージサービス］で共有し、各自がリアルタイムで進行を確認できるようにした。イーネックとダウドナは、カリフォルニアで昼間に作業を進め、深夜のスカイプ通話で夜明けのヨーロッパに引き継ぎし、それからの一二時間は、シャルパンティエとチリンスキーが主導権を握った。夏至の頃、ウメオでは太陽が沈まないので、シャルパンティエは何時でも働けると知らせてきた。「夜中も明るいと、あまり眠れないものよ」と彼女は言う。「そういう何か月かは、わたしは疲れ知らずで、いつでも仕事をしていた(1)」。

二〇一二年六月八日、ダウドナはサイエンス誌の編集者にオンラインで論文を提出した。著者は六人だった。マーティン・イーネック、クシシュトフ・チリンスキー、イネス・フォンファラ、マイケル・ハウアー、ジェニファー・ダウドナ、エマニュエル・シャルパンティエだ。イーネックとチリンスキーの名前の横にあるアスタリスク記号は、彼らが同等の貢献をしたことを意味していた。ダウドナとシャルパンティエの名前が最後に記載されたのは、二人が研究室を率いる主任研究者だったからだ(2)。

三五〇〇ワードの論文は、crRNAとtracrRNAがどのようにしてキャス9を標的DNAに結合させるかについて、正確かつ詳細に述べていた。また、crRNAとtracrRNAが

ＤＮＡ鎖を特定の場所で切断する仕組みについても明らかにした。そして最後に、ｃｒＲＮＡとｔｒａｃｒＲＮＡを融合させてシングルガイドＲＮＡを作成したことを語った。このシステムは、ゲノム編集に利用できる、と著者たちは記した。

大急ぎとなった査読プロセス

論文を受け取ったサイエンス誌の編集者たちは興奮した。クリスパー・キャス９の生細胞における活動については、これまでにも数多く報告されてきたが、クリスパー・システムの基本的要素を分離し、生物学的メカニズムを解明した論文はこれが初めてだった。さらに、この論文は有益な発明になりそうなものに言及していた。シングルガイドＲＮＡである。

ダウドナにせかされて、編集者たちは大急ぎで査読プロセスを進めた。リトアニアの研究者のものも含め（詳細は後述する）、クリスパー・キャス９に関する他の論文がすでに最初に研究者の間で出回っていることを、ダウドナは知っていたので、是が非でも自分たちの論文が最初に出版されるようにしたかった。サイエンス誌の編集者たちには、ライバル誌に出し抜かれたくないという、彼らなりの競争心があった。彼らはクリスパーの先駆者であるエリック・ゾントハイマーに査読を依頼し、二日以内という異例のスピードでコメントを返すことを求めた。ゾントハイマーは同じテーマで研究していることを理由に、その依頼を断ったが、編集者たちは査読してくれる他の人を、すぐ見つけることができた。

査読者たちのコメントは肯定的で、いくつかの点についてより詳しい説明を求めただけだった。実のところ、論文には重大な問題があったのだが、査読者たちはそれを指摘しなかった。この論文の実験は、咽頭炎を引き起こす一般的な細菌、化膿レンサ球菌のクリスパー・キャス9システムを調べたものだった。あらゆる細菌と同じく、化膿レンサ球菌は核を持たない単細胞生物だ。しかし、論文は、クリスパー・キャス9システムがヒトのゲノム編集に役立つ可能性を示唆していた。シャルパンティエは、そのことがいくつかの疑問を引き起こすだろうと予想した。「クリスパー・キャス9システムが人間の細胞内で機能する証拠があるのか、と査読者に尋ねられるのではないかと心配していた」と彼女は回想する。「何しろわたしは論文の結論で、これは既存のゲノム編集方法に代わるものになる、とまで述べたのだから。けれども、彼らはその点を指摘しなかった[3]」。

無事アップロード、シェ・パニーズでお祝い

サイエンス誌の編集者は論文の改訂を承認し、改訂版は二〇一二年六月二〇日に正式に受理された。クリスパーの年次会議がバークレーで開かれる直前のことだ。会議の数日前に、シャルパンティエはウメオから、チリンスキーはウィーンから到着していたので、ダウドナたちと一緒に最終の校正と編集作業をすることができた。「チリンスキーは時差ボケになっていた」と、シャルパンティエは回想する。「でも、わたしは平気だった。白夜のウメオにいたので、もともと睡眠のリズムが狂っていたから[4]」。

彼らは建物の七階にあるダウドナのオフィスに集まり、サイエンス誌のオンラインシステムに、改訂版のＰＤＦファイルとグラフィックがアップロードされるのを、ダウドナのコンピュータ画面で確認した。「ぼくたち四人はダウドナのオフィスに座って、アップロードの進行状況を示す

インジケーターを見守った」とイーネックは回想する。「インジケーターが一〇〇パーセントに達すると、歓声をあげた」。

改訂版を提出し終えたダウドナとシャルパンティエは、ダウドナのオフィスで二人だけになった。プエルトリコで初めて会ってから、一四か月しかたっていなかった。シャルパンティエが、サンフランシスコ湾に夕日が沈んでいくさまに見とれているかたわらで、ダウドナは、彼女との共同研究がどれほど楽しかったかを語った。「発見の喜びを共有し、互いへの信頼を確かめ合った素晴らしいひとときだった」と、ダウドナは言う。「わたしたちはようやく一息ついて、数千マイルの距離を挟んだ共同研究がどれほどハードだったかを語り合った」。

二人は今後についても語り合った。シャルパンティエは、ゲノム編集ツールを作成するより、微生物に関する基礎科学に戻りたい、と言った。再び研究室を引っ越す準備をしていて、たぶんベルリンのマックス・プランク研究所へ行くことになる、と打ち明けた。ダウドナは幾分からかうような口調で、腰を落ち着けて、結婚して、子どもを持つつもりはないのか、と尋ねた。「彼女は、その気はない、と答えた」と、ダウドナは回想する。「一人でいるのが好きで、プライベートの時間を大切にしていて、その種の交際は求めていないと彼女は言った」。

その夜、ダウドナはバークレーのレストラン、シェ・パニーズでお祝いの食事会を開いた。シェフのアリス・ウォータースが時代を先取りして開いた、地元産の有機栽培食材を用いる店だ。ダウドナは、まだ科学界の外では有名人ではなかったので、一階の落ち着いた雰囲気のダイニングの予約は取れなかったが、二階のカジュアルなカフェの、長いテーブル席を確保することができた。彼らはシャンパンを注文し、生物学の新時代の到来を祝して乾杯した。「わたしたちは新たな生物学が結実する劇的な時代の入り口に立っているような気分になり、それが何を意味するかに思いをめぐらせた」とダウドナは回想する。イーネックとチリンスキーはデザートが来る前に退席した。明日の会議で行うプレゼンテーションのために、スライドを仕上げなければならなかったからだ。研究室へ戻る途中、黄昏時の薄明かりの中で、チリンスキーはタバコをゆっくり味わった。

第19章　プレゼンテーション対決

ダウドナの対決者、リトアニアの生化学者、ヴァギニウス・シクシニス

ダウドナ陣営のクシシュトフ・チリンスキー（左）と
マーティン・イーネック（右）

ほぼ同時期、競合誌にリトアニアの生化学者ヴァギニウス・シクシニスらが投稿

リトアニアのヴィリニュス大学のヴァギニウス・シクシニスは、メタルフレームの眼鏡をかけ、はにかんだ笑みをたたえる温厚な生化学者だ。リトアニア生まれの彼は、ヴィリニュスで有機化学を学び、モスクワ国立大学に進んで博士号を取得した後、リトアニアに戻った。クリスパーに興味を持ったのは、ダニスコ社のヨーグルトの研究者、ロドルフ・バラングーとフィリップ・オルヴァトによる二〇〇七年の論文を読んだのがきっかけだった。その論文は、クリスパーは細菌がウイルスと戦ううちに獲得した武器であることを述べていた。

二〇一二年二月、シクシニスは、バラングーとオルヴァトを第二著者として、クリスパー・システムに関する論文をまとめ、キャス9がcrRNAに導かれて侵入ウイルスを切断する仕組みを説明した。彼はその論文をセル誌へ送ったが、即座に却下された。実のところ、同誌は、その論文には査読に送るほどの価値はないと判断したのだ。「わたしたちはその論文を、セル誌の姉妹雑誌にあたるセル・レポート誌にも送ったが、腹立たしいことに、やはり却下されてしまった」とシクシニスは言う[1]。

そこでシクシニスたちは論文を、米国科学アカデミーが発行するＰＮＡＳ（米国科学アカデミー紀要）に送ることにした。ＰＮＡＳに受理される早道は、アカデミー会員に論文の価値を認めてもらうことだ。そういうわけで彼らは、二〇一二年五月二一日に、論文の要旨（アブストラクト）をその分野に最も精通した会員に送った。その会員とは、ジェニファー・ダウドナである。

ダウドナはシャルパンティエとの論文を仕上げたばかりだったので、査読を辞退した。要旨だけ読んで、論文そのものは読まなかった。しかし、要旨を読むだけで、シクシニスらがクリスパー・システムの要素の多くを発見したことを知るには十分だった。要旨には「DNA切断はキャス9によって実行される」と書かれており、また、クリスパー・システムがDNA編集ツールにつながる可能性についても述べていた。「これらの発見は、普遍的にプログラム可能なRNA誘導型DNAエンドヌクレアーゼを開発する道を開くだろう」と。[2]

要旨を読んだダウドナが、自分たちの論文の出版を急がせたことは、クリスパーに携わる研究者たちの間で少々論争を引き起こし、少なくとも何人かは彼女に疑いの目を向けた。「ジェニファーの特許出願とサイエンス誌への論文提出のタイミングに注目するべきだ」と、シクシニスの共著者であるバラングーはわたしに言った。確かに、一見したところでは、彼女の行動は怪しく思える。ダウドナはシクシニスの論文の要旨を五月二一日に入手し、五月二五日に特許を出願し、六月八日にサイエンス誌に論文を提出したのだから。

しかし、実際には、ダウドナたちの特許と論文は、彼女がシクシニスの論文要旨を入手するかなり前に準備されていた。バラングーも、ダウドナを非難しているわけではないことを強調する。「ダウドナの行動は、不適切だったわけではないし、特に珍しいわけでもない」と、彼は言う。「盗んだとか、そういうことではない。こちらが送ったのだから、ダウドナを責めることはできない。科学は、競争相手の存在を知ることで、加速する。競争がプロセスを推進する勢いを与えるのだ」[3]。結局のところ、ダウドナはバラングーともシクシニスとも、良好な関係を保った。その競争と協力の組み合わせは、彼ら全員がよく了解しているプロセスの一部なのだ。

しかし、ダウドナが急いだことを問題視したライバルが一人いた。ＭＩＴとハーバードが共同運営するブロード研究所の所長、エリック・ランダーである。「彼女はサイエンス誌の編集者にライバルがいることを伝え、その結果、サイエンス誌は、査読者を急がせた」と、彼は言う。「三週間ですべてが完了し、彼女はリトアニア人を出し抜いた」[4]。

ランダーがダウドナを暗に非難していることは、わたしには興味深く、いくらか面白いとさえ思える。なぜなら、彼はわたしの知る中で最も負けず嫌いで、しかも競争を楽しむ人だからだ。彼もダウドナも根っから競争が好きで、そうした二人の性質が、彼らの競争をより激しくしているのではないだろうか。その一方で、だからこそランダーとダウドナは互いをよく理解しているようにも思える。Ｃ・Ｐ・スノーの小説、『学寮長』に登場する、ライバル関係にある二人が互いをよく理解しているように。ある夜、わたしはランダーと夕食を共にした。その時にランダーは、「ダウドナがサイエンス誌の編集者に送ったメールを手に入れた。あれを読めば、彼女がシクシニスの論文要旨を見た後で、自分たちの論文の出版を急がせたのは明らかだ」と言った。この件についてダウドナに尋ねると、彼女は、その通りだとあっさり認め、自分はサイエンス誌の編集者に、競合誌に投稿された論文があることを伝え、査読を急ぐよう求めた、と言った。「何か問題でも？」と、彼女は言った。「エリックに、あなたにはそんな経験はないのかって、尋ねてみて」。そこで次にランダーと夕食を共にした時に、ダウドナの質問をそのまま伝えた。ランダーは一瞬、言葉を失った後に笑い出し、明るく負けを認めた。「もちろん、あるよ。それが科学というものだ。いたって普通の行動だ」[5]。

ダウドナ陣営とシクシニス陣営がバークレーで対決

バラングーは、二〇一二年六月にバークレーで開かれるクリスパー年次会議の主催者の一人だった。シャルパンティエとチリンスキーはその会議に出席するためにはるばるやってきたのだった。バラングーはその会議にシクシニスを招待し、研究について発表できるようお膳立てした。こうして、クリスパー・キャス9システムの説明を競う二チームの、対決の舞台が整った。

この二チームの発表は、六月二一日木曜の午後に予定された。ダウドナが論文の最終版をサイエンス誌にアップロードし、シェ・パニーズで祝賀会を開いた翌日だ。シクシニスの論文はまだ受理されていなかったが、バラングーは、まずシクシニスに発表させ、それに続いてダウドナ‐シャルパンティエ・チームに発表させることにした。

時系列で言えば、勝敗は明白だった。ダウドナ‐シャルパンティエの論文はすでにサイエンス誌に受理され、六月二八日にオンラインで公開されたが、シクシニスの論文は、九月四日になってようやく発表されるのだ。それでも、シクシニスの発表を先にするというバラングーの計画は、シクシニスにいくらかの名誉をもたらす可能性があった――もっとも、シクシニスの研究がダウドナ‐シャルパンティエ組と同等か、勝っていれば、の話だが。「講演者の順番は、わたしに任されていた」と、バラングーは言う。「ダウドナの陣営から、順番を逆にしてほしいと頼まれたが、断った。シクシニスが最初にわたしに論文を送ったのは二月のことで、その時にはすでにセル誌に送っていたので、シクシニスが先に発表するのが理にかなっていると思ったからだ[6]」。

そういうわけで、六月二一日木曜日の昼食後、バークレーに新設された李嘉誠センターの一階にある七八席の講堂で、シクシニスは未発表の論文をもとに、スライドを使ってプレゼンテーションを行った。「わたしたちはキャス9・crRNA複合体を分離し、試験管内でそれが標的DNA分子の特定の場所で二本鎖を切断することを実証しました」と彼は述べ、さらに、このシステムは将来、ゲノム編集ツールになる可能性がある、と言葉を続けた。

しかし、シクシニスの論文とプレゼンテーションにはいくつか欠陥があった。最も注目すべきは、「キャス9・crRNA複合体」について語りながら、遺伝子切断プロセスにおけるtracrRNAの役割に言及していないことだ。彼はcrRNA生成におけるtracrRNAの役割については述べたが、標的DNAの切断部位にcrRNAとキャス9をうまく結合させるにはtracrRNAが不可欠であることを理解していなかった。[7]

ダウドナにとってこれは、tracrRNAが果たしている本質的な役割をシクシニスが発見できていないことを意味した。後に彼女はこう言った。「DNA切断にtracrRNAが必要であることを知らなければ、それをテクノロジーにはできない。それを機能させるための要素を定義していないのだから」。緊迫した空気が漂う中、ダウドナはtracrRNAの役割に関するシクシニスのミスを、聴衆にわからせようとした。彼女は前から三列目に座っていたが、シクシニスが発表を終えるとすぐ手を挙げた。「あなたのデータは、切断プロセスにおけるtracrRNAの役割を示していますか？」と彼女は尋ねた。

最初、シクシニスはその点について答えようとしなかったので、ダウドナははっきりした答えを要求しつづけた。彼は反論しようとしなかった。この会議に出席していたサム・スターンバーグは次のように回顧する。「ダウドナの質問に続くやりとりは、次第に論争の色合いを帯びていった。彼女は、ｔｒａｃｒＲＮＡは重要な要素なのに、シクシニスはそれを見落としていると、断固として主張した。シクシニスは異議を唱えなかったものの、自分の見落としを完全に認めたわけでもなかった」。シャルパンティエも、この欠落には驚いていた。なぜなら、彼女は二〇一一年の論文に、ｔｒａｃｒＲＮＡの役割の一部について書いていたからだ。「わたしの二〇一一年の論文を読んだはずのシクシニスが、なぜｔｒａｃｒＲＮＡの役割について、さらに調べようとしなかったのか、理解できなかった」と、彼女は言う[8]。

公平を期して言うと、ダウドナやシャルパンティエとほぼ同じ時期に多くの生化学的発見を行ったシクシニスは、称賛に値するし、わたし自身、彼の功績を讃えたいと思う。わたしは、小さなｔｒａｃｒＲＮＡの役割をいくらか重視しすぎているかもしれない。一つには、本書をダウドナの視点で書いているからで、もう一つは、わたしと話している時に、ダウドナがｔｒａｃｒＲＮＡの重要性を何度も強調したからだ。しかし、やはりｔｒａｃｒＲＮＡの役割は重要だとわたしは考えている。生命の驚くべきメカニズムを説明するには、小さなことが重要だ。そして、とても小さなことが、とても重要なのだ。ｔｒａｃｒＲＮＡとｃｒＲＮＡという二つのＲＮＡ断片の役割を正確に示すことは、クリスパー・キャス９がどのようにしてゲノム編集ツールになるのか、二つのＲＮＡをどのように融合させれば、システムを標的遺伝子に誘導するシングルガイドを作ることができるのかを、理解するカギになるのだ。

プレゼンテーションはダウドナチームの大成功となる

シクシニスの発表が終わり、ダウドナとシャルパンティエのチームが発表する番になった。出席者の大半は発表を聞く前から、それが大いなるブレイクスルーであることを知っていた。プレゼンテーションは、実験の大半を行ったポスドクのイーネックとチリンスキーにまかせて、シャルパンティエとダウドナは聴衆者席に並んで座った[9]。

プレゼンテーションが始まろうとしたとき、バークレーの生物学教授二人が、ポスドクと学生を引き連れてホールに入ってきた。ダウドナは彼らのことを知っていた。ヒトを対象とするクリスパー・キャス9の共同研究について相談した相手だ。しかし、他の人々は彼らが何者かを知らず、スターンバーグに至っては、特許弁護士だと思ったそうだ。彼らの登場によって劇的なムードはますます高まった。「十数名の見知らぬ人がぞろぞろと入ってきたので、ホールにいた人々は驚いていた」と、ダウドナは言う。「これから何か特別なことが始まるという予兆のように感じた」。

イーネックとチリンスキーは発表を楽しいものにしようとした。自分たちが行った実験を順番に説明できるようスライドを準備し、事前に二回練習した。聴衆は小人数で、暖かく、打ち解けた雰囲気だった。それでも、ステージに立つ二人が緊張しているのは明らかで、特にイーネックはがちがちだった。「彼は強いストレスを感じていたので、わたしまで心配になってきた」とダウドナは言う。

しかし緊張する必要はなかった。プレゼンテーションは大成功だった。クリスパーの先駆者である、ケベック州ラヴァル大学のシルヴァン・モアノが立ち上がって「素晴らしい！」と言った。他の人々は大急ぎで、研究室の同僚に、メールやテキストメッセージを送っていた。

シクシニスの論文の共著者であるバラングーは、「この発表を聞いたとたん、ダウドナとシャルパンティエがその分野をまったく新しいレベルに引き上げたことを悟った」と後に述べた。「ジェニファーの論文はわたしたちのものよりはるかに優れていた」と、彼は言う。「その差は歴然としていた。彼女らの論文が転換点（ティッピングポイント）になって、クリスパーは、特異で興味深い微生物界の機能から、テクノロジーになったのだ。そういうわけで、シクシニスもわたしも嫉妬とかそういったものをまったく感じなかった」。

一方で、興奮と羨望が入り混じった反応が、この分野に通じた人物から寄せられた。その人物とはエリック・ゾントハイマーで、クリスパーがゲノム編集ツールになることを最初に予見していた一人だった。イーネックとチリンスキーの発表が終わると、彼は手を挙げて質問した。「そのシングルガイド技術は、真核細胞、つまり核を持つ細胞のゲノム編集に使えるのだろうか。より具体的には、ヒトの細胞でも機能するのですか」。イーネックとチリンスキーは、これまでの分子テクノロジーの多くがそうであったように、いずれこの技術も人間に適応されるだろう、と示唆した。そのやりとりの後、穏やかで学者然としたゾントハイマーは、二列後ろに座っているダウドナの方を向いて、こう言った。「後で話そう」。次の休憩時間に、二人は廊下で語りあった。「ダウドナとは打ち解けて話すことができた。同じテーマに取り組んでいるが、彼女は信頼できる人だとわかっていたからだ」とゾントハイマーは言う。「わたしはクリスパー研究を酵母［真核細胞］で試みていることを彼女に打ち明けた。彼女はその実験が成功すれば、真核細胞へのクリスパーの適用をスピードアップできるだろうから、もっと話を聞きたい、と言った」。

ライバルとの会食は、気まずくならずなごやかだった

その夜、ダウドナはこれまでも、これからも、仲間であり競争者である三人の研究者と連れだってバークレーの繁華街へ歩いて行き、寿司レストランで夕食をとった。その三人とは、エリック・ゾントハイマーと、ダウドナのせいで影が薄くなった論文の共著者、ロドルフ・バラングーとヴァアギニウス・シクシニスだ。バラングーは、出し抜かれたと恨み言を言うどころか、完全に負けだとわかった、と言った。実のところ彼は、レストランに向かう坂を下りながら、ダウドナに、出版待ちの自分たちの論文を撤回したほうがいいだろうか、と尋ねた。彼女は微笑んでこう言った。「いいえ、あなたたちの論文は素晴らしいわ。撤回しないで。その論文は、独自の貢献をするはずよ。わたしたちは皆、そのために努力しているのだから」。

夕食をとりながら四人は、自分の研究室のこれからの予定を互いに明かしあった。「気まずい雰囲気になってもおかしくない状況だったが、とてもなごやかな会食だった」と、ゾントハイマーは言う。「興奮冷めやらぬタイミングでの、心浮き立つディナーだった。今回の発見がどれほど重要かを全員が理解していた」。

ダウドナとシャルパンティエの論文は二〇一二年六月二八日にサイエンス誌のオンライン版で発表された。それは、バイオテクノロジーのまったく新しい分野を活気づけた。具体的には、クリスパーでヒトゲノムを編集しようとする競争が始まったのだ。「これを人間の細胞で行うための大規模な競争に自分が足を踏み入れたことを、誰もが理解していた」と、ゾントハイマーは言う。「それは時代が求めるアイデアであり、最初に実現するための全力疾走が始まろうとしていた」。

第三部

ゲノム編集

Gene Editing

人間はなんと美しいことでしょう！
ああ、素晴らしい新世界、
そこにはこんな人々がいる！

——ウィリアム・シェイクスピア、『テンペスト』

第20章 ヒューマン・ツール

ゲノム編集のこれまで、そしてこれからとは

遺伝子治療のはじまり

ヒトゲノムの操作へとつながる道は、一九七二年にスタンフォード大学のポール・バーグ教授が、サルに感染しているウイルスのＤＮＡの一部を切り取り、別のウイルスのＤＮＡに接合する方法を見つけたことから始まった。彼は自ら「組換えＤＮＡ」と名づける方法を見出したのだ。ハーバート・ボイヤーとスタンリー・コーエンは、この人工遺伝子をより効率的に作成する方法を発見し、何百万ものクローンを生み出した。こうして遺伝子工学と、バイオテクノロジー・ビジネスがスタートした。

遺伝子操作したＤＮＡを人間の細胞内に送り込むまでに、さらに一五年を要した。目的は遺伝子の編集ではなく遺伝子治療だった。すなわち、患者自身のＤＮＡを書き換えるのではなく、病気の原因になっている欠陥遺伝子を無効化するように操作したＤＮＡを、患者の細胞に送り込むのだ。

最初の臨床試験は一九九〇年に、四歳の少女に対して行われた。その少女は、遺伝子変異のせいで免疫システムがうまく働かず、常に感染のリスクに晒されていた。医師が血管系のＴ細胞を体内から取り出し、欠損遺伝子の正常なコピーを導入した後に体内に戻したところ、免疫システムは劇的に改善し、少女は健康な生活を送れるようになった。

遺伝子治療の分野は、当初、ささやかな成功を収めたが、まもなく後退した。一九九九年、フィラデルフィアで行われた臨床試験で、若い男性患者が治療遺伝子を運ぶウイルスに過剰な免疫反応を起こして亡くなり、試験は中断された。二〇〇〇年代初頭には、免疫不全症に対する遺伝子治療が、思いがけず発がん遺伝子を始動させ、五人の患者が白血病を発症した。このような悲劇のせいで、臨床試験の大半は少なくとも一〇年間凍結されたが、遺伝子治療技術が徐々に改善されていくにつれて、ゲノム編集という、より野心的な分野の基礎が築かれた。

ゲノム編集のこれまで

一部の医学研究者たちは、欠陥遺伝子がもたらす疾患を遺伝子治療によって治すのではなく、問題を元から解決する方法を探し始めた。目標は、欠陥のあるＤＮＡ配列を編集することだ。こうして、ゲノム編集と呼ばれる取り組みが誕生した。

ダウドナの論文指導教官だったハーバードのジャック・ショスタク教授は、一九八〇年代に、ゲノム編集のカギになるものを発見した。ＤＮＡ二重らせんの鎖を両方とも切断する、「二本鎖切断」である。これが起きるとどちらの鎖も、もう一方を修復するための鋳型（いがた）として機能しなくなる。そこでゲノムは次の二つの方法のどちらかで、自らを修復する。一つは、「非相同末端結合修復」と呼ばれるもので、ＤＮＡは「相同な」配列を探そうとせず、切れたところをそのままつなぎ合わせて修復する。これはずさんなやり方で、意図しない遺伝物質の挿入や欠失を招く。もう一つは、より正確な方法で、「相同組換え修復」と呼ばれる。これは切断されたＤＮＡの近くに代替できるテンプレートがある時に起きる。通常、切断箇所の配列と同じ配列をコピーして、切断箇所に挿入する。

ゲノム編集を実現するには、二つのハードルを越えなければならなかった。まず、ＤＮＡの二本鎖を切断する酵素を見つけなければならなかった。次に、ＤＮＡ上の切断したい場所にその酵素を誘導するガイドを見つける必要があった。

ＤＮＡやＲＮＡを切断する酵素は、「ヌクレアーゼ」と呼ばれる。ゲノム編集システムを構築するには、標的とする配列を切断するよう研究者が操作できるヌクレアーゼが必要だった。それは二〇〇〇年までに発見された。ＦｏｋＩ酵素である。ＦｏｋＩは土壌や池の細菌に含まれる酵素で、二つのドメイン（アミノ酸配列）を持つ。一つはＤＮＡを切断するハサミ［切断ドメイン］として働き、もう一つは行き先を知らせるガイド［認識・結合ドメイン］として働く。この二つのドメインは分けることが可能で、前者は、任意の場所へ行くようプログラムできる[1]。

研究者は、切断ドメインを標的ＤＮＡの切断箇所に導くガイドになるタンパク質を考案した。その一つで、ジンクフィンガーヌクレアーゼ（ＺＦＮ）と呼ばれる酵素は、切断ドメインと、ジンクフィンガー（亜鉛イオンが形成する〈指〉〈フィンガー〉）を持つタンパク質からなり、その指は特定のＤＮＡ配列をつかむことができる。それに似ているが、より信頼性の高い人工の酵素は、ＴＡＬＥＮ（ターレン）と呼ばれ、切断ドメインと、それをより長いＤＮＡ配列へ導くことのできるタンパク質からなる。

ちょうどＴＡＬＥＮが完成した頃に、クリスパーが登場した。両者はいくらか似ていた。クリスパー・システムもキャス９というＤＮＡ切断酵素と、その酵素を標的ＤＮＡの切断箇所に導くガイドを持っている。しかし、クリスパーの場合、そのガイドがタンパク質ではなくＲＮＡの断片であることが、大きな利点だった。ＺＦＮとＴＡＬＥＮは、異なるＤＮＡ配列を標的にするたびに、新しいガイドタンパク質を作る必要がある。それは難しく、時間のかかる作業だ。しかし、クリスパーでは、ガイドになるＲＮＡの配列を少々いじるだけですむ。優秀な学生なら、研究室ですぐできる作業だ。

しかし、疑問が一つ残る。それを重視するか否かは、後に勃発する特許戦争における観点と立場によって異なる。その疑問とは、クリスパー・システムは核を持たない単細胞生物である細菌と古細菌で機能したが、核を持つ細胞、特に、植物、動物、あなたやわたしなどの多細胞生物でも機能するのか、というものだ。

そういうわけで、二〇一二年六月にダウドナ-シャルパンティエの論文が発表されると、ダウドナの研究室も含む世界中の研究室の間で、クリスパー・キャス9がヒト細胞で機能することを証明するための熾烈な競争が始まった。およそ六か月後、五つのグループが勝利を収めた。このかなり迅速な成功は、ダウドナとその仲間が後に述べた通り、「ヒト細胞でクリスパー・キャス9を機能させることは独立した発明ではなく容易で予測可能な進展にすぎない」という証拠と見なすことができた。しかし逆に、ダウドナの競争相手が主張したように、「激しい競争の末に刻まれた大きな進歩」と見なすことも可能だった。

どちらが正論なのだろう。この問いには、特許と賞がかかっていた。

第21章 競争が発明を加速させる

3人の主要プレーヤー。
（上から）フェン・チャン、
ジョージ・チャーチ、ダウドナ

競争がもたらすもの

競争は発見を促す。ダウドナはそれを「エンジンを勢いづける火」と呼び、それはたしかに彼女を勢いづけた。彼女は子どもの頃から、野心的であることを恥と思っていなかったが、協調性と素直さによってバランスをとることも知っていた。また彼女は、『二重らせん』を読んで、競争の大切さを学んでいた。その本には、ライナス・ポーリングの歩みが、ジェームズ・ワトソンとフランシス・クリックをいかに刺激したかが描かれていた。ダウドナは後にこう記している。「健全な競争意識は、人類の偉大な発明の多くを加速させた[1]」。

科学者は主に、自然を理解することで得られる喜びを原動力としているが、最初の発見者になることで得られる精神的および物質的報酬も動機になっているはずだ。論文が発表され、特許を取得し、賞を獲得し、仲間から一目置かれる。すべての人と同じく、（これはヒトの進化的特徴なのだろうか？）彼らは、業績を認めてもらいたい、労働に見合う報酬を得たい、世間から称賛されたい、勲章をもらいたい、と思っている。だからこそ夜遅くまで働き、広報担当者や弁理士を雇い、（わたしのような）物書きを研究室に招き入れることさえするのだ。

競争は評判が悪い[2]。競争は協力を妨げ、データの共有を阻害し、知的財産の無料開放ではなく独占を導きがちだと非難される。しかし、競争のメリットは大きい。筋ジストロフィーの治療法、ＡＩＤＳの予防法、がんの検出方法などの発見が競争によって早まれば、若くして亡くなる人が減るだろう。一例を挙げると、一八九四年に日本の細菌学者、北里柴三郎と、スイス人のライバル、アレクサンドル・イエルサンは、肺ペストが流行する香港へ急行し、それぞれ異なる方法で数日のうちに原因菌を発見した。

ダウドナが経験した競争は、白熱の後に苦々しい結末をもたらしたことで際立っている。それはクリスパーによるヒトゲノム編集の実証をめぐる競争で、二〇一二年に起きた。進化という概念をめぐるチャールズ・ダーウィンとアルフレッド・ラッセル・ウォレス、あるいは、微積分学の創造をめぐるニュートンとライプニッツのライバル関係には及ばないだろうが、DNAの構造の発見をめぐるライナス・ポーリングとワトソン-クリックの競争に匹敵するのは確かだ。

この競争で、ダウドナには、ヒト細胞の扱いに慣れたチームがないというハンデがあった。彼女の研究室は、ヒト細胞での実験を専門としておらず、メンバーは主に、試験管内の分子を扱うのが得意な生化学者だった。そのため、半年にわたって繰り広げられたこの熱狂的なレースで、ダウドナは遅れをとるまいと必死だった。

世界中の多くの研究室がこのレースに加わったが、科学的な面だけでなく、感情的にも個人的にも、三人の研究者が主要プレーヤーになった。三人とも競争心を持っていたが、競争を好むかどうかは、それぞれだった。

フェン・チャン、ジョージ・チャーチ、ダウドナ――三人の主要プレーヤー

・フェン・チャン。MITとハーバードが共同運営するブロード研究所所属。他のスター研究者と同じく競争心が強いが、明るく穏やかな性質で、競争心を表に出すことを嫌う。母親の教え

に従って、謙虚さを重んじ、普段は生来の野心を隠している。彼の内面では、競争心と温厚さという二つの核が、無理なく共存しているようだ。暖かな微笑みを絶やさないが、話題が競争や、ダウドナの業績の重要性に及ぶと、口元は笑っていても、目は笑っていなかった。脚光を浴びることには消極的だったが、ブロード研究所の所長で数学者から生物学者に転じた快活で才気あふれる指導者エリック・ランダーに後押しされて、発見するためだけでなく名声を得るためにも、このレースに加わった。

・ジョージ・チャーチ。ハーバードの教授。ダウドナの長年の友人だが、少なくとも一時期、チャンの指導教官兼メンターを自負していた。表面的にも、わたしから見ても、三人の中で最も競争心が乏しい。ヴィーガン（完全菜食主義）で、サンタクロースのようなヒゲを生やしていて、遺伝子工学でマンモスを生き返らせることを夢見ている。彼の原動力になっているのは競争心ではなく、遊び心と、ひたむきな好奇心だ。

・最後はダウドナ。競争心が強いだけでなく、それを心地よく感じている。シャルパンティエとの間に、ある種の冷たさが生まれたのはそのせいだ。シャルパンティエは、名声を得ることに貪欲なダウドナを、いくらか面白がり、少し軽蔑していた。「ダウドナは時々自分の評判を気にしすぎて、ストレスを感じたり、不安になったりしていた。そのせいで、いくら成功しても満足できないように見えた」とシャルパンティエは言う。「わたしはフランス人で、それほど気負いがないから、いつも彼女に、いい波に乗りましょうよ、と言っていた」。しかし、シャルパンティエは、ダウドナが隠そうとしない競争心は、科学の先駆者を駆り立て、科学そのものを動かす力だということを認めた。「ジェニファーのような競争心の強い人がいなかったら、この世界はこれほど良いものにはならなかったでしょう」と彼女は言う。「だって、良いことをするよう人を駆り立てるのは、認められたいという思いなのだから」[3]。

第22章 中国出身の科学者、フェン・チャン

ダウドナのライバルとなったフェン・チャン

科学大国、中国からの移民

初めてフェン・チャンにアプローチして、少し時間を割いてもらえないかと尋ねた時、わたしは緊張していた。彼のライバルであるダウドナに焦点を当てた本を書いていることを告げていたので、婉曲（えんきょく）に断られるのではないかと思ったからだ。

ところが彼は会うことを快諾してくれた。そしてわたしが、ＭＩＴ近くのブロード研究所の、窓からチャールズ川とハーバードの尖塔を見渡せる研究室を訪ねた時、彼はとても丁寧に対応してくれた。その後も数回、ランチとディナーをともにしたが、彼は常に暖かく親切だった。その愛想の良さが、心からのものなのか、それとも、わたしの著作に好人物として書いてほしいからなのか、最初の頃はわからなかった。しかし、一緒に過ごす時間が増えるにつれて、それは前者だと確信するようになった。

チャンの来歴は、アメリカを偉大な国にしている移民の出世物語の典型であり、それだけで一冊の本になるほどだ。彼は一九八一年に北京の南西に位置する人口四三〇万人［当時］の工業都市、石家荘市で生まれた。母親はコンピュータサイエンスの教師で、父親は大学の理事だった。街の大通りには、中国でよく見かけるスローガンの横断幕が掲げられていた。特に目を引いたのは「科学を学ぶことは愛国者の義務である」というもので、チャンはその通りだと思った。「ぼくは組み立て式のロボットで遊んで育ち、科学に関するあらゆるものに惹かれた」と彼は回想する。[1]

一九九一年、チャンが一〇歳のとき、母親は、アイオワ州のミシシッピ川沿いのダビュークにあるダビューク大学の客員研究員に採用され、渡米した。ダビュークは歴史的建造物が多く残る美しい都市だ。ある日、地元の小中学校を訪問した彼女は、そのコンピュータ室と、暗記を重視しない教育に驚いた。子どもを愛する親なら誰でもそうするように、彼女は自分の子どもの目線で想像してみた。「息子はきっとそんなコンピュータ室や学校を楽しむだろうと考えた母は、アイオワにとどまってぼくを呼び寄せることにした」とチャンは言う。彼女は州都デモインの製紙会社に就職して就労ビザを取得し、翌年、チャンをアメリカに連れてきた。

まもなく父親も渡米したが、英語が苦手だったので、母親が一家の柱になった。アメリカへの道を切り開いたのも、仕事に就き、職場で友人をつくり、地域の慈善団体に参加してコンピュータのセットアップを手伝ったのも彼女だった。彼女の人柄と、中西部の町に根づく親切な遺伝子のおかげで、一家は、感謝祭やその他の祝日には常に近隣の家に招かれた。

「母はいつも、頭を下げていなさい、傲慢になってはいけません、と言っていた」と、チャンは言う。母の教えを守り、彼は柔和な謙虚さを身につけた。しかし母親はチャンに、常に革新性を求め、決して受け身にならない、という野心も植えつけた。「他の人が作ったもので遊ぶのではなく、コンピュータのソフトさえ自分で作るよう、母から促された」。それから長い年月を経て、わたしがこの本を書いている今、チャンの母親は、チャンと妻が暮らすボストンで非常勤の仕事に就き、夫妻の幼い子ども二人の面倒を見ている。チャンは、ケンブリッジのシーフードレストランでハンバーガーを食べながら母親について語った。頭を垂れ、一呼吸置いて、「母がこの世を去ったら、さぞかし寂しいでしょうね」と穏やかな声で言った。

コンピュータオタクからバイオ分野へ

幼い頃のチャンは、一九九〇年代の天才児の多くと同じく、将来、コンピュータオタクになりそうだった。一二歳で初めて自分専用のコンピュータ（MacではないPC）を与えられると、それを分解し、その部品を使って別のコンピュータを作った。また、オープンソースのOSソフトであるリナックスを巧みに使いこなした。そこで母親は彼をコンピュータ合宿に送り込み、加えて、確実に成功できるよう、ディベート合宿にも送り込んだ。それは教育熱心な親が、子どものゲノムを編集しなくてもできる子どもの「強化」だった。

しかしチャンは、コンピュータサイエンスを追求しようとはせず、後に意欲的なオタクたちが集まる分野に、いち早く足を踏み入れた。彼の関心はデジタル技術からバイオ技術へと移ったのだ。コンピュータ・コードは彼の親世代がやっていたことだ。彼はそれよりも、遺伝子コードに興味を抱くようになった。

チャンのバイオテクノロジーへの道は、通っていたデモインの中学校がGATEプログラム［優秀な生徒向けの特別コース］を開設したことから始まった。GATEの一環で、土曜日に分子生物学の強化クラスが開かれた。(2)「その時まで、生物学についてはあまり知らなかったし、興味もなかった。なぜなら、中学一年の授業ですることと言えば、カエルを載せたトレーを渡され、そのカエルを解剖して心臓を確認することだけだったから」と彼は回想する。「暗記ばかりで、面白くなかった」。しかし、土曜の強化クラスでは、DNAとその指示をRNAが実行する仕組みに焦点が当てられ、とりわけ、酵素がこのプロセスで果たす役割に重点が置かれた。酵素は、細胞内での変化を起こす触媒として働く。「ぼくの先生は酵素が好きだった」と、チャンは言う。「生物学で難しい問題に当たったら、酵素とだけ答えておけばいい、と先生は言った。生物学のたいていの問題はそれが正解だ、と」。

『ジュラシック・パーク』に興奮

強化クラスでは実験も行った。その一つは、細菌に抗生物質への耐性を持たせるものだった。また、このクラスでは、一九九三年の映画『ジュラシック・パーク』も鑑賞した。映画では、恐竜とカエルのＤＮＡを結合して恐竜を蘇らせる。「動物がプログラム可能なシステムだということを知って、興奮した」と彼は言う。「それが意味するのは、人間の遺伝子コードもプログラムできるということだ」。彼にとってそれは、リナックスよりエキサイティングだった。

学習と発見に対する熱意を育んだチャンは、ＧＡＴＥプログラムにはアメリカの子どもを世界レベルの科学者に育てる力があることを実証した。米国教育省は一九九三年に「アメリカの才能を伸ばす主張」と題した報告書を公表したばかりで、それは「成績優秀な学生の才能をさらに伸ばす」ために、地方の学区に公的資金を投入することにつながった。当時、アメリカは、世界最高レベルの教育システムを築くことを真剣に目指しており、人々は、多額の税金を使うことになっても、教育を充実させれば、アメリカはイノベーションにおける世界のリーダーとしての地位を維持できる、と考えていた。デモインでは、その強化教育システムの一環として、ＳＴＩＮＧ（次世代の科学／テクノロジー研究）と呼ばれるプログラムが実施された。才能と意欲のある限られた学生たちが、独自のプロジェクトを遂行したり、地域の病院や研究所で働いたりした。

チャンは、土曜の強化クラスの教師の後押しで、午後の自由時間をデモインのメソジスト病院の遺伝子治療研究所で過ごすことになった。高校生の頃には、感情の起伏が激しいが、憎めない人柄のジョン・レヴィという分子生物学者の下で働いた。レヴィは毎日お茶の時間になると、今やっている研究について説明した。チャンは実験を任されたが、その内容は次第に高度になっていった。何日かは、学校が終わると研究所に直行し、夜八時まで働いた。「母が毎日車で迎えに来て、作業が終わるまで、駐車場で待っていてくれた」と彼は言う。

彼にとって最初の重要な実験は、分子生物学の基本的なツールを用いるものだった。そのツールとは、緑色蛍光タンパク質（ＧＦＰ）を作るクラゲの遺伝子だ。ＧＦＰは、紫外線を当てるとそれを吸収して発光するので、細胞実験のマーカーになる。レヴィはまず初めに、自然界でＧＦＰが果たしている役割をチャンに理解させた。お茶を飲みながら紙切れに図を描いて、クラゲがライフサイクルに応じて海面近くから深く暗い海中へ移動する際に、なぜＧＦＰが必要なのかを説明した。「彼が描いた図を見れば、あなたもクラゲと海と自然の不思議をすぐ理解できたでしょう」とチャンは言う。

「初めて実験をする時、レヴィはぼくの手を握って励ましてくれた」とチャンは回想する。その実験では、ＧＦＰ遺伝子をヒトのメラノーマ（悪性黒色腫）細胞に導入した。シンプルだが心躍る遺伝子工学の実験だった。ある生物（クラゲ）の遺伝子を別の生物（ヒト）の細胞に挿入したのだ。チャンはメラノーマ細胞が青緑色に光るのを見て、実験が成功したことを確認した。「ぼくはとても興奮して、『光ってます！』と何度も叫んだ」。彼はヒトの遺伝子を再構築したのだ。

それからの数か月間、チャンは、緑色蛍光タンパク質がヒト細胞のＤＮＡを紫外線曝露によるダメージから守るかどうかを研究した。緑色蛍光タンパク質は期待通りの働きをした。「言うなれば、クラゲのＧＦＰを日焼け止めクリームにして、ヒト細胞を紫外線ダメージから守ることができたのだ」と彼は言う。

彼がレヴィと行った次のプロジェクトは、ＡＩＤＳを引き起こすＨＩＶウイルスを分解し、各要素の働きを調べるというものだった。デモインの強化プログラムの目的の一つは、全国的な科学コンテスト、「インテル・サイエンス・タレント・サーチ」に参加する学生を支援することだった。チャンのＨＩＶウイルス実験は三位に入賞し、五万ドルという高額の賞金を獲得した。彼はそれを学費にして二〇〇〇年にハーバードに入学した。

ザッカーバーグと同時期のハーバード大に

チャンはマーク・ザッカーバーグと同時期にハーバードにいた。最終的に彼らのどちらが世界により大きな影響を与えるか、という問いには興味をそそられる。その答えは、デジタル革命と生命科学革命のどちらがより重要かという、未来の歴史家が突きつけられる問いの答えにもなるだろう。

化学と物理学の両方を専攻したチャンは、当初、複合分子の構造を読み解く達人である結晶学者ドン・ワイリーの下で研究を行った。「生物学では、それがどう見えるかがわからない限り、何も理解していないのと同じだ」とワイリーはよく言っていた。ワトソン、クリックからダウドナまで、すべての構造生物学者が信条とすべき言葉だ。しかし、チャンが二年生になった年の一一月のある晩、ワイリーは、メンフィスのセント・ジュード小児病院で開かれた学会に出席した後、レンタカーを橋の上に残して、謎の失踪を遂げた。後にその川で彼の遺体が発見された。

その年、チャンは、大うつ病を患うクラスメイトの世話もしなければならなかった。二人で部屋に座って勉強をしていると、しばしばその友人は不安や抑うつ発作に襲われ、起き上がることも動くこともできなくなった。「うつ病のことは聞いたことがあったが、それは、たまについてない日があって、どうにかやりすごすようなものだと思っていた」とチャンは言う。「うつとは無縁な家庭で育ったので、精神病は心の弱い人がなる病気だと思い込んでしまった」。彼は友人が自殺しないよう、そばで見守った（その友人は休学し、回復した）。チャンはこの経験から、心の病の治療に関する研究に目を向けるようになった。

ハーバード大でジョージ・チャーチに師事

チャンは、スタンフォードの大学院に進むと、精神科医で神経科学者であるカール・ダイセロスの研究室に入った。ダイセロスは、脳と神経細胞（ニューロン）の働きを可視化する方法を開発中だった。チャンはもう一人の大学院生とともに、光でニューロンを刺激する、光遺伝学と呼ばれる分野を開拓した。脳内のさまざまな回路のマップを作成し、その機能や機能不全に関する知見を得た。

チャンは、光感受性タンパク質［光をあてると活性化するタンパク質］をニューロンに挿入することに焦点を絞った。高校時代に行った、緑色蛍光タンパク質をガン細胞に挿入する研究の影響もあったのだろう。今回は、ウイルスに光感受性タンパク質を運ばせ、ある実験では、そのタンパク質をマウスの脳の、動きをコントロールする部位に挿入した。彼らは、光パルスでニューロンを刺激して、マウスをぐるぐると円状に歩かせることに成功した。(3)

しかし、チャンはある難題に直面した。光感受性タンパク質の遺伝子をニューロンのＤＮＡの適切な場所に挿入するのは、きわめて難しかった。目的の遺伝子をＤＮＡに挟み込むためのシンプルな分子ツールがないことが、遺伝子工学の前進を阻んでいたのだ。そこでチャンは、二〇〇九年に博士号を取得すると、ハーバードのポスドクになり、ジンクフィンガーヌクレアーゼ（ＺＦＮ）やＴＡＬＥＮといった当時利用可能だったゲノム編集ツールの研究を始めた。

ハーバードでチャンは、ＴＡＬＥＮの汎用性を高めて、さまざまな遺伝子配列を標的にする研究に没頭した。[4] ＴＡＬＥＮは設計も再設計も難しいが、幸い、彼がいたのは、ハーバード・メディカル・スクールでも最もエキサイティングな研究室だった。研究室を運営するのは、時には乱暴なまでに新しいアイデアを利用し、冒険を好む、人気教授のジョージ・チャーチである。ダウドナとは長年の友人で、サンタクロースのようなヒゲを生やした慈愛あふれる人物だ。生物学のレジェンドにして科学界のセレブである。彼は教え子の大半に対してそうであるように、チャンに愛情を注ぎ、チャンからも愛された――チャンに裏切られたと思うようになるまでは。

第23章 常軌を逸した科学者、ジョージ・チャーチ

“マッド・サイエンティスト”ジョージ・チャーチ

成功した科学者やオタクにありがちな傾向

背が高くがっしりしている、というのがジョージ・チャーチの第一印象だが、彼は穏やかな巨人であると同時に、マッド・サイエンティスト（常軌を逸した科学者）でもある。スティーヴン・コルベアのニュース番組にカリスマ的科学者として登場し、ボストンの賑やかな研究室でも尊敬の的だ。いつも穏やかで愛想がいいが、未来に帰りたがっているタイムトラベラーのような雰囲気も漂わせている。野人のようなヒゲと、古風な髪型のせいで、チャールズ・ダーウィンとケナガマンモスを掛け合わせたように見える。絶滅種であるケナガマンモスをクリスパーを使って復活させようとしているのは、なんとなく親近感を覚えるせいかもしれない[1]。

チャーチは人あたりがよく、魅力的だが、成功した科学者やオタクにありがちな、言葉を字義通りに捉える傾向が見られる。わたしが彼と、ダウドナのいくつかの決定について議論していた時に、「それは必要だったと思いますか」と尋ねたところ、彼は「必要？」と聞き返して、こう続けた。「必要なことなど何もない。息をする必要さえない。きみが望むなら、わたしは呼吸を止めることもできる」。あなたは人の言葉を文字どおりに受け取りすぎるのでは、とからかうと、彼は、「わたしが優れた科学者であると同時に、少々狂っていると思われているのは、いかなる前提についてもその必然性を問うからだ」と答えた。その後、彼は脱線して、自由意志について語りだし（彼は人間に自由意志はないと考えている）、わたしがどうにか話を彼のキャリアのことに戻すまで、自由意志について延々と語り続けた。

失読症のせいで視覚的人間に

一九五四年に生まれたジョージ・チャーチは、フロリダ州のタンパにほど近い湾岸都市クリアウォーターの、沼の多い地域で育った。母親が結婚と離婚を三回繰り返したので、ジョージの名字と通う学校は何度も変わり、「アウトサイダーのように感じた」と彼は言う。実の父親は、近隣のマクディル空軍基地に勤務するパイロットだったが、ベアフット水上スキーのチャンピオンとして水上スキーの殿堂入りを果たした。「でも父は仕事を続けることができなかったので、母は別れた」とチャーチは回想する。

幼い頃のジョージは科学に魅了されていた。当時の親は今ほど過保護ではなく、ジョージの母親も、タンパ湾に近い沼や干潟で彼を好きなように遊ばせた。彼は沼地の草むらをかきわけてヘビや昆虫を捕まえた。ある日、「脚のついた潜水艦」のような奇妙な幼虫を見つけ、瓶に入れた。翌日見てみると、それはトンボに変わっていた。自然が日々見せてくれる心躍る奇跡の一つ、変態である。「この経験が、生物学者への道を歩むきっかけになった」と彼は言う。

夕方、長靴の中を泥だらけにして家に戻ると、それからの時間は、母が買ってくれた本に没頭して過ごした。その中にはコリアーズ百科事典や、鮮やかな図解のついたタイムライフ社のネイチャー・ライブラリー二五巻セットもあった。ジョージは軽度の失読症だったので、文字を読むのは苦手だったが、写真や絵から情報を吸収した。「失読症のせいで、わたしはより視覚的な人間になった」と彼は言う。「三次元での姿を想像し、構造を視覚化することで、その機能を理解できるのだ」。

オタマジャクシにホルモン剤を投与

ジョージが九歳のとき、母親はゲイロード・チャーチという医師と結婚した。この新しい義父は、ジョージを養子にし、今日まで使うことになる名字、チャーチを与えた。義父は医療バッグを持っていて、ジョージはその中を引っ掻き回すのが好きだった。特に注射針に惹かれたが、義父はそれを使って、患者や自分に鎮痛剤や気分がよくなるホルモン剤を注射していた。彼はジョージに器具の使い方を教え、時には往診に連れて行った。チャーチはハーバードスクエアのパブで大豆バーガーを食べながら、この型破りな子ども時代を思い出して笑う。「父はよくわたしに、女性患者へのホルモン注射を打たせたが、彼女らはその注射をしてくれる父のことを大好きだった。父は自分にデメロール［麻薬性鎮痛剤］を注射するのも、わたしにやらせた。後になってわかったことだが、父は鎮痛剤中毒だった」。

チャーチは、義父の医療バッグの中身を使って実験をするようになった。その一つでは、義父が倦怠感やうつ症状を訴える患者に与えていた甲状腺ホルモンを使った。一三歳のとき、チャーチはオタマジャクシを二グループに分け、一方の水にはそのホルモンを入れ、もう一方は普通の水のままにした。すると、ホルモンを入れたグループの方が、成長が速かった。「それはわたしが最初に行った本格的な生物学実験だった。対照群やその他の条件がそろっていた」と彼は振り返る。

一九六四年、母親はビュイックを運転して、チャーチをニューヨーク万国博覧会に連れて行った。彼は万博が描く未来に夢中になった。現在に縛りつけられているのはまっぴら、という気分だった。「わたしは未来へ行きたくなり、そこに自分の居場所があるように思えた。その時に、自分は未来を作る手助けをしなくてはならない、と悟ったのだ」と彼は言う。サイエンスライターのベン・メズリックはこう記している。「この瞬間、チャーチは初めて、自分は一種のタイムトラベラーだと思った。後の人生で彼はこの瞬間のことをよく思い出した。心の奥底で、自分は遠い未来からやって来て、何かのはずみでこの時代に取り残されたのだと思うようになった。以来、未来へ戻ること、この世界を自分がいた未来の世界に変えることが人生の課題になった[2]」。

名門プレップスクールからデューク大学へ

田舎の高校に退屈したチャーチは、じきに反抗的になり、特に彼を甘やかした義父と衝突するようになった。「父はわたしを遠ざけようとした」とチャーチは言う。「母は、これはチャンスだと気づいた。夫はきっとボーディングスクール〔全寮制の寄宿学校〕の費用を払ってくれると思ったのだ」。こうしてチャーチは、マサチューセッツ州アンドーヴァーのフィリップス・アカデミーへ送り出された。アメリカで最も歴史の古い、名門のプレップスクールだ。ジョージアン様式の建物が並ぶ牧歌的なその学校はチャーチにとって、子ども時代に遊んだ沼地と同じくらい素晴らしい場所だった。コンピュータのコーディングを独習し、化学コースを取れるだけ受講した。そんな彼に学校は、一人で存分に研究できるようにと化学研究室の鍵を持たせた。高校時代に彼が成した偉業の一つは、ハエトリグサにホルモン剤を混ぜた水を与えて、巨大な食虫植物に成長させたことだ。

その後、デューク大学に入り、二年間で二つの学位を取得し、飛び級で博士課程に進んだ。しかしそこで彼はつまずいた。指導教官は、結晶学を用いてさまざまなＲＮＡ分子の三次元構造を解明する研究を行っており、チャーチはそれに深く関わるあまり、授業に出なくなった。二科目で落第した彼に、学部長から手紙が届いた。それには、冷ややかにこう書かれていた。「貴君は、デューク大学生化学部門の博士号の候補者ではなくなりました」。他の人が卒業証書を額に入れて飾るように、彼はその手紙を誇りの源として大切に保存した。

もっとも、彼はすでに五つの重要な論文を共著していたので、ハーバード・メディカル・スクールに入ることができた。「デュークを退学になったわたしを、ハーバードがなぜ受け入れたのかは謎だ」と、彼はあるインタビューに答えて述べている。「普通は、逆だろう」[3]。ハーバードでは、ノーベル賞受賞者のウォルター・ギルバートとともにＤＮＡ配列決定法の開発に関わり、一九八四年にはエネルギー省出資のリトリート（研究会）に参加した。それは後にヒトゲノム計画に発展する。しかし、後の論争を予言するかのように、このリトリートで彼はエリック・ランダーと衝突した。ＤＮＡ配列をクローン的に増幅してシーケンシングを効率化するというチャーチの手法を、ランダーは拒否したのだ。

二〇〇八年、ニューヨーク・タイムズ紙のサイエンスライター、ニコラス・ウェイドがチャーチへのインタビューで、遺伝子工学ツールを使って北極で発見されたマンモスの毛からマンモスを復活させるのは可能だろうか、と尋ねたのがきっかけで、チャーチは一躍有名になった。かつてオタマジャクシをホルモン剤でパワーアップさせた彼にとって、マンモスの復活というのは魅力的なアイデアだった。彼は、現在も進行中のその取り組みの顔になり、現代のゾウから採取した皮膚細胞を胚の状態に戻し、遺伝子を修正してケナガマンモスの遺伝子配列と一致させようとしている。[4]

ダウドナへの午前四時過ぎのメール

一九八〇年代後半、ハーバードの博士課程の学生だったジェニファー・ダウドナは、チャーチの型破りな研究スタイルや考え方に魅了された。「彼は新任の教授で、背が高く、がっしりしていて、すでに豊かな顎髭をたくわえていて、かなり異端者だった」と彼女は言う。「彼が人と違っていることを恐れないところに、わたしは惹かれた」。チャーチの方は、ダウドナの業績に感銘を受けたことを覚えている。「彼女は、特にRNAの構造に関して、みごとな研究を行っていた」と彼は言う。「わたしも彼女もRNAに大いに興味を寄せていた」。

一九八〇年代、チャーチは新しいシーケンシング法を開発した。彼は研究者としてだけでなく、研究成果を商業化する企業の創始者としても、精力的に活動した。後には、ゲノム編集の新しいツールの開発に注目するようになった。二〇一二年六月にダウドナとシャルパンティエの論文がサイエンス誌のオンライン版に掲載されると、チャーチはクリスパーをヒトDNAで機能させることを目標に定めた。

彼はまずは礼儀正しく、二人にメールを送った。「わたしは協調性を重んじるので、彼女らに限らず同じ分野の研究者が、わたしが同じ研究をすることを不快に思わないかどうかを常に確認している」と彼は言う。早起きの彼は、ある日の午前四時過ぎに、二人にメールを送った。

ジェニファーとエマニュエルへ

とり急ぎお伝えします。サイエンス誌に掲載されたお二人のクリスパー論文は刺激的かつ有益でした。

わたしのグループはあなたがたの研究から得た知見のいくつかを、ヒト幹細胞でのゲノム操作に応用する予定です。きっと他の研究室からも同様の感謝のコメントが寄せられていることでしょう。

今後も、進展に応じて連絡を取りあうことを望んでいます。

成功を祈ります。ジョージより

その日、ダウドナはこう返信した。

こんにちは、ジョージ
メッセージをありがとうございます。あなたの実験の今後の進展に、とても興味があります。現時点でキャス9には興味深い特徴がいくつも見られ、キャス9がさまざまなタイプの細胞でのゲノム編集と制御に役立つことを期待しています。
今後ともよろしく。ジェニファー

この後、両者は何度か電話で話し、ダウドナはチャーチに、自分もクリスパーをヒト細胞で機能させるための研究を進めているところだと伝えた。これは、チャーチらしい科学の進め方だった。彼は常に、競争と秘密より協力と開放性を重んじた。「それはとてもジョージらしいやり方だった」とダウドナは言う。「彼は、ずる賢くなれない人なのです」。人の信用を得る最善の方法は、まずその人を信じることだ。ダウドナは他人を信じることに慎重だったが、チャーチに対してはいつも心を開いていた。

チャーチが連絡を取らなかった人が一人いた。彼の下で博士課程をすごしたフェン・チャンだ。その理由は、チャンがクリスパーの研究をしていることをまったく知らなかったからだ。「もしチャンがクリスパーを研究していることを知っていたら、わたしは彼にも、その研究について尋ねただろう」と、チャーチは言う。「だがチャンは、突然クリスパーに鞍替えしたことを極秘にしていた」[5]。

第24章 チャン、クリスパーに取り組む

チャンを支援したアルゼンチン移民の研究者ルチアーノ・マラフィーニ

ステルスモード

フェン・チャンは、ボストンのハーバード・メディカル・スクールのチャーチの研究室でポスドクの研究を終えた後、チャールズ川の対岸にあるケンブリッジのブロード研究所に移った。ブロード研究所は、ＭＩＴのキャンパスの端に立ち並ぶ最先端の研究棟群を本拠地とする。二〇〇四年にエリック・ランダーが、エリ・ブロード、エディス・ブロード夫妻から総計八億ドルの資金提供を受けて設立した。この研究所の使命は、ランダーが牽引したヒトゲノム計画から生まれた知識を活用して、病気の治療を前進させることだった。

数学者から生物学者に転身したランダーは、ブロード研究所を、さまざまな分野が連携する場所にしたいと考えた。生物学、化学、数学、コンピュータサイエンス、工学、医学を完全に統合する新たなタイプの研究所だ。また彼は、ＭＩＴとハーバードの協働という、さらに難しい構想も思い描いた。彼の思いは結実し、ブロード研究所グループは、二〇二〇年の段階で三〇〇〇人超の科学者と技術者を擁するに至った。この研究所が成功しているのは、続々とやってくる若手をランダーが楽しみながら熱心に指導し、応援し、研究資金の調達に尽力しているからだ。またランダーは、科学を公共政策や社会的利益に結びつけることにも長けていて、たとえば「Count Me In」という運動のリーダーでもある。その運動は、がん患者に自らの医療情報やＤＮＡ配列を、研究者がアクセスできる公共のデータベースに匿名で載せることを奨励するものだ。

二〇一一年一月にブロード研究所に移ったチャンは、チャーチの研究室で行っていた、ＴＡＬ

ENを用いるゲノム編集の研究を続行した。しかしTALENは、新たな編集のたびに、新たなシステムを構築する必要があった。「時には三か月かかることもあった」と彼は言う。「そこで、ぼくはもっといい方法を探し始めた」。

その「もっといい方法」はクリスパーであることがわかった。ブロード研究所に移った数週間後、チャンは、ハーバード大学の細菌学者のセミナーに参加した。その細菌学者は話の途中で、ある細菌には、侵入ウイルスのDNAを切断する酵素を含むクリスパー配列があることを述べた。チャンはクリスパーのことはほとんど知らなかったが、中学一年で強化クラスに参加して以来、酵素という言葉には敏感だった。特に、ヌクレアーゼと呼ばれる、DNAを切断する酵素に興味を持っていた。そこで彼は誰でもすることをした。クリスパーをグーグル検索したのだ。

翌日、彼は、遺伝子発現に関する会議に出席するためにマイアミに飛んだが、講演を聴講する代わりに、ホテルの部屋にこもって、オンラインで見つけた十数本の、クリスパーに関する主要な科学論文を読みあさった。とりわけ、前年一一月に発表された、ダニスコ社のヨーグルト研究者、ロドルフ・バラングーとフィリップ・オルヴァトの論文には衝撃を受けた。その論文には、クリスパー・キャス・システムは、DNA二重鎖の特定の場所を切断できることが記されていた。[1]「その論文を読んだ瞬間、これはかなりすごいことだと思った」と、チャンは言う。

チャンには、まだチャーチのもとで研究している大学院生の友人がいた。大きな眼鏡をかけた北京生まれのオタク、ルー・ツォン［樂叢］で、チャンにとっては弟のような存在だった。ツォンは子どもの頃は電子工学に夢中だったが、やがてチャンと同じく、生物学に情熱を注ぐようになった。また、やはりチャンと同じく、統合失調症や双極性障害などの精神疾患の苦しみを軽減したいという思いから、遺伝子工学に興味を抱いていた。

マイアミのホテルの部屋でクリスパー論文を読んだチャンは、すぐツォンにメールを送り、それがヒトゲノムの編集ツールになるかどうか一緒に研究しよう、と誘った。「これまで使っていたTALENよりよさそうだ。これを見てほしい」と、バラングーとオルヴァトの論文へのリンクをメールに貼った。「哺乳類でテストしてみるのはどうだろう?」。ツォンは、「すごくクールだと思う」と応じた。二日後、チャンはツォンに追伸のメールを送った。まだチャーチの門下生だった彼に、そのアイデアを秘密にしてチャーチにも知らせないことを約束させたかったからだ。「いいかい、このことは絶対に秘密だ」と、チャンは書いた。[2] ツォンは正式にはまだハーバードの大学院生で、チャーチの指導下にあったが、チャンとの約束を守り、ブロード研究所のチャンの研究室に移る時にも、クリスパーに取り組むことをチャーチに伝えなかった。

ブロード研究所にて、ラーメンを夜食に深夜までがんばる

チャンのオフィス、廊下、会議室、研究室エリアにはいくつものホワイトボードが設置されていて、アイデアがひらめいたらすぐ書き留められるようになっている。それはブロード研究所の雰囲気を象徴している。ホワイトボードはゲーム盤のようなもので、くだけたオフィスでよく見かけるテーブルサッカーゲームに近い。チャンとツォンは、チャンのお気に入りのホワイトボードに、クリスパー・キャス・システムをヒト細胞の核に侵入させるには何をしなければならないかをリストアップし始めた。次第に彼らは夜食に、ラーメンを食べながら深夜まで研究室に居残るようになった。[3]

チャンは、まだ実験を始めてもいない頃に、「発明に関する機密覚書」をブロード研究所に提出した。日付は二〇一一年二月一三日で、「本発明の主要な概念は、多くの微生物に見られるクリスパー・システムに基づいている」と記されている。「そのシステムはＲＮＡ断片をガイドにして、酵素を誘導し、ＤＮＡの狙った場所を切断させる。これが人間でも使えるようになれば、ＺＦＮやＴＡＬＥＮよりはるかに用途の広いゲノム編集ツールになるだろう」とチャンは書いた。この覚書は公開されなかったが、こう結論づけている。「本発明は、微生物、細胞、植物、動物のゲノム改変に役立つだろう[4]」。

チャンの覚書は、そのタイトルにもかかわらず、実際の発明については述べていない。彼はおおまかな研究計画を立て始めたところで、その概念を実現する実験はもとより、技術の考案さえできていなかった。その覚書は、言うなれば、地面に打ち込んだ杭のようなもので、研究者が何かの発明に成功し、かなり前からそのアイデアに取り組んでいたという証拠が必要になった場合に備えて（実際にそうなるのだが）残しておくためのものだった。

チャンは、クリスパーをヒトゲノムの編集ツールにする競争が熾烈なものになることを当初から予感していたようだ。彼は自分の計画を秘密にしつづけた。発明に関する覚書を公開することはなく、二〇一一年末に作成した研究中のプロジェクトを紹介する動画でも、クリスパーについては言及しなかった。しかしその一方で、一つ一つの実験や発見を、日付と第三者の署名のある実験ノートに詳細に記録していった。

クリスパーをヒトゲノムの編集ツールにしようとするレースの競技場に、チャンとダウドナは別々のルートからやって来た。チャンはクリスパーを研究したことがなかった。そのせいで、後にその分野の人々は彼のことを、他人が切り開いた分野に後からやってきてクリスパーに飛びついた侵入者と見なした。しかし、チャンの専門はゲノム編集であり、彼にとってクリスパーは、ZFNやTALENと目的は同じだが性能がはるかに良い、もう一つの方法だった。一方、ダウドナのチームは、生細胞でのゲノム編集については未経験だった。それまでの五年間、彼女らの研究の焦点は、クリスパーの構成要素を解明することにあった。そういうわけで、この先、チャンは、クリスパー・キャス9システムの必須分子を見分けるのに苦労し、一方ダウドナは、そのシステムをヒト細胞の核に導入する方法を見つけるのに苦労することになる。

チャンの助成金申請書に書かれていなかったこと

二〇一二年の前半まで――つまり、クリスパー・キャス9システムの重要な三つの要素を示すダウドナとシャルパンティエの論文がサイエンス誌のオンライン版で公開される二〇一二年六月以前――、チャンは、文書に残すほどの成果をあげていなかった。チャンとブロード研究所の同僚からなるグループは、ゲノム編集実験のための助成金を申請した。「クリスパー・システムを操作し、キャス酵素で哺乳類ゲノムの特定箇所を切断できるようにする」と、その申請書にチャンは書いた。しかし、この目的に向かって何らかの前進を遂げたとは書いていない。実のところ、その申請書は、哺乳類細胞での実験を始めるのは数か月先になることを示唆していた。[5]

また、チャンは、tracrRNAの役割を完全には理解していなかった。二〇一一年のシャルパンティエの論文と、二〇一二年のシクシニスの論文は、tracrRNAがガイドRNA（crRNA）を生成していることを述べている。加えて、ダウドナとシャルパンティエは二〇一二年の論文で、ｔｒａｃｒＲＮＡにはもう一つの重要な役割があることを報告した。クリスパー・システムが標的ＤＮＡを切断するには、近くにｔｒａｃｒＲＮＡが存在しなければならないのだ。一方、チャンの助成金申請書は、彼がまだそれに気づいていないことを示唆する。それには、「ガイドＲＮＡによる処理を促進するｔｒａｃｒＲＮＡ」としか書かれていなかった。図解の一つには、ＤＮＡを切断するキャス９システムの要素として、ｃｒＲＮＡが描かれていたが、ｔｒａｃｒＲＮＡは描かれていなかった。これは小さなことのように思えるかもしれないが、歴史的名声をかけた戦いは、そんな小さな発見、あるいはその欠如をめぐって繰り広げられるのだ[6]。

アルゼンチン移民の研究者、ルチアーノ・マラフィーニからの支援

成り行きが少々違っていたら、フェン・チャンとルチアーノ・マラフィーニの物語は、ダウドナとシャルパンティエのケースと同じくらい感動的な協力の物語になっていただろう。チャンの物語はそれだけで感動的だ。中国移民の神童にして、熱意と競争心にあふれる彼は、アイオワで育ち、旺盛な好奇心に導かれてスタンフォード、ハーバード、ＭＩＴのスターになった。このチャンの物語をマラフィーニの物語とつなげると、みごとな二重らせんを描くだろう。マラフィーニはアルゼンチンからの移民で、二〇一二年の初めにチャンと共同研究を行った。

マラフィーニは細菌を研究していたが、シカゴ大学の博士課程にいた頃、新たに発見された現象であるクリスパーに興味を抱くようになった。妻がシカゴの法廷で通訳の仕事をしていたので、シカゴに残りたいと考え、ノースウェスタン大学のエリック・ゾントハイマーの研究室にポスドクとして入った。ゾントハイマーは、ダウドナと同じく、当初、ＲＮＡ干渉を研究していたが、

まもなくマラフィーニと共に、クリスパー・システムはより強力な方法で機能することを発見した。彼らは二〇〇八年に、クリスパー・システムは侵入ウイルスのDNAを細断することによって機能する、という重要な発見をするに至った。[7]

マラフィーニがダウドナと会ったのは、その翌年、ダウドナが会議のためにシカゴを訪れた時のことだった。マラフィーニは彼女の隣の席を確保した。「わたしはダウドナに会うことを切望していた。RNAはとても難解で、ダウドナはその構造を研究していたからだ」と、彼は言う。「タンパク質を結晶化させるのは大変だが、RNAの結晶化ははるかに難しいので、彼女がそれを成し遂げたことに感銘を受けた」。ダウドナはちょうどクリスパーの研究を始めたところだったので、マラフィーニを自分の研究室に受け入れることについて話し合った。しかし、ふさわしいポストに空きがなかったため、彼は二〇一〇年にマンハッタンのロックフェラー大学に移り、細菌のクリスパーを研究する研究室を立ち上げた。

二〇一二年初頭、マラフィーニはチャンからメールを受け取ったが、彼のことは知らなかった。「新年おめでとう!」と、そのメールは始まった。「わたしはフェン・チャン、MITの研究者です。クリスパー・システムに関するあなたの数多くの論文を、大変興味深く拝読しました。クリスパー・システムを哺乳類の細胞に適用するための共同研究に協力していただけませんか?」[8]

クリスパー研究者のコミュニティでは、チャンはほとんど知られていなかったので、マラフィーニはグーグル検索でチャンの人となりを調べた。チャンがメールを送ってきたのは午後一〇時頃で、マラフィーニはおよそ一時間後に返信した。「共同研究に大変興味を持っています」と書き、自分が「最小限」のシステムを研究してきたことを付け加えた——つまり、余分なものを除外して、必須の分子だけを対象とする研究だ。二人は翌日、電話で話すことを約束した。素晴らしい友情の始まりのように思えた。

キャス9に集中せよ

マラフィーニからすると、チャンは行き詰まって手当たり次第にキャス・タンパク質を試しているように見えた。「彼はキャス9だけでなく、キャス1、キャス2、キャス3、キャス10を含むあらゆる種類のクリスパー・システムを試していた」とマラフィーニは言う。「どれもうまくいかなくて、頭のないニワトリのように駆けまわっていた」。そこでマラフィーニは、少なくとも彼自身の記憶によると、キャス9に集中するよう促したそうだ。「キャス9ならうまくいくと確信していたからだ」とマラフィーニは言う。「わたしはこの分野の専門家だから。他の酵素では難しすぎるとわかっていた」。

電話で話した後、マラフィーニはチャンに、二人でやるべきことのリストを送った。最初の項目は、キャス9以外の酵素を排除することだった。[9] また彼は、細菌のクリスパーの全配列（ATGGTAGAAACACTAAATTA……）をプリントアウトした数枚の紙を、チャンに郵送した。マラフィーニはこの件についてわたしに説明した時、デスクから立ち上がって、その配列をプリントアウトしてくれた。「このデータで、チャンにキャス9を使うべきだということを理解させ、地図を与えた。チャンはそれに従った」と彼は言った。

しばらくのあいだ、二人は分業体制で協働した。チャンがヒトで機能しそうなアイデアを出し、微生物の専門家であるマラフィーニは、そのアイデアが細菌でうまくいくかどうかを簡単な実験で調べた。重要な課題の一つは、クリスパー・キャス9をヒト細胞の核内に入れるために必要な核局在化シグナル（NLS）［目印になるアミノ酸配列］をキャス9に加えることだった。チャンがさまざまなNLSをキャス9に加える方法を考案し、マラフィーニはそれが細菌で機能するかどうかを調べた。「あるNLSを加えたキャス9が細菌で機能しなかったら、ヒトでも機能しないのは明らかだから」と、マラフィーニは説明する。

マラフィーニは、互いへの尊敬に基づく実りある共同研究が進められていると信じていた。成功したら、二人はその成果をまとめた論文の共著者となり、大きな利益をもたらす特許の共同発明者になるだろうと期待した。しばらくはその通りに進んだ。

いつ彼は知ったのか？

チャンが二〇一二年の初めにマラフィーニと行った研究の内容は、二〇一三年初頭まで公表されなかった。このことが後に、「大いなるクリスパー競争」の勝者を判定しようとする賞の審査員、特許審査官、歴史年代記編者に、数百万ドルの価値がある疑問を投げかけることになる。すなわち、ダウドナとシャルパンティエが二〇一二年六月にサイエンス誌のオンライン版でクリスパー・キャス9の論文を発表する以前に、チャンは何を知り、何を行っていたか、という疑問だ。

後にその歴史を再構築した人物の一人は、ブロード研究所でのチャンの恩師、エリック・ランダーである。「クリスパーの英雄」と題した、物議を醸した論文において（この論文については後ほど触れる）、ランダーはチャンが果たした重要な役割を宣伝した。彼はこう記している。「二〇一二年半ばまでに、チャンは化膿レンサ球菌あるいはサーモフィルス菌に由来するキャス9、t racrRNA、crRNAという三要素からなる堅牢なシステムを手に入れた。そのシステムによって、ヒトとマウスのゲノムの一六か所を標的とし、遺伝子を高い効率と精度で変異させることが可能であることを彼は示した[10]。

ランダーはこの主張の証拠を一つも提示せず、チャンも、二〇一二年半ばの段階では、クリスパー・キャス9システムの全要素の正確な役割を実験で突き止めたという証拠を発表していなかった。「ぼくたちは発表を控えていた」と、彼は言う。「競争相手がいることを知らなかったからだ」。

しかし、二〇一二年六月、ダウドナとシャルパンティエの論文がオンラインで公開された。チャンはサイエンス誌から定期的に送られるメール通知でこの論文を読み、それに刺激されて、先へ進むことを決意した。「自分の仕事を完成して、論文にしなければならないと気づいたのはその時だった」と、彼は言う。「ゲノム編集では先を越されたくない、とひそかに考えた。ぼくにとって越えるべきハードルは、これをヒトゲノムの編集に使えることを示すことだった」。

きみの研究はシャルパンティエ＝ダウドナの発見を土台にしているのか、とわたしが尋ねると、チャンは少し困ったような表情を浮かべた。「ぼくはクリスパーをゲノム編集ツールにするために一年以上努力してきた。彼女らから松明（たいまつ）を奪ったつもりはない」。チャンは、試験管の中だけでなく、マウスやヒトの生細胞でも実験を行ってきた。「彼女らの論文は、ゲノム編集について述べたものではなかった」と彼は言う。「あれは試験管の中での生化学実験だった[11]」。

「試験管の中での生化学実験」というチャンの表現には軽蔑が込められていた。「試験管の中でクリスパー・キャス9がDNAを切断することを示すだけでは、ゲノム編集における進歩とは言えない」と彼は主張する。「ゲノム編集では、細胞内で切断できるかどうかを知る必要がある。

ぼくはいつも試験管の中ではなく、直接、細胞に働きかけてきた。なぜなら、細胞内の環境は、生化学的環境とは異なるからだ」。

それに対してダウドナは、生物学における最も重要な進歩は、試験管内で分子の構成要素が分離されたときに起きてきた、と反論する。「チャンが行っていたのは、キャス9システム全体、つまり、それに含まれるクリスパー配列と遺伝子のすべてを使って、細胞内で機能させることだった」と彼女は言う。「彼らは生化学をしていないので、個々の要素が何であるかを実際には知らなかった。わたしたちの論文を読むまで、何が必要なのか、わかっていなかった」。

チャンの実験ノート

わたしに言わせれば、どちらも正しい。細胞生物学と生化学は補完しあうものだ。それは遺伝学の重要な発見の多くについて言えることだが、クリスパーはその最たるものだ。シャルパンティエとダウドナが協力したのも、細胞生物学と生化学を組み合わせる必要があったからだ。

チャンは、ダウドナ‐シャルパンティエの論文を読んだ時には、ゲノム編集のアイデアはすでに完成していた、と主張する。そして、クリスパー・キャス9システムの三要素――crRNA、tracrRNA、キャス9酵素――を使ってヒトゲノムを編集する実験について記したノートを提示した[12]。

しかし、二〇一二年六月の時点で、チャンにとって達成までの道のりはまだ遠かったことを示す証拠がある。中国から来た大学院生シュアイリャン・リンは、二〇一一年一〇月から九か月にわたって、チャンの研究室でクリスパーについて研究し、チャンが最終的に作成した論文の共著者の一人になった。二〇一二年六月、中国に帰国することになったリンは、「二〇一一年一〇月～二〇一二年六月のクリスパー研究の概要」と題したスライドショーを作成した。それを見ると、二〇一二年六月の段階では、チャンのゲノム編集の試みは、失敗に終わったか、少なくとも結果が出ていないことがわかる。「遺伝子の改変は見られなかった」と、あるスライドは報告する。別のスライドは異なるアプローチを紹介し、「クリスパー2.0はゲノム改変の誘発に失敗した」と宣言している。そして、最後のまとめのスライドは次のように断言する。「Csn1［当時のCas9の呼称］タンパク質は大きすぎるのではないかと考えられる。わたしたちはいくつもの方法でそれを核に入れようとしたが、すべて失敗した。……他の要因を特定する必要があるかもしれない」。つまり、リンの説明によると、チャンの研究室は二〇一二年六月までに、ヒト細胞でクリスパー・システムを働かせることができていなかったのだ。[13]

三年後、特許をめぐってチャンとダウドナが争っていた時、リンはメールでダウドナにスライドショーの情報を送った。「チャンはわたしに対して不誠実なだけでなく、科学の歴史に対しても不誠実です」とリンは書いている。「彼とルー・ツォンによるルシフェラーゼ［発光酵素］のデータに関する一五ページの発表は間違っていて、誇張されています……。とても残念なことですが、あなたの論文を見るまで、わたしたちは結果を出していませんでした」。[14]

ブロード研究所はこのリンのメールはダウドナの研究室で職を得るための偽装だとして、相手にしなかった。ブロード研究所は声明の中でこう述べた。「二〇一一年初頭までに、チャンと彼の研究室のメンバーが、クリスパー‐キャス9による真核生物ゲノム編集システムを、（シャルパンティエとダウドナによる）後発の論文に先立ち、かつ独立して積極的に開発し、成功させていたことを示す証拠は無数にある」[15]。

チャンの実験ノートには、二〇一二年春の実験に関する記録があり、チャンはそれを、クリスパー・キャス９システムがヒト細胞でゲノム編集を行えることを自分たちが示した証拠だと主張する。しかし、科学の実験ではよくあることだが、そのデータはさまざまな解釈が可能だった。データのいくつかは他の結果を示しており、チャンがヒト細胞でのゲノム編集に成功したことをはっきり証明するものではなかった。ユタ大学の生化学者ダーナ・キャロルは、ダウドナと同僚の代わりに、専門家の証人として、チャンのノートを検証した。彼によると、チャンは矛盾するデータや曖昧なデータをいくつか削除していた。「チャンは都合のよいデータを選んでいた」と、彼は結論づけた。「データの中には、キャス９が含まれなくてもゲノム編集が起きたことを示すものさえあった」[16]。

ｔｒａｃｒＲＮＡの役割を理解していた証拠はない

二〇一二年初頭に行われたチャンの研究には、もう一つ欠点があった。それは、ｔｒａｃｒＲＮＡの役割に関するものだ。覚えているだろうか。シャルパンティエは二〇一一年の論文で、キャス９のガイドになるｃｒＲＮＡの生成にはｔｒａｃｒＲＮＡが必要だと述べている。しかし、ｔｒａｃｒＲＮＡがキャス９によるＤＮＡ切断メカニズムで重要な役割を担っていることを述べたのは、二〇一二年六月のダウドナ‐シャルパンティエの論文が最初だった。

一方、チャンが二〇一二年一月に提出した助成金申請書には、ｔｒａｃｒＲＮＡの完全な役割は書かれていなかった。また、二〇一二年六月以前に彼が行った研究の記録や、特許のための宣言書にも、ｔｒａｃｒＲＮＡがＤＮＡ切断メカニズムで果たす役割をチャンが理解していたことを示す証拠はない。ダーナ・キャロルによると、関連するページには、「そのメカニズムに含まれる要素のかなり詳細なリストが記されていたが、ｔｒａｃｒＲＮＡが含まれることを示唆する記述は一つもなかった」。二〇一二年六月までチャンの実験がうまくいかなかったのは主に、彼がｔｒａｃｒＲＮＡの役割を十分に理解していなかったからだと、後にダウドナとその支持者たちは語った[17]。

チャン自身、二〇一三年一月に最終的に発表した論文では、ダウドナ‐シャルパンティエの論文を読むまでｔｒａｃｒＲＮＡの役割を完全には理解していなかったことを認めているようだ。彼は、ｔｒａｃｒＲＮＡがＤＮＡ切断に必要であることは「すでに示されていた」と記し、そこに脚注をつけてダウドナ‐シャルパンティエの論文を参考資料として挙げた。「チャンは、わたしたちの論文を読んでようやく、ＤＮＡ切断には二つのＲＮＡ（ｃｒＲＮＡとｔｒａｃｒＲＮＡ）が必要だと理解した」と、ダウドナは言う。「二〇一三年の彼の論文にわたしたちの論文が引用されているのは、そのためです」。

この件についてわたしがチャンに尋ねたところ、彼は、脚注を入れたのは標準的な慣習としてであり、それはダウドナ‐シャルパンティエの論文がｔｒａｃｒＲＮＡの完全な役割を初めて語った論文だったからだ、と言った。彼とブロード研究所は、彼はすでにｔｒａｃｒＲＮＡをｃｒＲＮＡと結びつけるシステムを実験していた、と言っている[18]。

これらの曖昧な主張は整理する必要がある。少なくともわたしが見たところでは、チャンは二〇一一年からクリスパーを用いるヒトゲノム編集に取り組んでおり、二〇一二年半ばにはキャス

9システムに焦点を絞り、それを機能させることにある程度成功していた。しかし、二〇一二年六月のダウドナ‐シャルパンティエの論文を読む以前に、必要な要素を完全に理解していたという証拠や、tracrRNAのもう一つの役割を理解していたという証拠はなく、それを記した論文がないのも事実だ。

チャンは、ある一つのことについては、ダウドナ‐シャルパンティエの論文から学んだことを隠そうとしなかった。それは、crRNAとtracrRNAを融合させてシングルガイドRNAを作り、標的のDNA配列を狙うようプログラムする可能性についてである。「最近、試験管内で検証された、crRNA‐tracrRNAのキメラ的ハイブリッド設計をわたしたちは採用した」と彼は記し、脚注でダウドナ‐シャルパンティエの論文を参考文献に挙げている。二〇一二年六月の時点でまだチャンと共同研究をしていたマラフィーニも、ダウドナ‐シャルパンティエの論文からシングルガイドのアイデアを採用したことを認める。「チャンとわたしがシングルガイドRNAを使うようになったのは、ダウドナの論文を読んだのちのことだ」と彼は言う。

しかし、チャンは、シングルガイドRNAの作成は有益だが、絶対に不可欠というわけではないことを指摘する。ダウドナとシャルパンティエのチームはtracrRNAとcrRNAを融合させてシングルガイドRNAを作ったが、そうしなくても、つまり、tracrRNAとcrRNAが別々のままでも、クリスパー・キャス9システムは機能する。シングルガイドRNAはこのシステムをシンプルにして、ヒト細胞に導入しやすくするが、システムが機能するために欠かせないものではなかった。[19]

第25章 ダウドナ、参戦

ヒト細胞で機能させる研究を始める

わたしたちはゲノム編集者ではないけれど

ジェニファー・ダウドナがクリスパー・キャス9をヒト細胞で機能させようとする競争に加わったのは、驚くべきことだった。彼女はヒト細胞を扱ったことも、TALENなどのゲノム編集ツールを操作したこともなかった。彼女のチームの中心となっているマーティン・イーネックもそれは同じだ。「わたしの研究室には、生化学者や結晶学者は大勢いますが」と、ダウドナは言う。「ヒト培養細胞であれ、線虫の細胞であれ、そういったものを扱うのは、わたしたちが得意とすることではなかった」。しかし、だからこそ、リスクを厭わないダウドナは、過酷な戦いが予想されるこのレースに飛び込んだのだ。

ダウドナは、ヒトゲノムをクリスパーで編集することが、待ち望まれている次なるブレイクスルーであることを理解していた。その競争にはエリック・ゾントハイマーやブロード研究所の科学者が参戦するはずだと思うと、焦りを感じた。「六月に論文を発表した後、スピードアップする必要があるとわかっていたが、チームのメンバーが同じくらい熱意を持っているかどうか、わからなかった」と彼女は回想する。「わたしは負けず嫌いだから、それが不満だった」。そこで彼女は、もっと積極的になるようイーネックを促し、これを最優先にすべきです、と何度も告げた。「キャス9がヒトゲノム編集の堅牢な技術になったら、世界は変わるのだから」。しかし、イーネックは、この競争に勝つのは難しいと考えていた。「その手法の先駆けになった研究室と違って、ぼくたちはゲノム編集者ではない」と彼は言う。「他の研究者がすでにやったことを、一から考案しなければならなかった」[1]。

ヒト細胞のスキルを持った大学院生が研究室へ

後にダウドナが認める通り、クリスパー・キャス9をヒト細胞で機能させるための探究を始めた頃には「多くの挫折」を味わった。[2] しかし、二〇一二年の秋学期が始まり、そして、チャンが猛スピードで最初の実験を終わらせようとしていた頃、幸運が訪れた。ヒト細胞での実験の経験を持つ大学院生アレクサンドラ・イースト＝セレツキーが、彼女の研究室に入ってきたのだ。イーストの到来を特別なものにしたのは、その経歴だった。ブロード研究所でフェン・チャンらと共に研究しながら、技術的な訓練を受け、ゲノム編集のスキルを磨いてきたのである。

イーストはヒト細胞を培養すると、その核にキャス9を導入する実験を始めた。やがて実験のデータが得られるようになったが、イーストには、それらのデータがゲノム編集の成功を示しているかどうかがよくわからなかった。生物学の実験では、はっきりした結果が出ないことも多い。しかし、経験豊かなダウドナの目で見れば、成功は明らかだった。「彼女がデータを見せてくれたとき、それがキャス9によるヒトゲノム編集のみごとな証拠だと、すぐにわかった」と、ダウドナは言う。「これは、訓練中の学生と、わたしのように長くやってきた者との典型的な違いです。わたしは自分が何を探しているかをよく知っていたので、データを見たとたんにピンと来て、『よかった！　成功した』と思った。彼女の方は確信が持てず、実験をやり直さなければならないと思っていたが、わたしはこう言った。『すごい！　大成功よ。とってもエキサイティングだわ！』」[3]。

ダウドナにとってこの成功は、クリスパー・キャス9によるヒトゲノム編集が特別な飛躍でもなければ、重大な新発明でもないことを裏づけるものだった。「タンパク質を細胞の核内に送り込む時に、核局在化シグナルでタグ付けする方法はよく知られていて、わたしたちはキャス9でそれを行った」と、彼女は言う。「また、遺伝子のコドン使用頻度を変えて、細菌より哺乳類の細胞でよく発現させる方法も知られているので、利用した」。つまり、この競争で勝つために、桁外れの革新性は必要とされなかったのだ。酵素を核内に導入するには、過去に他の人がＴＡＬＥＮなどで用いた方法を少々変えるだけでよかった。イーストはほんの数か月でそれを成し遂げた。「いったん構成要素が分かれば、後は簡単だった」と、ダウドナは言う。「大学院の一年生でもできたのだから」。

ダウドナは、できるだけ早く発表しなければならないと感じていた。もし他の研究室が、ヒト細胞でクリスパー・キャス９を機能させられることを最初に示したら、彼らはそれを大発見だと主張するだろう。そこで彼女は、実験を繰り返してデータを安定させるようイーストを促した。その間、イーネックは、試験管内で設計したシングルガイドＲＮＡを、ヒト細胞でキャス９を導くガイドにする方法を探した。それは容易ではなかった。彼が設計したシングルガイドＲＮＡは、ヒトのＤＮＡで機能させるには短かすぎたからだ。

第26章 チャンとチャーチのきわどい勝負

チャンのファイナルラップ

フェン・チャンは、シングルガイドRNAというアイデアを試すうちに二〇一二年六月のダウドナ‐シャルパンティエの論文に記載されているシングルガイドRNAは、ヒト細胞ではうまく機能しないことを発見した。そこで彼は、ヘアピン構造を含む、より長いシングルガイドRNAを作成した。それは、ダウドナたちのものよりうまく機能した。[1]

チャンによるこの修正は、ダウドナのチームのように試験管内で実験することと、ヒト細胞で実験することの違いを明らかにした。「おそらくダウドナは生化学的結果を見て、シングルガイドRNAの余計な部分はいらないと思ったのだろう」とチャンは言う。「イーネックが設計した短いシングルガイドRNAは試験管内で機能したので、ダウドナはそれで十分だと考えたのだ。生化学では、生細胞で起きることを常に正しく予測できるわけではないことを、ぼくは知っている」。

チャンは、クリスパー・キャス9システムがヒト細胞でよく機能するよう、他にもいくつか手を加えた。大きい分子は往々にして、核膜（細胞核を取り囲む膜）を通過しにくい。そこでチャンは、キャス9に核局在化シグナルをタグ付けするなどして、細胞核に侵入しやすいようにした。

さらに、彼は「コドン最適化」と呼ばれる、よく知られる技術を用いた。コドンとは三個一組の塩基配列で、タンパク質を構成するアミノ酸に対応する。一つのアミノ酸に複数のコドンが対応し、これらの代替可能なコドンのうち、より効率的に働くコドンが生物によって異なる場合がある。コドン最適化とは、遺伝子発現システムをある生物から他の生物へ、たとえば細菌からヒトへ移す場合、その生物で最もよく機能するコドンに切り替えることを指す。

二〇一二年一〇月五日、チャンは論文をサイエンス誌の編集部に送り、一二月一二日に受理された。その共著者には、ダウドナ－シャルパンティエの論文が出るまでチャンにほとんど進歩がなかったことを証言したポスドクのシュアイリャン・リンと、チャンがキャス9に焦点を絞るのを助けたにもかかわらず後に主な特許出願から除外されるルチアーノ・マラフィーニが含まれた。その論文は、実験とその結果を記述した後、重要な一文で締めくくられた。「哺乳類細胞で多重ゲノム編集を行うことができれば、基礎科学、バイオテクノロジー、医学の分野での強力な応用が可能になる[2]」。

教え子チャンにライバル視され、ショックを受けたというチャーチ

ジョージ・チャーチは二五年にわたって、遺伝子を操作するさまざまな手法を研究してきた。フェン・チャンを教育し、チャンの筆頭共著者であるルー・ツォンの名目上の指導教官だった。しかしチャーチは二〇一二年の晩秋になるまで、チャンとツォンのどちらからも、過去一年以上

にわたってクリスパー・キャス9をヒトゲノム編集ツールにするための研究をしてきたことを、知らされていなかった。少なくともチャーチは、そう思っていた。

その年の一一月、講演のためにブロード研究所を訪れたチャーチは、チャンがヒト細胞でのクリスパー・キャス9の使用に関する論文をサイエンス誌に提出したことを初めて知った。チャーチはショックを受けた。同じテーマの論文を同じ雑誌に送ったばかりだったからだ。彼は激怒し、裏切られたと感じた。彼はゲノム編集に関する論文をチャンと共著したことがあったが、かつての教え子が今では自分を協力者ではなくライバルと見なしていることに、その時まで気づかなかった。「チャンはわたしの研究室の熟成した文化を理解していなかったのだろう」とチャーチは言う。「あるいは、賭け金の高さに目がくらんで、秘密にしたのかもしれない」。ツォンはチャンと研究するためにブロード研究所に移ったが、まだハーバードの大学院生であり、表向きの指導教官はチャーチだった。「わたしがそのテーマに興味を持っていることを知りながら、教え子が秘密裏に研究を進めていたことは非常にショッキングで、常識に背くことだと思えた」とチャーチは言う。

チャーチはこの一件をハーバード・メディカル・スクールの大学院研究科長に報告し、彼らの行動は不適切だ、という同意を得た。しかし、エリック・ランダーが、チャーチは常識うんぬんを持ち出して学生をいじめている、と口出しした。チャーチは言う。「この件で大騒ぎしたくなかった。ツォンをいじめているつもりはなかったが、ランダーにはそう見えたようだ。そういうわけで、わたしは引き下がった[3]」。

この件について情報を整理するために、わたしは当事者の間を行き来したが、歴史を語るうえで記憶は信用ならないガイドであることを、何度も思い知らされた。チャンは、クリスパーを研究していることを二〇一二年八月にチャーチに話したと主張した。グーグル・キャンパスで開かれた最先端会議「サイエンス・フー・キャンプ」に参加した後、一時間ほど車に同乗してサンフランシスコ空港まで移動した時のことだと言う。チャーチは、自分にはナルコレプシー（居眠り病）の持病があるので、チャンが話しているあいだに眠ってしまったかもしれない、と認めた。しかし、少なくともチャーチに言わせれば、もしそうなら、返事がないことにチャンは気づいたはずなので、計画を伝えなかったことの言い訳にはならない。

ある晩、わたしはランダーと夕食をとりながら、この争いについてどう思っているかを尋ねた。ランダーは、ナルコレプシーの件を「くだらない」と一蹴し、チャーチがクリスパーの研究を始めたのは、チャンがそれに着手したことを告げた後だった、とチャーチを非難した。わたしがこのランダーの言葉をチャーチに伝えると、普段は穏やかな表情がこわばるのがわかった。「そんなことはあり得ない」とチャーチは言って、こう続けた。「教え子が、自分はこのテーマで地位を確立するつもりだと話してくれていたら、わたしは身を引いただろう。わたしにできることは他にもたくさんあったからね」。

内気で礼儀正しいツォンは、この喧嘩のせいでひどく傷つき、クリスパーの研究から身を引いた。その後、彼は、スタンフォード・メディカル・スクールで、免疫学と神経科学を研究するようになった。わたしが同校を訪ねた時、彼は新婚旅行から戻ったばかりだった。チャンの研究室でやっていたことをチャーチに伝えなかったのは不適切ではない、と彼は言った。「二つの研究室は別々の組織に属する独立した研究グループでした。情報や資材の共有に関して、責任を負うのは主任研究員（たとえば、チャンやチャーチ）です。これは博士課程に進む時に、『責任ある研究活動』の授業で学ぶことです[4]」。

ツォンの返答をチャーチに伝えると、彼は苦笑した。彼はハーバードで倫理学のコースを教えており、チャンとツォンの行動は非倫理的とは言えない、と認めた。「科学の規範に反するものではなかった」とチャーチは言ったが、彼が研究室で育ててきた規範には反した。もしチャンとツォンがブロード研究所に移らず、自分の下で研究を続けていたら、クリスパーの歴史は少し違っていただろう、とチャーチは言う。「わたしの研究室にはオープンな文化があるので、チャンとジェニファーとの関係はもっと協力的になり、特許をめぐる争いも起きなかっただろう」。

チャーチは本質的に争いより和解を好む。同様に、チャンも争いを避けようとする。彼の笑顔は、争いを避けるための効果的な盾であり、彼自身それをよく知っている。チャーチは言う。「孫が生まれたとき、チャンはアルファベットがプリントされたカラフルなプレイマットを贈ってくれた。それに彼は毎年、自分のワークショップに招待してくれる。わたしたちは皆そうやって前進していくのだ」。チャンも同じように感じている。「今でも、チャーチと会うと、ハグするよ[5]」。

ともにサイエンス誌にて受理され、競争は互角に終わった

ヒト細胞でクリスパー・キャス9を機能させることに関して、チャーチとチャンの競争は互角に終わった。チャーチは一〇月二六日にサイエンス誌に論文を提出したが、それはチャンが論文を送った三週間後のことだった。査読者のコメントに対処した後、どちらも一二月一二日に受理

され、二〇一三年一月三日にオンラインで同時に公開された。

チャンと同じく、チャーチはキャス9にコドン最適化と核局在化シグナルのタグ付けを施した。また、二〇一二年六月のダウドナ－シャルパンティエ論文を参考文献に挙げ（チャンよりも寛大にその功績を認め）、シングルガイドRNAを合成した。彼のシングルガイドRNAはチャンが考案したものより長く、機能的に優れていた。さらにチャーチは、クリスパー・キャス9が切断したDNAを相同組換えで修復するためのテンプレートを供給した。

彼らの論文には多少の違いがあったが、どちらも同じ歴史的結論に至った。「わたしたちの結果はRNAが誘導するゲノム編集ツールを確立した」と、チャーチの論文は宣言した。[6]

サイエンス誌の編集者は、同僚で共同研究者であるはずの研究者二人から、同じテーマの論文が別々に送られてきたことに驚き、いくらか疑念を抱いた。「チャンとわたしが一つの論文として提出すべきものを二つにして、言うなれば二重取りしているのではないかと編集者は疑ったようだ」と、チャーチは振り返る。「これらの論文は互いのことを知らないまま作成されたというレターを書いてほしいと、編集者から求められた」。

第27章 ダウドナのラストスパート

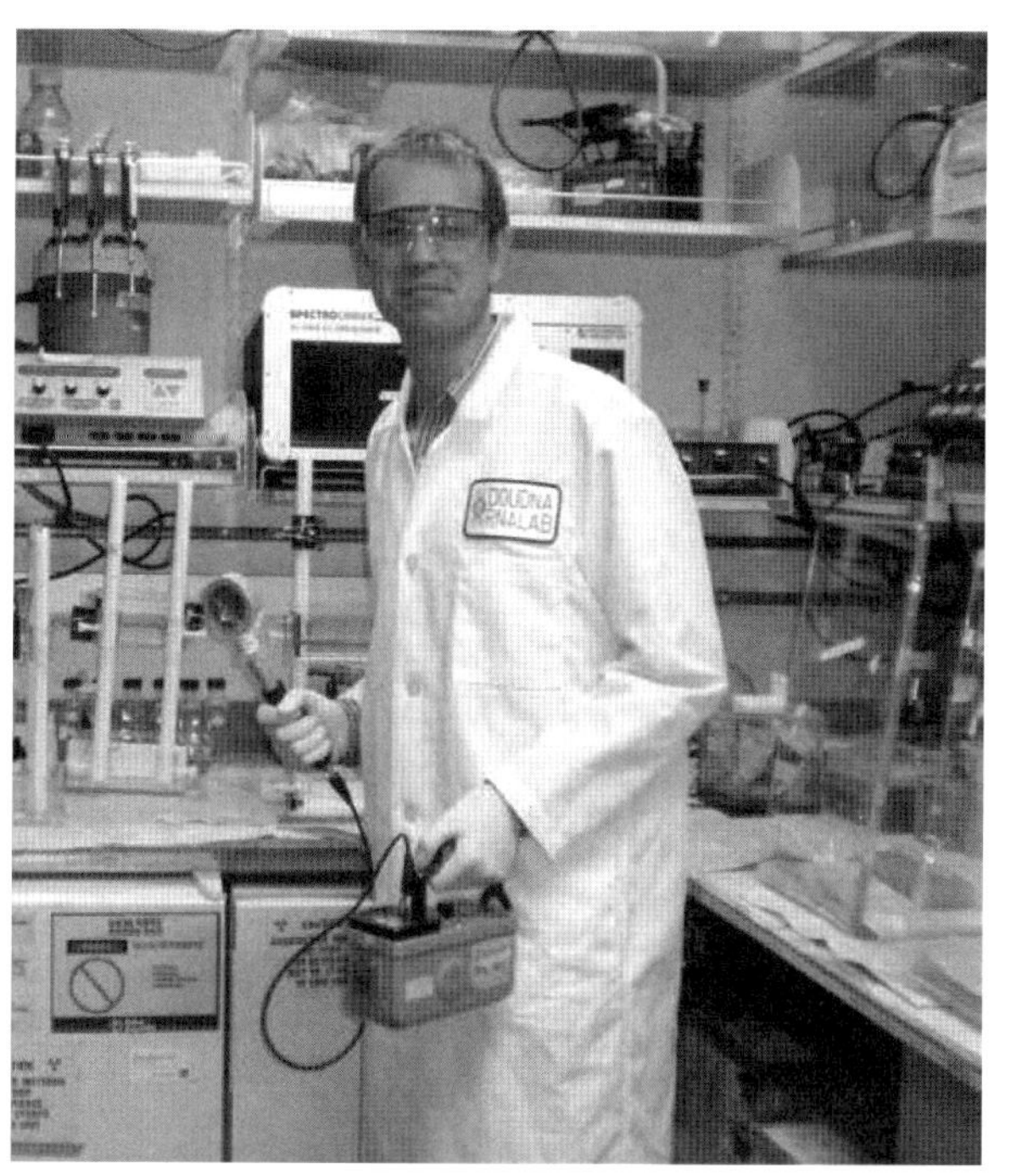

ダウドナと熱のこもった応酬を繰り広げたマーティン・イーネック

チャーチとチャンの論文発表を知り、ダウドナたちも発表を急ぐ

二〇一二年一一月、ダウドナのチームは、クリスパー・キャス9がヒト細胞でも機能するという論文をどこよりも早く発表するために、実験とデータの分析に励んでいた。ダウドナは、チャーチがすでにサイエンス誌に論文を提出していたことを知らず、やはり提出を済ませていたフェン・チャンについては、名前もほとんど聞いたことがなかった。そんな折に、同僚から電話がかかってきた。「今、座ってる?」と同僚は言って、こう続けた。「クリスパーは結局、ジョージ・チャーチの手柄になることがわかった[1]」。

ダウドナはチャーチからのメールで、彼がクリスパー・キャス9を研究していることを知っていたが、ヒトでの進展があったと聞いて、彼に電話をかけた。チャーチは優しく応対し、自分が行った実験と論文について説明した。すでにチャンの研究のことを知っていたので、そちらも公表される予定であることを、ダウドナに伝えた。

チャーチは、自分の論文がサイエンス誌に受理されたら、すぐそのコピーをダウドナに送ると約束した。一二月初めに届いたそれを見て、彼女は落胆した。イーネックはまだ実験中で、しかも手元にあるデータはチャーチのものほど充実していなかったからだ。

「それでもわたしは研究を進めて、論文を発表すべきでしょうか?」と彼女はチャーチに尋ねた。彼は、もちろん、と答えた。「チャーチはわたしたちの研究と論文の発表を心から支持してくれた」とダウドナは言う。「彼は素晴らしい仲間だと思う」。チャーチは「きみの実験データがどん

なものであっても、RNAガイドを作る最善の方法についての証拠を増やすことにつながる」と彼女に言った。

「他の人がすでに同じ研究をしていても、自分たちの実験を続けることが大切だとわたしは感じた。なぜなら、ヒトゲノムをクリスパー・キャス9で編集するのがいかに簡単かを示すことができるからです」と、ダウドナは後にわたしに語った。「特別な専門知識がなくてもこの技術を使えることを証明して、人々に知ってもらうことが重要だと思った」。また、研究を発表すれば、クリスパー・キャス9がヒト細胞でも機能することを、競合する研究室とほぼ同時に示したという証拠にもなる。

それには、論文をできるだけ早く発表する必要があった。そこで彼女は、バークレーの同僚に電話をかけた。彼は、オープンアクセスの電子ジャーナルeLifeを最近、創刊したばかりだった。eLifeは、サイエンス誌やネイチャー誌などの伝統的な雑誌より短い査読期間で論文を発表していた。「研究とデータについて彼に説明し、タイトルを送った」と、ダウドナは言う。「彼は面白そうだと言って、すぐ査読をすませると約束してくれた」。

しかし、イーネックは論文を急いで発表することに乗り気でなかった。「彼は正真正銘の完璧主義者で、もっと多くのデータを集めて、より大きなストーリーにすることを望んでいた」とダウドナは振り返る。「わたしたちの持っているデータでは、発表する価値はないと彼は感じていた」。ダウドナとイーネックは議論を重ね、時には、研究室があるスタンリーホールの中庭でも熱のこもった応酬を繰り広げた。

「マーティン、どうしても発表しないといけない。たとえ思うようなストーリーになっていなくても」と、ダウドナは言った。「手元にあるデータで、最善のストーリーを発表しましょう。もう時間がない。もうじき他の論文が出るから、わたしたちも発表しなければ」。

イーネックは反論した。「もしこの研究を発表したら、ゲノム編集分野ではアマチュアだと思われますよ」。

「でもマーティン、わたしたちはアマチュアよ、それでいいじゃない」とダウドナは応えた。「人から悪く思われる心配はないわ。あと六か月あれば、もっと多くのことができるでしょう。でも、時が経てばあなたにも、これを今すぐ発表することがどれほど重要だったかがわかるはずよ[2]」。

ダウドナは自分が「てこでも動かない」断固とした態度をとったことを覚えている。さらに議論した後、二人は合意に達し、データと図はイーネックがまとめ、論文はダウドナが書くことになった。

暖房が故障した借家で、凍えながら睡眠時間を削って論文を執筆

当時、ダウドナは、ずいぶん前に二人の同僚と執筆した分子生物学の教科書の第二版の改訂作業を進めていた[3]。「第一版にはまったく満足していなかったので、カリフォルニアのカーメルに家を借りて、相談しながら改訂を進めることにした」と、彼女は言う。一二月中旬の二日間をカーメルで過ごすことになったが、そこはやたらと寒く、その上、借りた家の暖房装置は故障していた。家主は修理工を呼ぶと言ったが、すぐ来られる人はいなかった。ダウドナと共著者は暖炉の前で身を寄せ合って、深夜まで改訂作業を行った。

午後一一時、皆が寝静まった後、ダウドナはひとり、eLifeに送るクリスパー論文の執筆にあたった。「疲れ切っていたし、寒かったけれど、わたしが書かないと論文は仕上がらないとわかっていたから」と、彼女は言う。「三時間ほどベッドに座って、眠らないよう自分をつねりながら、原稿をタイプした」。彼女はそれをイーネックに送り、イーネックは何度も直しを要求してきた。「論文のことは教科書の共著者や編集者には内緒にしていたから、ご想像通り大変だった。凍えるほど寒い家で、教科書について話し合わなければならないのに、論文を書かないといけないし、イーネックは何度も直しを要求するしで、すっかり気が散ってしまった」。とうとう彼女はイーネックの要求を無視して、論文の終了を宣言した。一二月一五日、彼女はそれをメールでeLifeに送った。

数日後、彼女は夫のジェイミーと息子のアンディとともに、ユタ州へスキー休暇に出かけた。彼女はほとんどの時間をロッジの部屋で過ごし、論文のわずかな修正についてイーネックと交渉したり、eLifeの編集者に査読プロセスを急ぐよう催促したりした。毎朝、サイエンス誌のウェブサイトをチェックして、チャーチかチャンの論文が掲載されていないかどうか確かめた。彼女の論文の査読を主に担っている研究者はドイツにいたが、[4]彼女はほぼ毎日メールで彼をせっついた。

また、彼女はかつての共同研究者であるエマニュエル・シャルパンティエにも電話をかけた。シャルパンティエはスウェーデンのウメオにいた。その季節、ウメオは一日の大半が暗い。「彼女とはうまくやっていきたかったし、除け者にされたと思ってほしくなかった。でも実際のところ彼女は、eLifeに送った論文の研究には参加していなかった」とダウドナは言う。「だから、論文では彼女への謝意を表したけれど、彼女を共著者にはしなかった」。ダウドナはシャルパンティエが気を悪くしないことを祈りつつ、原稿の下書きを送った。「大丈夫よ」と、シャルパンティエはあっさり言った。ある種の冷淡さが感じられた。ダウドナは気づいていなかったが、シャルパンティエはヒトゲノムの編集に協力する気はなかったものの、クリスパー・キャス9システムには所有権のようなものを感じていた。何といっても、プエルトリコで初めて会った時に、その話を持ちかけたのはシャルパンティエの方だったのだから。[5]

そうこうするうちにドイツの査読者からコメントが戻って来た。彼はいくつか追加の実験を求めた。「クリスパー・キャス9が実際にヒト細胞のDNAで変異を引き起こしたことを示すために、変異した標的DNAのいくつかを配列決定する必要がある」と、彼は書いていた。ダウドナはその要求を退けた。提案された実験を行うには、「一〇〇個近いクローンを分析する必要があり、それはもっと大規模な研究の一部として行われるべきだ」と彼女は返した。[6]

チャンからの思いもよらない新年お祝いメール

二〇一三年一月三日、eLifeはダウドナの論文を受理した。しかし、喜んではいられなかった。その前夜、ダウドナは思いもよらない新年を祝うメールを受け取った。それは幸せな新年を予感させるものではなかった。

From: フェン・チャン
Sent 2013年1月2日水曜 7:36 PM

To: ジェニファー・ダウドナ
件名：クリスパー
添付ファイル：CRISPR manuscript.pdf

親愛なるダウドナ博士
ボストンより、新年おめでとうございます！
わたしはMITの助教で、クリスパー・システムに基づく応用技術の開発に取り組んでいます。あなたとは二〇〇四年にバークレー大学院の面接でお目にかかったことがあり、以来、あなたの研究に大変刺激を受けてきました。わたしたちのグループはロックフェラー大学のルチアーノ・マラフィーニと協力して、最近、Ⅱ型クリスパー・システムを用いて哺乳類細胞のゲノム編集を行う一連の研究を完了しました。その論文は先日サイエンス誌に受理され、明日、オンラインで公開されます。論文のコピーを添付しましたのでご覧ください。キャス9システムは極めて強力であり、それについていつかあなたとお話ししたいと思っています。わたしたちが協力すればかなりの相乗効果が期待できると確信していますし、もし将来、共同研究の機会があれば、実りは多いことでしょう！

ご多幸を祈って、フェンより
Feng Zhang, Ph.D.
Core Member, Broad Institute of MIT and Harvard

わたしはダウドナに、もしイーネックがあれほど頑固でなかったら、論文はもっと早く発表できたのではないか、と尋ねた。実験の終了はチャンやチャーチに遅れたが、それでも彼らと引き分ける、あるいは勝つ可能性さえあったのではないか、と。ダウドナは、「それは難しかったでしょうね」と言った。「わたしたちはぎりぎりまで実験を続けたが、それはイーネックが、当然のこととして、論文に含まれるデータが三回再現されることを求めたからです。もっと早く提出できればよかったのに、とは思うけれど、おそらくそれは無理だった」。

チャンとチャーチの論文は、ガイドＲＮＡの拡張版がヒト細胞でよりよく機能することを示していたが、ダウドナたちの論文はそれには触れていなかった。また、チャーチは、ゲノム編集の信頼性を高めるために相同組換え修復のテンプレートを供給したが、その情報もダウドナたちの論文には欠けていた。しかし、生化学を専門とする研究室でクリスパー・キャス９を試験管からヒト細胞へ移行させるのは容易だということを、彼女らの論文は示した。「わたしたちは、キャス９をヒト細胞の核に導入できることを示した」と、ダウドナは記している。「これらの結果は、ヒト細胞におけるＲＮＡ誘導ゲノム編集の実行可能性を示している」[7]。

偉大な発見や発明の中には、アインシュタインの相対性理論やベル研究所でのトランジスタの発明のように単独で進展したものもあるが、マイクロチップの発明のように多くのグループがほぼ同時に達成したものもある。クリスパーのヒト細胞編集への応用は明らかに後者だ。

ダウドナの論文がｅＬｉｆｅに掲載された二〇一三年一月二九日、クリスパー・キャス９がヒト細胞で機能することを示す四つ目の論文がオンラインで公開された。それは韓国の研究者、キム・ジンスによるもので、彼は以前からダウドナと連絡を取り合っており、二〇一二年六月のダウドナ‐シャルパンティエの論文が自らの研究の基盤になっていることを認めていた。「サイエンス誌に掲載されたあなたの論文に刺激されて、わたしたちはこのプロジェクトを始めた」と、彼は二〇一二年七月のメールに記している。[8] 一月二九日には、五つ目の論文も発表された。それはハーバード大学のキース・ジョンによるもので、クリスパー・キャス9がゼブラフィッシュの胚で遺伝子を改変できることを示した。[9]

ダウドナは、チャンとチャーチに数週間の遅れをとったが、動物細胞におけるクリスパー・キャス9によるゲノム編集に関する五つの論文がすべて二〇一三年一月に発表されたことは、クリスパー・キャス9が試験管内で機能することが明らかになった後、それが動物細胞でも機能することがわかったのは当然の成り行きだった、という主張を後押しする。簡単にプログラムできるRNA分子を使って、狙った遺伝子を改変するというアイデアは、チャンが強く主張するような困難な一歩であったか、ダウドナが言うような明白な一歩であったかはともかく、人類が新しい時代に踏み込む重要な一歩であったのは確かだ。

第28章　会社設立

（左から）ロジャー・ノバク、ジェニファー・ダウドナ、
エマニュエル・シャルパンティエ

主役四人の動き

二〇一二年一二月、クリスパーによるゲノム編集に関する複数の論文が発表される数週間前、ダウドナのビジネスパートナーであるアンディ・メイは、ハーバード大学に出向いてジョージ・チャーチと面談した。オックスフォード大学出身の分子生物学者であるメイは、ダウドナが二〇一一年にレイチェル・ハウルウィッツと立ち上げたバイオテック企業、カリブー・バイオサイエンシズ社の科学顧問を務めており、クリスパーに基づくゲノム編集を医療技術としてビジネス化する可能性を探っていた。

チャーチとの面談を終えたメイからメールが届いた時、ダウドナはサンフランシスコでセミナーを行っている最中だった。「今夜、遅い時間に話せるかしら？」と、彼女は返信した。「もちろん。そうしないわけにはいかないよ」との返事が戻ってきた。

バークレーに車で戻る途中、ダウドナがメイに電話をかけると、彼はこう切り出した。「今、座ってる？」。

「ええ。車で家に向かっているところよ」と、彼女は答えた。

「びっくりしてハンドルを切りそこねないでね」と彼は言った。「今日、チャーチに会ってきた。彼は、これは驚異的な発見になるだろうと言っていた。彼はゲノム編集研究の焦点をクリスパーに移している」[1]。

クリスパーの可能性に刺激されて、主なプレーヤーは活発に動き始めた。クリスパーを医療に生かす企業の設立を目指して、彼らはグループを作ったり、パートナーを探したり、交換したりした。ダウドナとメイは、チャーチとクリスパーの先駆者数名とともに会社を立ち上げることにした。二〇一三年一月、ハウルウィッツは、ダウドナに代わってチャーチと話し合うために、メイとともにボストンを訪れた。

モジャモジャのあごひげと教養あふれる変人ぶりのせいで、チャーチは科学界のセレブになっていた。打ち合わせ当日も、世間の喧騒がチャーチの気を散らせた。発端は、最近ドイツの雑誌、シュピーゲルに掲載されたチャーチのインタビューだ。彼は、ネアンデルタール人のDNAを代理母の卵子に埋め込んでネアンデルタール人を復活させる可能性について、率直に語った。驚くようなことではないが（チャーチ自身は驚いたかもしれない）、タブロイド紙の記者はその話に飛びつき、チャーチの電話は鳴り止まなくなった。[2] しかし、チャーチはついに打ち合わせに集中し、ほんの一時間で、結論が出た。エマニュエル・シャルパンティエ、フエン・チャン、それにトップレベルのベンチャーキャピタリスト数人と共に、クリスパーを商品化する大規模な共同事業体（コンソーシアム）を興すことになったのだ。

シャルパンティエは科学パートナーの元恋人とスタートアップに取り組む

もっとも、シャルパンティエはすでに、独自の有望なスタートアップに取り組んでいた。二〇一二年初頭、彼女は、長年の科学のパートナーであるロジャー・ノバクと連絡を取り合った。どちらもがポスドクとしてメンフィスで研究していた頃、二人は恋愛関係にあったが、その後、親友の関係に戻った。二〇一二年当時、ノバクはパリの製薬会社、サノフィに勤めていた。

「クリスパーについてどう思う？」と、シャルパンティエはノバクに尋ねた。

「何のこと？」と、彼。

ノバクは、シャルパンティエから提供されたデータを調べ、サノフィの同僚の何人かに相談した後、クリスパーを中心とするビジネスを始めるのは理にかなっていると悟った。そこで、親友のベンチャーキャピタリスト、ショーン・フォイに電話をかけ、その展望について話し合うために、サーフィン旅行と称してバンクーバー島北部に行った（二人ともサーフィンのやり方は知らなかったが）。フォイは詳しい調査を行い、一か月後、ノバクに電話をかけて、できるだけ早く会社を興すべきだ、と言った。「きみは会社を辞めなければならない」とフォイに言われて、ノバクはそうした。(3)


二〇一三年二月、ＭＩＴ近くのレンガ造りの工場を改装したレストラン、ブルールームで、主要なメンバーを招いてブランチ・ミーティングを開くことになった。ブルールームは亜鉛天板（ジンクトップ）のテーブルが目を引くしゃれたレストランで、ケンブリッジのケンドール・スクエアにあった。その一帯は、基礎科学を実用化しようとする機関の中心地で、ノバルティス、バイオジェン、マイクロソフトなどの企業の研究所、ブロードやホワイトヘッドなどの非営利機関、国家交通システムセンターなどの政府機関が集まっている。

ブランチに招待されたのは、ダウドナ、シャルパンティエ、チャーチ、フェン・チャンだった。直前になってチャンはキャンセルしたが、チャーチはチャンがいなくても話を進めようと促した。

「わたしたちは会社を設立する必要がある。そうすれば、とてつもないことができる」と彼は言った。「それはとても強力だ」。

「どのくらいの規模を考えているの?」と、ダウドナは尋ねた。

「そうだね、ジェニファー、わたしに言えるのは、巨大な波が押し寄せているということだけだ」と、彼は答えた[4]。

科学的には隔たりができてしまったが、ダウドナはシャルパンティエと一緒に仕事をしたいと思っていた。「ジョージと興そうとしている会社の共同設立者になってほしいと、電話で何時間も説得したけれど」と、ダウドナは言う。「シャルパンティエはボストンの人たちと仕事をすることを嫌がっていた。彼らを信用していなかったのでしょう。結局、彼女は正しかったと思う。けれども当時のわたしにはそれがわからなかった」。努めて好意的に解釈しようとしていた。

チャーチは、シャルパンティエを招き入れることに乗り気でなかった。「シャルパンティエと手を組むことには少々不安を感じた」と彼は言う。「主な理由はシャルパンティエの恋人がCEOになりたがったことだ。それではうまくいくはずがないと、わたしたちは思った。自分たちでCEOを選ぶというプロセスが重要だからね。もっとも、わたしは寛容なほうだから、シャルパンティエの意向をのむつもりだった。しかし、ジェニファーが反対する理由をいくつか並べたから、確かにきみの言う通りだ、と言ったんだ」(実際は、ノバクはもはやシャルパンティエの恋人ではなかった)[5]。

アンディ・メイも、ダウドナの紹介でノバクとフォイに会った時に、同様の否定的な反応を示した。「彼らは最初からかなり高圧的だった」と、メイはノバクたちの印象を語る。「自分たちにまかせて、きみらは黙って見ていろと言わんばかりだった」[6]。

公平を期して言うと、ノバクとフォイはビジネスの経験が豊かで、何をどうすればいいかを知っていた。結局、ノバクとフォイとシャルパンティエは、ダウドナ-チャーチ・グループとの話し合いを打ち切り、クリスパー・セラピューティクスという自分たちの会社を設立した。最初はスイスに拠点を置き、後にはマサチューセッツ州ケンブリッジに支社を置いた。「当時、資金を集めるのは簡単だった。とりわけ、名前にクリスパーがついていたらね」とノバクは言う[7]。

チャーチ、チャンと組むべきか悩む

二〇一三年の一時期、ダウドナとチャンは、ライバルでありながら、ビジネス上の盟友、あるいはパートナーになったかのように見えた。チャンは二〇一三年二月のブルールームでのブランチは欠席したものの、その後、ダウドナにメールを送ってきた。自分が以前から興味を持っている脳に関するテーマで共同研究をしないか、という誘いだった。「バークレーの自宅のキッチンで、デスクの前に座って、スカイプで彼と話したことを覚えている」と、ダウドナは言う。

その年の春、チャンは会議のためにサンフランシスコを訪れ、バークレーのクレアモントホテルでダウドナと会った。「彼女と会ったのは、知的財産権に関して同盟を築き、この分野を誰にとってもクリーンな環境にしたいと考えたからだ」と、チャンは言う。彼のアイデアは、バークレーとブロード研究所の知的財産と潜在的特許を一つにまとめてプールし、研究者がクリスパー・キャス9システムの使用許可(ライセンス)を容易に得られるようにするというものだった。チャンは、ダウドナはそのアイデアを気に入るはずだと考えていた。エリック・ランダーが間に入り、ダウドナに電話をかけて、彼女の気持ちを尋ねた。「翌日、エリックは、ぼくの旅は有益だったと言ってくれた」と、チャンは言う。「これで彼女との同盟は強固になったとエリックは考えていた」。しかし、ダウドナは不安を感じていた。「正直言って、チャンには好感を持てなかった」と彼女は回想する。「彼は正直でなかった。実際にいつ特許を出願したかを明かそうとしなかった。わたしは納得できなかった」。

結局、ダウドナは、バークレーがシャルパンティエと共同で管理している自分の知的財産の独占的使用許可（ライセンス）を、自分の会社であるカリブー・バイオサイエンシズに与え、ブロード研究所とは提携しないことにした。チャンは、ダウドナが「人を信用しにくい」性質で、元教え子でカリブーの共同設立者であるレイチェル・ハウルウィッツに頼りすぎていると言う。「レイチェルは感じのいい人だし、聡明だが、あのような会社のＣＥＯには向かないだろう」と彼は言う。「あのテクノロジーを開発するには、もっと経験が豊かでなければ」。

クリスパー・キャス９の知的財産をプールしないと決めたことは、特許をめぐる壮絶な争いへの道を開くことになった。それはまた、このテクノロジーの使用許可（ライセンス）を容易に幅広く提供することも阻んだ。「もしやり直せるとしたら、わたしはライセンスを違う形にしたでしょう」とダウドナは言う。「クリスパーのような基盤技術を持っている場合は、それを幅広く提供できるようにすべきだった」。彼女は知的財産について専門的なことは何も知らず、大学にもそのノウハウはなかった。「素人が素人を導いているようなものだった」と、彼女は言う。

ストレスで自己免疫疾患になりながら、エディタス・メディシン社を設立

ダウドナは、自分の知的財産をブロード研究所のものと一緒にプールするのは嫌だったが、自分とブロード研究所の特許の両方を使用許可(ライセンス)する、クリスパーを軸とする企業のパートナーになることには乗り気だった。そこで、二〇一三年の春から夏にかけて、何度もボストンを訪れ、投資家や、チャーチやチャンをはじめとする科学者たちに会って交渉した。

六月初旬に訪れた時、夕方にハーバード大学のチャールズ川沿いをジョギングしていると、ジャック・ショスタクのもとでＲＮＡを研究していた頃のことが思い出された。当時は自分の研究が商業的な事業につながるとは思ってもいなかったし、商業化はハーバード大学の気質に反した。しかし今では、ハーバードも変容し、彼女も変わった。人々に直接影響を与えたいのであれば、会社を興して、クリスパーの基礎科学を臨床での応用に結びつけるのが最善だと、彼女は気づいたのだ。

その夏、交渉は長引き、会社をどのような形で設立すればいいのかと悩むうちに、彼女はストレスで消耗していった。二、三週間おきにサンフランシスコとボストンを飛行機で往復するのも負担だった。特に彼女を悩ませたのは、シャルパンティエと一緒に仕事をするか、それともチャーチとチャンと組むかを選択しなければならなかったことだ。「何が正しい決断なのか、わからなかった」と、彼女は認める。「会社を興したことのある、バークレーの信頼できる同僚たちは、ボストンの人たちの方がビジネスに長けているから、彼らと一緒に仕事をすべきだと言った」。

それまで彼女は、ほとんど病気知らずだったが、その夏には、熱と痛みの波に襲われた。朝、

関節が固まったようになり、ほとんど動けないこともあった。何人かの医師に診てもらったが、珍しいウイルスに感染したか、自己免疫疾患だろうと言われた。

症状は一か月ほどで収まったが、夏の終わりに息子のアンディとディズニーランドに行った時に再発した。「そのときは息子と二人だけで、毎朝ホテルで目を覚ますたび、どこもかしこもが痛んだ」と、彼女は回想する。「アンディを起こさないようバスルームにこもって、ボストンの人たちと電話で交渉を続けた」。そうした状況のストレスが身体に影響していることに彼女は気づいた。(8)

それでも夏が終わる頃には、ボストンの男性たちと合意に達し、ダウドナ、チャン、チャーチを核とするグループが結成された。ボストンの投資会社——サード・ロック・ベンチャーズ、ポラリス・パートナーズ、フラグシップ・ベンチャーズ——が、創業資金として四〇〇〇万ドル超の融資を約束してくれた。創業者として五人の科学者を立てることになり、ダウドナたちの他に、クリスパーを研究しているハーバードのトップ生物学者、キース・ジョンとデヴィッド・リウが選ばれた。「五人はドリームチームと呼べるほどの顔ぶれだった」とチャーチは言う。役員には、数名の著名な科学者と三大投資会社の代表が入った。ほとんどの役員について全員の合意が得られたが、エリック・ランダーの選出はチャーチが拒否した。

こうして二〇一三年九月、ゲンジーン社が設立された。二か月後、それはエディタス・メディシンに改名された。「基本的にわたしたちは、どんな遺伝子でも標的にできる」と、最初の数か月間、暫定社長を務めたポラリス・パートナーズのケヴィン・ビターマンは述べた。「遺伝的要因を持つあらゆる病気を視野に入れている。遺伝子の中に入って、エラーを修正できるのだ」。(9)

男たちはチャンの周りに群がった

そのわずか数か月後、ダウドナの不調とストレスが再び現れはじめた。新会社でのパートナー、とりわけチャンが陰で画策しているように思えてならなかった。その不安がピークに達したのは、二〇一四年一月、サンフランシスコで開かれたJ・P・モルガン主催の医学会議に出席した時のことだ。チャンはエディタスの経営陣数名とともにボストンから来ていて、投資家候補との会議にダウドナを招待した。彼女は会場に入るなり、嫌な空気を感じた。「チャンの行動や素ぶりから、何かが変わったことがすぐわかった」と、彼女は言う。「彼はもはや対等な仲間ではなかった」。

彼女が部屋の隅から見ていると、その会議で男たちはチャンの周りに群がり、彼を主役として扱った。チャンはクリスパー・ゲノム編集の「発明者」として紹介され、ダウドナは二番目のプレーヤー、科学顧問の一人という扱いだった。「わたしは切り捨てられていた」と彼女は言う。「知的財産に関係する報告もあったが、わたしは知らされていなかった。何かが進行中だった」。

その後、驚くべきニュースが飛び込んできて、彼女は、チャンが隠しごとをしているように感じた理由を悟った。二〇一四年四月一五日、記者からメールが届いた。それは、チャンとブロード研究所がクリスパー・キャス9のゲノム編集ツールとしての特許を取得したというニュースについて、感想を尋ねるものだった。ダウドナとシャルパンティエもその特許を出願中だったが、チャンとブロード研究所は出願が後だったにもかかわらず、金を払ってその決定を早めたのだ。チャンとランダーは科学の歴史においても、クリスパー・キャス9の商業的利用においても、ダウドナとシャルパンティエを二番手に追いやろうとしている。少なくともダウドナにはそう思えた。

チャンとエディタスの面々が何かを隠しているように思えたのは、そういうわけだったのかと彼女は悟った。ボストンの投資家たちはチャンをクリスパー・ゲノム編集の発明者に位置づけていた。「彼らは何か月も前から特許のことを知っていた」と彼女は心の中で思った。「そして今、特許が認められ、彼らは完全にわたしを切り捨て、葬り去ろうとしている」。

チャンだけではない、と彼女は感じた。相手はボストンのバイオテクノロジーと金融の世界を牛耳る男たちだった。「ボストンの面々は密接につながっていた」と、彼女は言う。「エリック・ランダーはサード・ロック・ベンチャーズの顧問だったし、ブロード研究所の科学者にはエディタスの株式が譲渡されていた。いくつかライセンス契約も結ばれ、チャンがクリスパー・ゲノム編集の発明者と見なされているかぎり、彼らに大金が流れ込むようになっていた」。この一件のせいで、ダウドナはまた具合が悪くなった。

切り捨てられたと感じたダウドナは辞任

加えて、彼女は疲れ果てていた。それまで月に一度、エディタスでの会議のためにボストンまで飛行機で通っていた。「スケジュールは過酷だった」と彼女は言う。「エコノミークラスのチケットを買って、横たわることもなく機内で五時間を過ごし、朝七時にボストンに到着する。空港ラウンジでシャワーを浴び、服を着替えて、エディタスへ行き、会議に出席する。その後はたいていチャーチの研究室に行って科学について話す。それから急いで空港に戻って、午後六時の飛行機でカリフォルニアへ戻っていた」。

ついに彼女はエディタス・メディシンを辞めることにした。

自分がサインした契約を解除するにはどうすればいいか、弁護士に相談した。少し時間がかかったが、六月までに弁護士は、エディタスのCEOに送る、ダウドナの辞任を告げるメールの下書きを作成した。最終稿を完成させるために、ドイツで会議に出席中のダウドナと電話で連絡を取り合った。そして、数か所、変更を加えた後に、弁護士は言った。「オッケー、これで完了です！」。彼女がメールの送信ボタンを押したのは、ドイツでは夜、ボストンでは昼下がりだった。「何分くらいで電話がかかってくるかしら、と思っていた」と、彼女は言う。「五分もしないうちに、エディタスのCEOから電話がかかってきた」。

「だめですよ、辞めちゃいけない」と、彼は言った。「いったいどうしたんです？　なぜこんなことを？」。

「ご存知でしょう」と、彼女は応えた。「もう決めましたから。信用できない人と仕事をするつもりはありません。背中から刺すようなまねをする人を誰が信用しますか。あなたはわたしを裏切ったわ」。

エディタスのCEOは、チャンの特許出願との関わりを否定した。「それが本当だろうと嘘だろうと、どうでもいい」と、ダウドナは応えた。「いずれにしても、わたしはもう、この会社にはいられません。以上です」。

「あなたの持ち株はどうするんですか？」と、彼は尋ねた。

「そんなことは知りません」と、彼女ははねつけた。「わかってないのね。お金のためにやっているわけじゃない。もしそう思っているのなら、あなたはわたしのことをまったく理解していない」。

この出来事を詳しく語った時、ダウドナはかつてわたしが見たことがないほど、激しく怒っていた。いつもの穏やかな口調は消えていた。「彼はわたしが何を言っているのかわからないと言ったけれど、そんなのはばかげている。でたらめよ。全部、嘘。わたしの思い違いかもしれないけれど、ウォルター、わたしはそう感じたの」。

その日、チャンを含む創業者は全員、再考を求めるメールを彼女に送った。彼らは償いを申し出て、関係修復のためにできることは何でもすると言った。しかし、彼女は拒絶した。「もう終わりです」と彼女は返信した。

たちまち気分がよくなった。「突然、ずっしり重い荷物を肩から降ろしたように感じた」と彼女は回想する。

彼女がこの顚末をチャーチに説明すると、彼は、もし彼女が望むなら、自分も辞めることを検討しよう、と申し出た。「わたしは日曜日にチャーチの自宅へ電話をかけた」と、ダウドナは言う。「彼は辞めることを匂わしたけれど、その後、やはり残ることにした。それが彼の結論だった」。

わたしはチャーチに、ダウドナが他の創業者を信用しなかったのは正しい判断だったのか、と尋ねた。「彼らは陰で共謀し、ダウドナに告げないまま特許を出願していた」と彼はダウドナの主張を認めた。しかし、ダウドナが驚いたとは思えない、とも言った。チャンはずっと自分の利益のために動いていた。「たぶん、彼には弁護士がついていて、どう行動し、何を言うべきかを教えていたのだろう」とチャーチは言う。「わたしは常に人が行動する理由を理解するようにしている」。チャンとランダーを含む全員の行動は予測可能だった、とチャーチは言う。「誰もが、わたしが予想していた通りに動いた」。

　では、なぜあなたは辞めなかったのか、とわたしは尋ねた。彼によると、論理的に考えれば、彼らの行動に驚くのは筋が通らない、したがってそれを理由に辞めるのも筋が通らない、とのことだった。「わたしは彼女と一緒に辞めようと思ったが、そんなことをして何の得になるのか、とふと考えた。それでは利益をすっかり彼らに渡して、喜ばせるだけじゃないか。わたしはいつも人に冷静になれとアドバイスしている。しばらく考えた後、少し冷静になった方がよさそうだと判断したのだ。それに、会社が成功するのを見たかったからね」。

信頼できる元教え子とインテリア・セラピューティクス社設立

　エディタスを去ってからまもなく、ダウドナはシャルパンティエと会議で一緒になり、一部始終を説明した。「まあ、そうだったの」と、シャルパンティエは言った。「それなら、クリスパー・セラピューティクスに入らない?」。シャルパンティエがロジャー・ノバクと設立した会社だ。「わかるでしょう? 今回の経験は、離婚みたいなものだったわ」と、ダウドナは応えた。「だから、もう一度、企業に関わる気になれるかどうか、よくわからない。とにかく今は、もうこりごりって思っている」。

　数か月のうちに彼女は、元教え子で、信頼するパートナーでもあるレイチェル・ハウルウィッツとやっていくのが自分には一番向いている、と確信した。彼女とは二〇一一年にカリブー・バイオサイエンシズを設立していた。カリブーは、クリスパー・キャス9システムを商業化するために、インテリア・セラピューティクスというスピンオフ企業を設立していた。「わたしはインテリア社にとても惹かれるようになった。なぜなら、同社を立ち上げたのは、わたしが最も愛し、信頼し、尊敬するアカデミックな科学者たちだったから」とダウドナは言う。そのメンバーには、三人の偉大なクリスパーの先駆者であるロドルフ・バラングー、エリック・ゾントハイマー、そしてチャンの元共同研究者であるルチアーノ・マラフィーニがいた。彼らは皆、優れた才能の持ち主だったが、さらに重要な特質を備えていた。「彼らはとても優秀な科学者だが、それ以上に重要なのは、尊敬すべき正直な人々だったことです」とダウドナは言う。[10]

こうしてクリスパー・キャス9の先駆者は、三つの競合会社に落ち着いた。シャルパンティエが友人のノバクとともに設立したクリスパー・セラピューティクス。当初はダウドナも関わった、チャンとチャーチを中心とするエディタス・メディシン。そして、ダウドナ、バラングー、ゾントハイマー、マラフィーニによるインテリア・セラピューティクスである。

第29章 シャルパンティエとの関係

シャルパンティエ（左）とダウドナ（右）。ふたりの距離にも微妙な変化が

シャルパンティエの冷たい態度に戸惑うダウドナ

インテリア・セラピューティクスに入るというダウドナの決断は、シャルパンティエとの若干冷めた関係の反映であり、いくらかはその原因だったかもしれない。以前からダウドナは、シャルパンティエと良好な関係を保とうと努力してきた。二人が共同研究を始めた時、目的の一つはキャス9の結晶化とその構造の解明だった。二〇一三年の終わり頃、ダウドナの研究室はそれに成功した。彼女はシャルパンティエに、その成果であるサイエンス誌の論文の共著者にならないか、と尋ねた。シャルパンティエは、そのプロジェクトは自分がダウドナの研究室に持ち込んだと思っていたので、共著者になることを快諾した。イーネックは不快に思ったが、ダウドナは引かなかった。「わたしはシャルパンティエに対して寛大になろうと努力した」と、ダウドナは言う。「それに、正直なところ、彼女とは、科学的にも個人的にもつながっていたかった[1]」。

いくらかは科学的なつながりを維持したいという思いから、二〇一四年にダウドナは、サイエンス誌に送るレビュー論文を共著することをシャルパンティエに提案した。新しい発見について述べる「研究論文」と違って、「レビュー論文」はすでに発表されているテーマについて、最近の進歩を概説するものだ。タイトルは、「クリスパー・キャス9によるゲノム工学の最前線[2]」で、ダウドナが草稿を書き、シャルパンティエが編集した。この論文は、彼女らの間に生じた亀裂を一時的に覆い隠した。

それでも二人の距離は広がっていった。シャルパンティエは、ダウドナと一緒にクリスパー・

キャス9をヒトで使用する方法を探求するより、ショウジョウバエと細菌に焦点を絞りたい、とダウドナに告げた。「わたしはツールを探すことより、基礎研究のほうが好きなの」と彼女は言う。[3]二人を隔てる亀裂には他の理由も潜んでいた。ダウドナは自分のことをクリスパー・キャス9・システムの共同発見者で、シャルパンティエとは対等だと考えていた。しかし、シャルパンティエの方は、クリスパー・キャス9を自分のプロジェクトと見なしており、ゲームの終盤でダウドナを参加させたと考えていた。時にはクリスパー・キャス9を「わたしの研究」と呼び、ダウドナのことを、補助的な協力者のように語った。しかし今、ダウドナは脚光を浴び、インタビューを受け、クリスパー・キャス9の新たな研究の計画を立てていた。

ダウドナは、シャルパンティエがクリスパー・キャス9を自分のものだと思っていることが理解できず、彼女の飾り気のない暖かな物腰に見え隠れする冷たさをどう扱えばよいのか、わからなかった。ダウドナは協力する方法を提案しつづけ、シャルパンティエは「それはいいわね」と応えていたが、それで何かが起きるわけではなかった。「わたしは共同作業を続けたいと思っていたが、エマニュエルは明らかにそうではなかった」とダウドナは悲しそうに言う。「彼女がそれを口にしたわけではないけれど、わたしたちは次第に離れていった」。次第にダウドナは怒りを感じるようになった。「彼女のやり方は、受動的攻撃だと感じるようになった」と、彼女は言う。「苛立たしく思えたし、傷ついた」。

目立ちたがりのアメリカ人と思われているのかも

彼女らの問題の一部は、脚光を浴びるのが好きか嫌いかという違いにも根ざしていた。授賞式や学会などで二人が顔を合わせると、気まずい雰囲気になることもあった。特に写真撮影でダウドナが脚光を浴びると、シャルパンティエはその様子を面白がり、微妙に見下すような態度をとった。ダウドナと時々敵対していたブロード研究所のエリック・ランダーによると、シャルパンティエは彼に、ダウドナが注目されることに憤りを感じている、と語ったそうだ。

シャルパンティエのパートナーであるロジャー・ノバクから見れば、ダウドナは喝采を心地よく感じるアメリカ人であり、一方、シャルパンティエは、彼女の名誉のために言えば、礼儀正しく控えめなパリ人だった。彼はシャルパンティエに、もっとインタビューを受けて、メディアの扱いに慣れるべきだと助言したことさえある。のちに彼はこう語った。「結局、彼女は西海岸の人間ではなく、ヨーロッパ育ちのフランス人であり、フランス人はマスコミでの宣伝より科学に集中するものなのだ[4]」。

この指摘は完全に正確なわけではない。ダウドナは人前に出ることに慣れていたし、評価されることをうれしく思っていたものの、積極的に名声を求めるタイプではなかった。彼女は努めて、世間の注目と賞をシャルパンティエと分かちあおうとした。ロドルフ・バラングーは、シャルパンティエの方に非がある、と言う。「エマニュエルは人を不快な気分にさせる。撮影のためのポーズをとる時や、控室にいる時でさえ」と彼は言う。「理解しがたいことだが、彼女には他の人と名声を分かち合おうという気持ちが欠けている。わたしから見れば、ジェニファーは名声を共有したい、エマニュエルに花を持たせたいとさえ思っているようだが、エマニュエルはそれを嫌がって、抵抗しているようだ[5]」。

両者のスタイルの違いは、さまざまな形をとり、音楽の好みにも反映した。二人が一緒に出席したある授賞式では、ステージに上がる時のＢＧＭを各自が選ぶことになっていた。ダウドナはビリー・ホリデーが歌うジャズの名曲「明るい表通りで」を選んだ。シャルパンティエが選んだのは、フランスの電子音楽デュオ、ダフト・パンクによるテクノファンクだった。[6]

ダウドナは弟子と共著出版、シャルパンティエ「スウェーデン人はどう思うか」

しかし、二人の間に亀裂を入れた本質的な問題は、歴史家なら誰でも知っていることだ。どんな歴史物語でも、登場人物の大半は、自分が果たした貢献を、他の人の貢献より鮮明に覚えている。それはわたしたちの人生についても言えることだ。わたしたちは、何らかの問題解決に自分が果たした貢献は鮮明に覚えているが、他人の貢献についてはあいまいだったり、重要性を低く見積もったりしがちだ。シャルパンティエから見たクリスパーの物語は、シャルパンティエが他に先んじてキャス９に取り組み、その要素を特定した後に、そのプロジェクトをダウドナに持ちかけた、という筋書きだった。

　たとえば、この物語のところどころに顔を出すｔｒａｃｒＲＮＡの二つ目の役割という、小さいながら厄介な問題に注目してみよう。ｔｒａｃｒＲＮＡは、標的ＤＮＡへのガイドになるｃｒＲＮＡの生成を助けるだけでなく、ダウドナとシャルパンティエが二〇一二年の論文で述べたとおり、クリスパー・キャス９システムが標的ＤＮＡを切断するのを助ける。二人がその論文を発表した後、シャルパンティエは時々、自分はダウドナとの共同研究を始めていない二〇一一年の時点ですでにｔｒａｃｒＲＮＡの二つ目の役割を知っていた、とほのめかすようになった。

　このことはダウドナを困惑させた。「彼女の最近の講演やスライドを見ていると、わたしとの共同研究を始める前からｔｒａｃｒＲＮＡがキャス９の機能にとって重要であることを知っていたふりをしようとしているように思える。それは正直ではないし、誠実でもない」とダウドナは言う。「自分の考えなのか、弁護士の指示なのかはわからないが、彼女は二〇一一年の自らの論文の成果と、ずいぶん後に解明したことの境界線をあいまいにしようとしているように、わたしには思える」(7)。

わたしがシャルパンティエと夕食をともにしたとき、ダウドナとの間に生じた冷たさについて尋ねると、彼女は口をつぐみがちになった。もっとも、わたしがダウドナを主役に据えた本を書いていることを知っていたので、話題を変えることを求めたりはしなかった。そんなことはどうでもいいといった口調で、二〇一一年三月にネイチャー誌で発表した自分の論文が、ｔｒａｃｒＲＮＡの完全な役割について述べていないことをあっさり認め、笑って、「ダウドナはもっとリラックスしなきゃ。あまり競争的になるべきじゃないわ」と言い添えた。「ｔｒａｃｒＲＮＡや他のことで、自分の功績がきちんと認められるかどうかについて、あれほど気を揉まなくていいのに」と、シャルパンティエは言う。「余計な心配だわ」。ダウドナの競争心の強さを語る時、彼女は笑みを浮かべる。あの性質は立派で面白いけれど、少々品が悪い、とでも言いたげだ。

二〇一七年にダウドナがサム・スターンバーグとの共著でクリスパー研究に関する本『ＣＲＩＳＰＲ(クリスパー)――究極の遺伝子技術の発見』を出版すると、不和はいっそう深刻になった。著書は思慮深く書かれていたが、シャルパンティエが妥当だと思う以上に、一人称を多用していた。「論文の大半はダウドナの教え子が書いたのに、あの本は一人称で書かれていた」とシャルパンティエは言う。「スターンバーグは、三人称で書くよう指示されるべきだった。わたしは賞を授与する人々を知っているし、スウェーデン人の気質も理解している。彼らは時期尚早な本を書く人を好まないわ」。「賞」と「スウェーデン人」という言葉を続けて語ることで彼女が示唆したのは、あらゆる賞の中で最も有名な賞のことだった。

ダウドナとシャルパンティエに生命科学ブレイクスルー賞

離れつつある二人を、それでも結びつけていたのは、数々の科学賞だった。彼女らの獲得率は、ペアとしては最高だった。賞金が一〇〇万ドルを超えるものもいくつかあったが、賞にはお金よりはるかに重要な価値がある。それは一般大衆、マスコミ、未来の歴史家が、重要な進歩に最も貢献した人を判定するスコアカードになるのだ。加えて、弁護士が特許訴訟の際に、証拠として引用することもある。

重要な科学賞は受賞人数が限られており（ノーベル賞では、各分野三人まで）、発見に寄与した全員が対象になるわけではない。そのため賞は特許と同じく、歴史を歪めたり、協力の阻害要因になったりする。

これらの賞の中で最大で最も魅惑的な賞の一つ、生命科学ブレイクスルー賞が、二〇一五年一一月ダウドナとシャルパンティエのペアに授与された。受賞の理由は「細菌の免疫に関する古代からのメカニズムを利用してゲノム編集の強力かつ汎用的な技術を開発した」ことだ。

各受賞者に三〇〇万ドルの賞金をもたらすその賞は、二〇一三年にロシアの億万長者で初期のフェイスブックへの出資者であるユーリ・ミルナーの提唱により、グーグルのセルゲイ・ブリン、遺伝情報解析企業23andMeのアン・ウォジツキー、フェイスブックのマーク・ザッカーバーグらによって設立された。熱狂的な科学ファンであるミルナーは、科学の栄光にハリウッドの華やかさを吹き込んだ豪華絢爛な授賞式を主催し、その様子はテレビで放映された。月刊誌『ヴァニティ・フェア』と共同開催した二〇一五年度の授賞式は、シリコンバレーの中心であるカリフォルニア州マウンテンビューの、ＮＡＳＡエイムズ研究センターの宇宙船格納庫で行われた。司会を務めたのは、俳優のセス・マクファーレン、ケイト・ベッキンセイル、キャメロン・ディアス、ベネディクト・カンバーバッチといった面々だ。クリスティーナ・アギレラがヒット曲「ビューティフル」を披露した。

エレガントな黒のロングドレスをまとったダウドナとシャルパンティエは、キャメロン・ディアスと当時ツイッター社のＣＥＯだったディック・コストロから賞を受けた。ダウドナがまずマイクを取り、「科学の本質である謎解きのプロセス」への敬意を語った。次にマイクを手にしたシャルパンティエは、いたずらっぽい表情で、キャメロン・ディアスのほうを向き、ディアスとダウドナを指し示しながら、「わたしたち三人が集まったら、パワフルなチームになるわ」と言った。ディアスが主役三人の一人を演じた映画『チャーリーズ・エンジェル』を念頭に置いたコメントだ。さらにシャルパンティエは、禿げ頭で眼鏡をかけたコストロのほうを向いて、「もしかして、あなたがチャーリー？」と尋ね、会場を沸かせた［チャーリーは声だけで出演する謎めいた人物］。

観客の中にはエリック・ランダーがいた。二〇一三年度の受賞者だったランダーは、ダウドナとシャルパンティエに受賞を電話で伝えるという役目を担った。ブロード研究所の所長でフェン・チャンの指導教官であるランダーは、ダウドナたちとはクリスパーの功績を競いあっていたが、シャルパンティエとの間には、いくばくかの連帯感が育ちつつあった。それは、ダウドナだけが称賛を浴びていることにどちらも反感を抱いていたからだ。少なくともランダーはそう思っていた。彼がわたしに語ったところによると、当初、ダウドナはこのブレイクスルー賞に単独でノミネートされた。しかし彼自身が、ダウドナの貢献はシャルパンティエやチャン、それに最初に細菌でクリスパーを発見した微生物学者たちの貢献ほど重大ではない、と賞の審査員たちに訴え、その状況を変えたそうだ。「ジェニファーはおそらく受賞に値するが、それはクリスパーの研究に対してではなく、RNA構造に関する研究に対してだということを、わたしは審査員たちに理解させた」と彼は言う。「クリスパーは多くの人によるアンサンブルであって、ジェニファーの貢献が最も重要というわけではない」。

彼はチャンも受賞することを望んだが、それはかなわなかった。しかし少なくとも彼は、シャルパンティエがダウドナとともに選ばれることに一役買った。チャンは次の年に受賞すると彼は考えていたが、それも実現しなかった。彼は、ダウドナが妨害したのだと非難した。(8)

さらにはガードナー国際賞も受賞

ブレイクスルー賞の受賞者は各分野二人に限定されているが、カナダのガードナー財団が授与するガードナー国際賞はもっと気前が良く、最大五人が対象になる。そのため、二〇一六年に同財団が、クリスパー・キャス9を開発した人々を讃えることにした時、より多くの科学者が選出された。ダウドナとシャルパンティエに加えて、フェン・チャン、ダニスコの二名のヨーグルト研究者フィリップ・オルヴァトとロドルフ・バラングーが受賞した。しかし、その一方で、フランシスコ・モヒカ、エリック・ゾントハイマー、ルチアーノ・マラフィーニ、シルヴァン・モアノ、ヴァギニウス・シクシニス、ジョージ・チャーチといった重要なプレーヤーが除外された。

ダウドナは友人のチャーチが受賞できなかったことに憤慨し、二つのことを行った。まず、チャーチがハーバードの分子生物学教授である妻のティン・ウーと立ち上げた個人遺伝学教育プロジェクトに、ガードナー国際賞の賞金、およそ一〇万ドルを寄付した。その教育プロジェクトは、特に若い学生を対象として、自らのゲノム情報に関する理解を後押しするものだ。また、ダウドナはチャーチ夫妻を授賞式に招待した。チャーチが承諾するかどうか、ダウドナにはわからなかった。結局、チャーチは受賞しなかったのだし、さらに重要なこととして、タキシードを着るのを嫌っていたからだ。しかし礼儀をわきまえているチャーチは、非のうちどころのない服装で、妻と共に現われた。「この場をお借りして、長きにわたって刺激を与えつづけてくれた御二人、ジョージ・チャーチとティン・ウーの功績を讃えたいと思います」とダウドナは述べ、哺乳類細胞におけるクリスパー・キャス9・システムによるゲノム編集を含む、ゲノム編集分野におけるチャーチの多大な功績を讃えた。[9]

カブリ賞も受賞、科学賞でのハットトリック達成

二〇一八年には、ダウドナとシャルパンティエは、三つ目の重要な賞であるカブリ賞も受賞し、科学賞でのハットトリックを決めた。カブリ賞はノルウェー生まれのアメリカ人起業家、フレッド・カブリの名を冠したもので、その豪華さはノーベル賞に比肩する。受賞者は華やかな式典に招かれ、一〇〇万ドルの賞金とカブリの顔像が刻印された金メダルを授与される。この賞は三分

野のそれぞれ三人の科学者に授与されるので、委員会はナノサイエンス賞の最後の一人にヴァギニウス・シクシニスを選んだ。内気なリトアニア人は、ようやく功績にふさわしい評価を受けることになった。授賞式のホストを務めるのは、ノルウェーの女優、ハイディ・ルード・エリンセンと、アメリカの俳優で科学オタクのアラン・アルダだ。エリンセンはこう述べた。「生命の言語を書き換えることはわたしたちの夢でしたが、クリスパーの発見によって、新しく強力な筆記用具を手に入れることができました」。ダウドナは黒の短いドレス、シャルパンティエは黒のロングドレスをまとい、シクシニスはこの日のために買ったような細身のグレースーツを着込んでいた。ノルウェー王ハーラル五世からメダルを授与され、トランペットのファンファーレが鳴り響く中、彼らは一礼した。

第30章

クリスパー開発、英雄は誰か?

エリック・ランダー。ダウドナ批判で炎上する事態に

フェン・チャンを弟子に持つランダーから見たストーリー

二〇一五年春、アメリカに来ていたエマニュエル・シャルパンティエは、ブロード研究所のエリック・ランダーのオフィスを訪れ、彼と昼食を共にした。ランダーの記憶によると、シャルパンティエは「落ち込んでいて」、ダウドナだけが称賛を得ていることに憤慨していた。「ジェニファーに対して腹を立てているのがよくわかった」と、ランダーは語る。ダウドナが手柄を独り占めし、細菌におけるクリスパーの働きを最初に解明したフランシスコ・モヒカ、ロドルフ・バラングー、フィリップ・オルヴァト、それに自分を含む「微生物学者の功績が忘れられている」と、シャルパンティエは思っていた、とランダーは続けた。

たぶん、ランダーの言う通りなのだろう。あるいはランダーは、シャルパンティエが漠然と感じていた不満に自らの鬱積した思いを重ね、彼女の怒りを煽（あお）ったのかもしれない。ランダーは説得力があり、自分の意見に人を引き込むのがうまいのだ。このランダーの回想について、わたしがシャルパンティエに尋ねたところ、彼女は苦笑し、小さく肩をすくめて、ダウドナに対してそう感じていたのは自分ではなくむしろランダーの方だと示唆した。とは言え、シャルパンティエの感情についてのランダーの記憶にはいくらか真実があるのだろう。「彼女の態度は曖昧だったが、フランス人とはそういうものだ」と、彼は回想する。

彼によると、物議を醸すことになったクリスパーの歴史にまつわる雑誌記事「クリスパーの英雄」は、このランチタイムのシャルパンティエとの会話がきっかけになって生まれたそうだ。

「エマニュエルと話した後、わたしはクリスパーの起源にまでさかのぼって、最初期の研究を行ったのに称賛を受けていない人々の功績を讃えることにした」と、彼は明かす。「わたしには、弱者を守ろうとする気質がある。ブルックリン育ちだからね」。

他にも動機があったのではないか、とわたしは尋ねた。たとえば、特許と賞をめぐって彼の弟子フェン・チャンと競い合っているダウドナとシャルパンティエの足をひっぱろうとしているのでは、と。ランダーは攻撃的な性質だが、あっぱれなほど自分のことをよく知っている。彼はマイケル・フレインの戯曲『コペンハーゲン』を引き合いに出した。その戯曲は、第二次世界大戦初期に二人の物理学者、ウェルナー・ハイゼンベルクとニールズ・ボーアが核兵器開発の可能性について議論する様子を描いている。劇中でハイゼンベルクは自らの不確定性原理をひいて、ボーアを訪ねた動機はよくわからないと語る。「『コペンハーゲン』のように、わたしは自分の動機がよくわからないのだ」と、ランダーは言った。「きみだって自分の動機はわからないはずだ」。確かにその通りだ[1]。

ランダーは、彼の魅力の一つでもある陽気で快活な競争心を発揮して、自分の功績を主張するようチャンを後押しし、さらには、チャンの特許を守るための訴訟を起こした。ランダーの豊かな口髭と熱意あふれる瞳は常に表情豊かで、ポーカーの相手が喜びそうなほど、感情の変化をありありと伝える。誰かを説得することに執拗なまでの意欲と情熱を注ぐため——その執拗さは外交官の故リチャード・ホルブルックに比肩するほどだ——ライバルにとっては腹立たしい存在だが、その性質ゆえに、勇猛果敢なチームリーダーであり、また、組織の創設者でもあった。クリスパーの歴史に関する彼の小論は、こうした彼の本質を余すところなく伝えていた。

ダウドナ批判を忍ばせた小論をランダーがセル誌に発表

ランダーは数か月かけて関連する論文すべてに目を通し、関係者の多くに電話で取材した後、「クリスパーの英雄」と題した小論を書き、二〇一六年一月にセル誌で発表した。[2]八〇〇〇ワードからなるその小論は、生き生きとした筆致で書かれており、細部に至るまで正確だった。しかし、猛烈な批判が沸き起こった。批評家たちは、「ランダーの小論は事実を歪曲し、強引に、あるいはさりげなく、フェン・チャンの貢献を宣伝し、ダウドナの貢献をとるに足らないものにしようとしている。歴史をねじ曲げて武器にしている」と激怒した。

ランダーの小論は、フランシスコ・モヒカの紹介に始まり、わたしが本書で述べてきた他のプレーヤーへと話を進め、クリスパー開発の各段階についての科学的説明と、彼らの個性を織り交ぜて詳述した。ｔｒａｃｒＲＮＡを発見したシャルパンティエの研究を説明し、称賛したが、それに続いて、二〇一二年にシャルパンティエとダウドナがクリスパーの各要素の役割を解明したことを語る代わりに、リトアニア人のヴァギニウス・シクシニスの研究と、その論文の発表が難航したことについて長々と語った。

ダウドナのことは、「世界的に有名な構造生物学者でＲＮＡの専門家」と、肯定的に紹介している。しかし、彼女がシャルパンティエと行った研究については、六七段落からなるその小論において、わずか一段落をあてただけだった。そして当然ながら、チャンの業績についてははるかに詳細に述べている。クリスパー・キャス９をヒト細胞で機能させるのがどれほど難しいかを強調した後、二〇一二年初頭にチャンが行った研究について、証拠を挙げずに詳述した。チャンの論文の三週間後に発表された、クリスパー・システムがヒト細胞で機能することを示す二〇一三年のダウドナの論文については、「チャーチの助力を得て」という短剣を刺すような告発を含む一文で片付けた。

ランダーの小論のメインテーマは重要であり、正しかった。「科学のブレイクスルーが一瞬のひらめきで起きることはめったにない」と彼は結論づける。「それらは総じて一〇年以上にわたって演じられるアンサンブルであり、個々のキャストは、一人では成し得ない偉大な業績の一部になるのだ」。しかし、この小論には明らかに別の目的があった。表面的には優しさを装っていたが、ダウドナを攻撃しているのは明らかだった。セル誌は、学術雑誌にしては珍しく、ランダーが所属するブロード研究所がダウドナたちと特許をめぐって争っていることを公表しなかった。

ダウドナは、この小論に対して公に反論することは避けた。ただ、オンラインで、「わたしの研究室の研究と、他の研究者との交流に関する記述は不正確です。著者は事実を確認しておらず、公表に先立って、わたしの同意も得ていません」というコメントを投稿しただけだった。シャルパンティエも同様に憤慨し、「わたしと共同研究者に関する説明が不完全で不正確なことを残念に思います」と投稿した。

チャーチはより具体的に批判した。彼は、拡張版のガイドRNAをヒト細胞で使用し成功に導いたのは、チャンではなく自分だと指摘した。また、自分がダウドナに送った査読前の原稿から彼女が情報を得ていた、というランダーの主張に異議を唱えた。

ランダーの炎上

ダウドナの友人たちは激怒し、彼女を支援するという大義のもとに集結した。ツイッターで暴言を吐く人さえいた。

中でも、最も力強く、迅速に流布した言葉は、バークレーの同僚で遺伝学教授のマイケル・アイゼンのものだった。彼は小論が発表された数日後にこう書いた。「邪悪な天才が技巧を極めた作品にはどこか魅惑的な味わいがあるものだが、エリック・ランダーはまさに技巧を極めた邪悪な天才である。彼の小論は、邪悪であると同時に素晴らしくもあり、畏怖の念を抱かずにはいられない。もっともわたしの眼に映る彼は、ケンドール・スクエアでやかましく騒ぎ立てる嘘つきであり、背後にある巨大なレーザー兵器は、特許を奪い取ろうと、バークレーに狙いを定めている」。

アイゼンは、ダウドナの友人であることを公言した上で、ランダーの小論は歴史的観点を装いつつも、実際にはブロード研究所を宣伝し、ダウドナを誹謗中傷する「巧妙な戦略」だと非難した。「その作品は、歴史を書き換えて歪曲するための巧妙な嘘であり、ランダーの願望を達成するという以外に目的はない。その願望とは、チャンがノーベル賞を受賞し、莫大な利益を生み出す特許をブロード研究所が我が物にすることだ。この小論は肝心なところであまりにも現実と乖離しているので、あれほど優秀な人がなぜこんなものを書くことができたのか、わたしには理解しがたい」[3]。わたしに言わせれば、アイゼンの批判はフェアでもなければ、真実でもない。ランダーは指導者としての熱意が過剰で、饒舌すぎたかもしれないが、正直さを欠いていたわけではなかった。
より冷静な科学者たちもランダーの批判に加わり、科学的な議論のための掲示板「パブピア」からツイッターまで、さまざまな場で批判の炎が燃え上がった。[4]『炎上』は、ランダーの小論に対するゲノム界の反応を表す専門用語になるだろう」と、ジョンズ・ホプキンズ大学の医学史教授、ナサニエル・コンフォートは記した。コンフォートは、ランダーの小論は「ホイッグ史観」に立っていると評した。「歴史を政治の道具として利用する」という意味だ。彼はウォーターゲート事件をもじったツイッターのハッシュタグ「#ランダーゲート」まで作成し、ランダーがライバルを陰険な方法で批判していると考える人々が集まった。[5]
影響力の大きいMITテクノロジーレビュー誌において、上級編集者であるアントニオ・レガラードは、ランダーが裏づけとなる論文を挙げないまま、ダウドナ - シャルパンティエの二〇一二年の論文が発表される以前に、チャンはクリスパー・キャス9ツールの開発において大きな進歩を遂げていた、と断言したことを批判した。「当時、チャンの業績は論文として発表されなかったので、公式の科学的記録には含まれていない」と、レガラードは記した。「しかし、ブロード研究所が特許を維持するには、チャンの業績は重要である。……したがって、ランダーが、チャンの業績が初めて記述される場としてセル誌のような重要な雑誌を選んだのは、少しも不思議ではない。ランダーは、目的のためには手段を選ばないマキャベリストだ[6]」。

ロザリンド・フランクリンへの仕打ちを彷彿――戦線が張られる

DNAの歴史においてロザリンド・フランクリンが不当な扱いを受けたことを知る女性の科学

者や著者は、ことのほか激しい怒りをランダーに向けた。実を言えば、ランダーはこれまで何度も女性科学者を支援してきたのだが、アルファ雄的なやり方のせいで、フェミニストから嫌われていた。科学記者のルース・リーダーはマイク誌にこう書いた。「ランダーの小論は、女性が科学の歴史から消されたもう一つの事例を提供する。激しい批判が沸き起こっているのはそのためだ。つまり人々は、またもや男性リーダーが、大勢の働きによる発見の名声と経済的利益を強奪しようとしている、と見ているのだ」。フェミニストのためのウェブサイトを自称する「ジゼベル」に掲載された記事の見出しはこうだった。「ひとりの男がいかにして過去数十年間で最大のバイオテクノロジー革命であるクリスパーから女性を締め出そうとしたか」。ジョアンナ・ロスコフは「この問題は、ロザリンド・フランクリンを想起させる」と書いた[7]。

ランダーへの怒りが炎上した時、本人は南極へ旅行中だったので、すぐ対応することができなかった。そのうちに主要な出版物までこの話題を大々的に報じるようになった。サイエンティフィック・アメリカン誌のステファン・ホールはこの騒動を、「ここ数年で最も面白い科学界のフードファイト［食べ物をぶつけあう喧嘩］」と呼び、「なぜランダーほど賢明で戦略に長けた人が、これほど歴史を巧妙にねじ曲げた小論を書いて、大衆の反感を招いたのだろう?」と、問いかけた。ホールは「ランダーを傷つけることができるのはランダー自身だけだ」というジョージ・チャーチの言葉を引用し、愉快そうにこう断言する。「なぜなら、誰しも、科学者は人の悪口を言ったりしないと思っているからだ[8]」。

ランダーは反論として「小論が出版される直前に一部をダウドナにメールで送ったが、彼女は何も言ってこなかった」と述べた。彼はサイエンティスト誌のライターであるトレイシー・ヴァンスに宛てたメールにこう書いている。「クリスパーの開発についての情報を、世界中の十数名の科学者から受け取った。情報提供を拒んだのはダウドナ博士だけで、それは残念なことだった。それでもわたしは、自分の見解を人と共有しないという彼女の決断を十分、尊重したい[9]」。この最後のオブラートに包まれた辛辣な言葉は、まさにランダーの真骨頂だ。

ランダーの小論がきっかけとなって、クリスパーをめぐる戦線が張られた。ジョージ・チャーチと、ダウドナの博士課程の指導教官ジャック・ショスタクが率いるハーバードのダウドナ支持者たちは激高した。「ひどい。ひどいとしか言いようのない内容だ」と、ショスタクはわたしに言う。「ランダーはゲノム編集革命の功績を、ダウドナではなく、フェン・チャンと自分のものにしたいのだ。だから、敵意をむき出しにして、ダウドナの貢献を取るに足らないもののように扱った[10]」。

ランダーが所長を務めるブロード研究所においてさえ、彼の小論は反発を招いた。小論についてスタッフ数名から質問を受けた彼は、「親愛なるブロードの諸君」という呼びかけで始まるメールをスタッフに送った。そこに弁解や謝罪の言葉はなかった。「あの小論の目的は、リスクを冒して重要な発見をした類まれな科学者全員（その多くはキャリアの初期段階にある）について述べることだった」と、彼は書いている。「わたしはこの小論と、それに託した科学についてのメッセージをとても誇りに思っている[11]」。

ランダーを招いて事態収拾を図ろうとしたが

小論の発表から二か月後、いっこうに収束のきざしが見えない論争に、わたしは末端のプレーヤーとして加わることになった。当時、ハーバード大学の広報副部長だったクリスティーン・ヒーナンは、事態の収拾に手を貸してほしいとランダーから頼まれた。そこでヒーナンは、ランダーとは長年の付き合いで、彼のファンでもあるわたしに、マスコミと科学界に向けてランダーと話し合う場を設けてほしい、と依頼してきた。わたしが勤務するアスペン研究所のワシントン本部で、その会合は開かれた。ヒーナンは、「クリスパー分野へのダウドナの貢献を過小評価するつもりはなかった」とランダーに言わせて論争を鎮めるつもりだった。ランダーはヒーナンの助言に従おうとしたが、そのやり方は勇敢とは言えなかった。彼は集まった人々の前で、「わたしは誰かを貶めようとしたわけではない」と言い、ダウドナは「注目に値する科学者」だと付け加えたが、それだけだった。ワシントン・ポスト紙の記者ジョエル・アッヘンバッハが追及すると、彼は、自分の小論は事実に基づくものであり、ダウドナの業績を過小評価しているわけではない、と主張した。わたしがヒーナンを見やると、彼女は肩をすくめた。[12]

第31章 特許をめぐる戦い

生物学と法律に精通する有能な弁護士、エルドラ・エリソン

生物学的特許と巨額利益

一四七四年にヴェネツィア共和国が「新しく独創的な装置」の発明者にそれがもたらす利益を独占する権利を一〇年間与える、という法律を制定して以来、人々は特許をめぐって争ってきた。アメリカでは、特許権は合衆国憲法第一章に明記されている。「連邦議会は、著作者および発明者に対し、一定期間、その著作および発明に関する独占的権利を保障することにより、学術および有益な技術の進歩を促進する権限を有する」。憲法制定の一年後、連邦議会は「有益な技術、製品、機関、機械、装置、またはこれまで知られていなかった改良」に対して特許を認める法律を可決した。

その後、裁判を経るうちに、たとえばドアノブのような単純なものにこの概念を適用するのは難しいことが明らかになった。一八五〇年のホッチキス対グリーンウッドの事件では、木製のドアノブを磁器製に替えるという特許の有効性が争われ、以来、連邦最高裁判所は、ある発明が「これまで知られていなかった」ものかどうかを判定する際に、「自明性」と「非自明性」を問うようになった。特許の決定は、生物学的プロセスにかかわる場合は特に難しいが、それでも生物学的特許には長い歴史がある。たとえば一八七三年、フランスの生物学者ルイ・パスツールは「病原菌を含まない酵母」の製造法で微生物に関する初の特許を獲得した。このおかげで現在わたしたちは、低温殺菌された牛乳、ジュース、ワインを飲むことができる。その一世紀後、スタンフォードの弁護士がスタンリー・コーエンとハーバート・ボイヤーに接触し、彼らが発見した、組換えＤＮＡによって新たな遺伝子を作る方法の特許を出願するよう説得した。バイオテクノロジー産業はその時に誕生した。組換えＤＮＡ技術を発明したポール・バーグをはじめとする多くの科学者は、生物学的プロセスを特許化するというアイデアを嫌悪したが、発明者と大学に流れこむ特許使用料に惹かれて、バイオテクノロジーの特許はたちまち人気を博すようになった。たとえば、スタンフォード大学は、コーエン＝ボイヤーの特許の通常実施権を数百ものバイオテクノロジー企業に許諾することによって、二五年間で二億二五〇〇万ドルを稼いだ。

一九八〇年には画期的な出来事が二つ起きた。ある遺伝子工学者が原油を分解する細菌を開発した。その細菌は流出した石油の浄化に役立つと期待できたが、特許局は、生物に特許を与えることはできないという理由で、彼の特許出願を却下した。それに対して連邦最高裁判所は、五対四で特許を支持する判決を下した。ウォーレン・バーガー首席判事は、判決文にこう記した。「人間が作った微生物は、それが人間の知恵の産物である限り、特許の対象になる」[1]。

同じ年、議会はバイ・ドール法を可決した。この法律により、ある発明が連邦政府の資金で研究開発されたものであっても、大学はその特許権から利益を得られるようになった。それ以前は、大学はしばしば、出資した政府機関に発明の権利を譲渡しなければならなかった。もっとも、学者の中には、バイ・ドール法は税金を投入した発明による利益を国民からだまし取り、大学のあり方を歪めている、と批判する人もいる。バークレーのダウドナの同僚、マイケル・アイゼンは、「大学は、巨額の収益を生んだ少数の特許に刺激されて、研究から利益を得るために巨大なインフラを整備した」と述べる。彼は、連邦政府から資金提供を受けた研究はすべて、パブリックドメイン（公有財産）にすべきだと考えている。「学術科学を、そのルーツである基礎研究志向に戻すことは、わたしたち全員にとってプラスになるだろう。クリスパーを見れば、学術機関が知的財産目当ての金の亡者になることの弊害がよくわかる[2]」。

これは心惹かれる主張だが、収支のバランスを考えると、アメリカの科学は、現在のような連邦政府の資金提供と商業的動機の組み合わせから恩恵を受けていると言える。基礎研究の発見をツールや薬品に変えるには、何十億ドルもの費用がかかる。それを回収する方法がなければ、研究への投資は増えない[3]。クリスパーの開発とそれがもたらす治療法がその良い例だ。

クリスパー特許——チャンはダウドナがデータを盗用したとほのめかす

ダウドナは特許には詳しくなかった。彼女の過去の研究はほとんど実用化されなかったからだ。シャルパンティエとともに二〇一二年六月の論文を書き終えた時、ダウドナはバークレーの知的財産を担当する女性に連絡をとり、弁護士を紹介してもらった。

アメリカの研究教授の場合、通常、発明の特許は学術機関（ダウドナの場合はバークレー校）に譲渡され、発明者はそのライセンス方法について発言権を持ち、特許料の一部（ほとんどの大学では約三分の一）を受け取ることになっている。一方、シャルパンティエが当時拠点にしていたスウェーデンでは、特許は発明者のものになる。そのためダウドナの特許出願は、バークレー校、シャルパンティエ個人、チリンスキーが在籍するウィーン大学との共同で行われた。二〇一二年五月二五日の午後七時過ぎ、サイエンス誌向けの論文を仕上げるとすぐ仮特許出願を行い、一五五ドルの処理手数料をクレジットカードで支払った。少々余分に払って出願の処理を速めてもらうことは思いつかなかった[4]。

一六八ページにおよぶ出願書類は、図形や実験データを含み、クリスパー・キャス9について説明し、そのシステムの利用方法を一二四以上も列挙した。データはすべて細菌由来だったが、それをヒト細胞で機能させるための方法に言及し、この特許はあらゆる生物のゲノム編集ツールとしてのクリスパーの使用をカバーすべきだと主張した。

先に述べたように、フェン・チャンとブロード研究所は二〇一二年一二月、ヒトゲノム編集に関するチャンの論文がサイエンス誌に受理された時に特許を出願した。[5] その書類には、クリスパーを「ヒト」細胞で使用するプロセスが具体的に記されていた。また、バークレー・チームと違って、ブロード・チームは特許手続きでちょっとした技を使った。わずかな追加料金を支払い、いくつかの条件に同意し、いわゆる「早期審査請求」、婉曲に言えば「優先審査申請」をして、審査のスピードアップを図ったのだ。[6]

当初、特許局はチャンの特許を許可せず、より詳しい情報を求めた。それに応えて、チャンは宣言書を提供した。それにチャンが書いた主張は、ダウドナを激怒させた。チャンは、チャーチが自らの論文のプレプリント（査読前原稿）をダウドナに送っていたと指摘し、ダウドナの特許出願にはチャーチのデータが使われている、とほのめかしたのだ。「彼女が用いた事例の出所にわたしは謹んで疑義を呈します」とチャンは記した。また、チャンとブロード研究所は訴訟資料の中で、「チャーチの研究室が未発表のデータを共有した後に、ダウドナの研究室は、クリスパー・キャス9システムはヒト細胞に適用できると報告した」と主張している。

チャンの宣言書の内容を知ったダウドナは激怒した。彼女がチャーチのデータを盗用したと言わんばかりだったからだ。日曜日の午後、彼女はチャーチの自宅に電話をかけた。チャーチはかつての教え子チャンの主張に対する彼女の怒りを理解し、共感した。「わたしは喜んで公の場へ出て、きみがわたしのデータを不適切に使用してはいないと言おう」とチャーチは約束した。彼女は礼儀正しく論文の謝辞でチャーチへの謝意を述べていたが、その厚意をチャンが逆手にとってダウドナを攻撃したのは「言語道断だ」と、チャーチは後にわたしに語った。[7]

チャンとブロード研究所に外された貢献者マラフィーニ

特許出願の裁定を待っているあいだに、フェン・チャンとブロード研究所は尋常でないことをした。協力者であるルチアーノ・マラフィーニの名前を、主な出願書類から削除したのだ。この理解しがたい話は、特許法が共同研究に及ぼす歪んだ影響の悲しい実例である。それはまた、貪欲な競争心が、思いやりや協力を圧倒するという物語でもある。

マラフィーニはアルゼンチン生まれの細菌学者で、ロックフェラー大学に所属している。物腰の柔らかな好人物だ。二〇一二年の初めからチャンと共同研究をするようになり、チャンのサイエンス誌の論文では共著者になった。チャンが最初に特許を出願した時には、マラフィーニの名前は共同発明者の一人として掲載されていた。[8]

一年後、彼は大学の学長に呼び出され、衝撃的で悲しい知らせを受けた。チャンとブロード研究所は特許の対象をクリスパー・キャス9をヒト細胞で機能させるプロセスに限定し、その研究に対するマラフィーニの貢献は特許出願書類に載せるほどではないと一方的に判断して彼の名を除外した、というのである。

「チャンは直接わたしに伝えるという礼儀さえ持ち合わせていなかった」と、マラフィーニは言い、首を振った。六年経った今でも、ショックと悲しみから抜け出せないようだった。「わたしは話のわかる人間です。もしわたしの貢献が同等の価値を持たないと言われたら、もっと少ない取り分でも受け入れたでしょう。しかし彼らはわたしに相談することさえしなかった」。マラフィーニは、チャンとの共同研究をアメリカン・ドリームの物語と見なしていたので、心の傷はいっそう深かった。つまり、中国とアルゼンチンからの移民である二人の有望な若者が、力を合わせてクリスパーをヒトで使用する仕組みを明らかにしたと、彼は自負していたのだ。[9]

この件についてわたしがチャンに、「きみをキャス9に注目させたのはマラフィーニなのだから、彼はその功績を認められるべきではないか」と尋ねると、彼は傷ついたのは自分の方だとでも言いたげに、静かに、悲しそうに「ぼくは最初からキャス9に注目していた」と言った。マラフィーニを特許から外すのは、度量の狭い行いだったかもしれないが、少なくともチャンは、それを不当な行いとは見なしていなかった。ここに、特許に関する問題の一つがある。特許のせいで人は手柄を寛大に分かち合おうとしなくなるのだ。[10]

ヒトで機能するのが「自明」か否かが争点に

二〇一四年四月一五日、ダウドナの出願（※）がまだ審査中であったにもかかわらず、特許局はチャンの特許出願を許諾した。[11] その知らせを聞いた彼女は、ビジネスパートナーのアンディ・メイに電話をかけた。メイはサンフランシスコで車を運転中だった。「あの時のことはよく覚えている。ぼくは車を止めて、電話に出て、衝撃を受けた」と彼は言う。「どうしてこんなことになったのか、なぜわたしたちが負けたのか、とダウドナは尋ねた。彼女は怒り狂っていた[12]」。

ダウドナの出願書類はまだ特許局で保留されていた。ここで一つ質問しよう。あなたがある特許を出願し、その決定がなされる前に、別の人が同様の特許を取得したら、どうなるだろう？　アメリカの法律によると、一年以内であれば、あなたは「抵触審査」〔先発の発明者を決めるための審査〕を要求できる。そういうわけで、二〇一五年四月、ダウドナは、特許を出願したのは自分の方が先なので、チャンの特許は却下されるべきだと申し立てた[13]。

具体的には、ダウドナは、一一四ページに及ぶ「抵触審査の提案」を提出し、その中で、チャンの主張のいくつかが、自分が出願中の申し立てと「特許的に区別できない」理由を詳述した。自らのチームの実験は細菌を対象としていたが、特許出願書類では、そのシステムが「あらゆる生物」に適用可能であることを「明確に述べ」、システムをヒトに適用するための数多くの段階について詳しく述べている、と彼女は主張した[14]。それに対してチャンは、ダウドナの出願には「ヒト細胞におけるキャス9結合とDNA標的部位の認識に必要な特徴を備えていない（強調は原文）」と反論した[15]。

こうして、争点が明らかになった。ダウドナらはクリスパー・キャス9システムの構成要素を特定し、細菌の細胞でそれを機能させる技術を開発した。それがヒト細胞でどのように機能するかは「自明」だった、と彼女らは主張する。それに対して、チャンとブロード研究所はこう反論

※特許について言及するとき、わたしは簡潔な表現を用いている。「ダウドナの特許」として述べているのは、彼女がシャルパンティエ、バークレー校、ウィーン大学と合同で出願した特許のことだ。同様に、「チャンの特許」は、彼がブロード研究所、MIT、ハーバード大学とともに出願した特許を指す。

した——そのシステムがヒトで機能するかどうかは自明でなかった。それをヒトで機能させるには、別の独創的な手順が必要とされ、それに関してチャンはダウドナたちに勝っていた——。この問題を解決するために、特許局は二〇一五年一二月、三名の審査官による「抵触審査手続き」に着手した。

ダウドナの弁護士は、細菌で機能したシステムがヒトでも機能するのは「自明」だと主張したが、それは特許の用語としての「自明」であった。特許法では、「自明」という言葉には独特の意味がある。裁判所は、「自明性の判断基準は、先行技術が関連分野の当業者に、当該プロセスが成功する合理的可能性があることを示唆していたかどうかである」と言明する。[16]言い換えれば、その分野の通常の技能を持つ人なら誰でもできそうな、当たり前の方法で先行技術を変更しただけでは、特許に値しない、ということだ。だが、残念ながら、他の工学分野に比べて実験の経過が予測しにくい生物学分野では、「通常の技能を持つ人」と「成功する合理的可能性」という言葉はあいまいである。生細胞の内部をいじり始めると、予想外のことが起きるものだ。[17]

審理が行われるも

まる一年がかりで趣意書、宣誓書、申立書のすべてが提出された後、二〇一六年一二月、バージニア州アレクサンドリアの特許商標庁で、三人の審査官の前で審理が行われた。薄茶色の木製の証言台と簡素なテーブルが置かれた審理室は、のどかな田舎の簡易裁判所のように見える。しかし、審理の当日には、記者、弁護士、投資家、バイオテックファンなど一〇〇人ほどが詰めかけた。大半は、メガネをかけた少々オタクっぽい人だ。午前五時四五分から、彼らは席を確保するために並び始めた[18]。

まず審理の冒頭で、チャンの弁護士が、カギになる問題はダウドナ‐シャルパンティエによる二〇一二年の論文の後、「真核細胞におけるクリスパー・キャス9の使用が自明であったかどうか」だと述べた[19]。彼は、自明でなかった証拠として、ダウドナチームの発言を載せた一連のポスターを掲げた。一枚目は、バークレー化学部門の雑誌のインタビューに応えたダウドナの言葉で、「わたしたちの二〇一二年の論文は大きな成功でしたが、問題がありました。クリスパー・キャス9が植物と動物の細胞で機能するかどうかを確信できていません」というものだ[20]。

それは単なるコメントだったが、チャンの弁護士はさらに正式な発言として、ダウドナとイーネックが出版を急ぎ、二〇一三年一月のｅＬｉｆｅに掲載された論文の文章を引用した。彼女はこう書いている。「以前の論文で、クリスパー・システムはヒト遺伝子の編集に利用できるという心躍る可能性を示した」が、「この細菌のシステムが真核細胞で機能するかどうかは不明である」。チャンの弁護士は「当時のこれらのコメントは、真核細胞におけるクリスパー・キャス9の使用が自明であったというダウドナ氏の主張と矛盾します」と述べた。

それに対してダウドナの弁護士は、彼女のコメントは科学者の慎重さの表れにすぎない、と反論した。これは審査長のデボラ・カッツに良い印象を与えなかった。カッツはダウドナの弁護士に質問した。「それが［真核細胞で］機能することを確信しているという発言はなされたのですか？」。弁護士が提示できたのは、「それは現実に起こり得る」というダウドナの発言だけだった。

形勢不利を察したダウドナの弁護士は論点を変えた。ダウドナ‐シャルパンティエの論文が発表されてから六か月で、五つの研究室が真核細胞でこのシステムを機能させていることに言及し、これはその手順がいかに「自明」であるかを示している、と主張した。彼は、すべての研究室がよく知られる手法を用いたことを図示し、「ここには特別なことは何もありません」と述べた。「成功する合理的可能性がなければ、これらの研究室はこの探究に乗り出さなかったでしょう[21]」。

最終的に三人の審査官は、フェン・チャンとブロード研究所を支持した。「ブロード研究所は、両者の出願が特許として区別できる内容であることを、わたしたちに納得させた」と、二〇一七年二月、審査官たちは宣言した。「真核細胞におけるこのようなシステムの開発が自明でないことを、証拠は示している[22]」。

ダウドナ側は連邦裁判所に控訴し、さらに一九か月に及ぶ裁判が始まった。二〇一八年九月、連邦巡回区控訴裁判所は、特許審判部による判決を支持した[23]。チャンの特許はダウドナとシャルパンティエが出願した特許に抵触せず、チャンは特許を取得する権利がある、という判決である。

しかし、多くの複雑な知的財産の訴訟と同様に、この判決で対立が終わるわけでも、チャンが完全な勝利を手にしたわけでもなかった。両者の出願は互いに抵触しないため、別々に検討することが可能だった。それが意味するのは、ダウドナ - シャルパンティエの出願も同様に認可される可能性があるということだ。

二〇二〇年の特許優先権争い——生物学と法律に精通する超有能弁護士を雇う

実際、そうなった。連邦控訴裁判所は、フェン・チャンの特許を支持する二〇一八年の判決の最後の二文で、重要な点を強調した。「本件は二組の特許出願の範囲と、それらが特許的に区別可能かどうかについてのものである。個々の出願の有効性を裁定するものではない」。つまり、チャンに付与された特許と、ダウドナとシャルパンティエが出願中の特許との間に、「抵触」はない、ということだ。それらは二つの別個の発明とみなされ、「両者」が特許を付与される、あるいはダウドナ゠シャルパンティエの特許が優先される可能性さえあった。

もちろん、このような結果は混乱を招くものであり、やや矛盾してもいる。もし両者の特許が付与された後に、互いに重複しているように見えたら、両者間に抵触はないという判決に反することになる。しかし生物は、とりわけ細胞内と法廷では、矛盾する行動をとりがちなのだ。

二〇一九年の初め、合衆国特許局は二〇一二年のダウドナとシャルパンティエの出願に基づいて、一五件の特許を付与した。その頃、ダウドナは新たな首席弁護士エルドラ・エリソンを雇っていた。エリソンの輝かしい学歴は、バイオテクノロジー時代に最適なものだった。ハバフォード大学で生物学の学位を取得した後、コーネル大学で生化学と細胞生物学の博士号を取得し、最後にジョージタウン大学で法律の学位を取得したのである。わたしはしばしば学生に、レイチェル・ハウルウィッツのように生物学とビジネスを学び、あるいはエリソンのように生物学と法律を学ぶことを勧める。

エリソンはわたしと朝食をとりながら、その訴訟について分析してくれた。彼女は生物学と法律の両方のニュアンスを説明することができ、驚異的な記憶力によって、さまざまな科学論文や判決を楽々と引用した。彼女には最高裁判所の判事になってもらいたい。そうなれば、生物学とテクノロジーの両方を理解する判事が少なくとも一人いることになる。(24)

二〇一九年六月、エリソンは合衆国特許局に働きかけて、新たな特許訴訟をスタートさせた。(25)前回の訴訟では、チャンの特許が、ダウドナが出願した特許に抵触するかどうかだけを検討したが、この新たな訴訟では、どちらが最初に重要な発見をしたかという、根本的な問題を裁くことになった。この新たな「優先順位争い」では、ノートやその他の証拠を用いて、それぞれの出願者がいつゲノム編集ツールとしてのクリスパー・キャス9を発明したかを正確に特定しようとした。

二〇二〇年五月、新型コロナのために、審理は電話で行われた。チャンの弁護士は、この問題はすでに決着がついていると主張した。二〇一二年にダウドナとシャルパンティエが発見したクリスパー・キャス9が、ヒト細胞で機能することは「自明」ではなく、チャンはその方法を最初に示した者として特許を取得する権利がある、と彼は論じた。それに対してエリソンは、今回の訴訟が扱うのは別の問題だと述べた。ダウドナとシャルパンティエが取得した特許は、細菌からヒトまで、あらゆる生物におけるクリスパー・キャス9の使用に対するものだった。問題は、二〇一二年に彼女らが出願した特許に、この発見が彼女らによるものであることを示す十分な証拠が含まれているかどうかだ、とエリソンは主張した。彼女は、ダウドナたちのデータは、試験管内での細菌の実験から得たものだったが、ダウドナたちが出願した特許は、全体として見れば、あらゆる生物にクリスパー・システムを使用する方法について述べている、と強く主張した。[26] 二〇二〇年後半の現在、この裁判はまだ決着がついていない［二〇二二年二月にブロード研究所が優位であるとの判断が下された］。

ヨーロッパでも当初は似たような状況だった。ダウドナとシャルパンティエが特許を付与された後、チャンにも特許が付与された。[27] しかし、その後、チャンがルチアーノ・マラフィーニを外したことが、思いがけない形ではねかえってきた。チャンは、出願書類を改訂してマラフィーニの名前を削除したので、最初の出願の日付は「優先日［最初に出願した国での出願の日］」とみなせない、とヨーロッパの特許裁判所は判決を下した。その結果、他のグループの特許出願の方が、優先日が早いと判断され、チャンの特許は取り消された。「チャンのヨーロッパの特許は、彼が汚いやり方でわたしを外したせいで無効になった」と、マラフィーニは言う。[28] 二〇二〇年までに、ダウドナとシャルパンティエはイギリス、中国、日本、オーストラリア、ニュージーランド、メキシコでも主な特許を取得した。

無駄に長引いた争い

これらの特許争いに、争うだけの値打ちがあったのだろうか？　ダウドナとチャンは法廷で戦うより、取引した方がよかったのではないか？　経過を振り返って、ダウドナのビジネスパートナーのアンディ・メイはそう考えている。「もしも、どうにか歩み寄りができていれば、法的な議論のために多大な時間と費用を使わずにすんだだろう」と、彼は言う。[29]

無駄に長引いたその戦いは、感情と怒りに突き動かされていた。そうする代わりに、ダウドナとチャンは、テキサス・インスツルメンツのジャック・キルビーとインテルのロバート・ノイスの例に倣うこともできただろう。キルビーとノイスは一〇年にわたる法廷闘争の末に、クロスライセンス契約［知的財産権の行使を互いに許諾すること］によってマイクロチップの特許権を共有し、使用料を分け合うことで合意した。この合意はマイクロチップ・ビジネスを飛躍的に成長させ、テクノロジーの新時代を拓く助けになった。クリスパーの競技者たちと違って、ノイスとキルビーは重要なビジネスの格言に従ったのである。曰く、分け前のことで争うのは、駅馬車を奪い取ってからにしろ。

（下巻につづく）

Patentology, 2015年7月11日; Jacob Sherkow, "The CRISPR Patent Interference Showdown Is On," Stanford Law School blog, 2015年12月29日; Antonio Regalado, "CRISPR Patent Fight Now a Winner-Take-All Match," *MIT Technology Review*, 2015年4月15日.
(15) Feng Zhang, "Declaration," in re Patent Application of Feng Zhang, Serial no. 2014/054,414, 2014年1月30日, 著者への私的な提供による。
(16) *In re Dow Chemical Co*., 837 F.2d 469, 473 (Fed. Cir. 1988).
(17) Jacob Sherkow, "Inventive Steps: The CRISPR Patent Dispute and Scientific Progress," *EMBO Reports*, 2017年5月23日; Broad 他, Contingent Responsive Motion 6 for Benefit of Broad 他. Application 61/736,527, USPTO, 2016年6月22日; University of California 他, Opposition Motion 2, Patent Interference Case 106,048, USPTO, 2016年8月15日 (Opposing Broad's Allegations of No Interference-in-Fact).
(18) Alessandra Potenza, "Who Owns CRISPR?," *The Verge*, 2016年12月6日; Jacob Sherkow, "Biotech Trial of the Century Could Determine Who Owns CRISPR," *MIT Technology Review*, 2016年12月7日; Sharon Begley, "CRISPR Court Hearing Puts University of California on the Defensive," *Stat*, 2016年12月6日.
(19) 特許審判委員会前の口頭弁論の記録, 2016年12月6日, Patent Interference Case 106,048, U.S. Patent and Trademark Office.
(20) Jennifer Doudna interview, *Catalyst*, UC Berkeley College of Chemistry, 2014年7月10日.
(21) Berkeley Substantive Motion 4, Patent Interference Case 106,048, 2016年5月23日. 以下も参照。Broad Substantive Motions 2, 3, and 5.
(22) Patent Trial and Appeal Board Judgment and Decision on Motions, Patent Interference Case 106,048, 2017年2月15日.
(23) Judge Kimberly Moore, Decision, Patent Interference Case 106,048, United States Court of Appeals for the Federal Circuit, 2018年9月10日.
(24) 著者によるEldora Ellisonへのインタビュー。
(25) Patent Interference No. 106,115, Patent Trial and Appeal Board, 2019年6月24日.
(26) 口頭弁論, Patent Interference No. 106,115, Patent Trial and Appeal Board, 2020年5月18日.
(27) "Methods and Compositions for RNA-Directed Target DNA Modification," European Patent Office, patent EP2800811, 2017年4月7日取得; Jef Akst, "UC Berkeley Receives CRISPR Patent in Europe," *The Scientist*, 2017年3月24日; Sherkow, "Inventive Steps."
(28) 著者によるLuciano Marraffiniへのインタビュー; "Engineering of Systems, Methods and Optimized Guide Compositions for Sequence Manipulation," European Patent Office, patent EP2771468; Kelly Servick, "Broad Institute Takes a Hit in European CRISPR Patent Struggle," *Science*, 2018年1月18日; Rory O'Neill, "EPO Revokes Broad's CRISPR Patent," *Life Sciences Intellectual Property Review*, 2020年1月16日.
(29) 著者によるAndy Mayへのインタビュー。

第31章　特許をめぐる戦い

(1) *Diamond v. Chakrabarty*, 447 U.S. 303, U.S. Supreme Court, 1980; Douglas Robinson and Nina Medlock, "*Diamond v. Chakrabarty*: A Retrospective on 25 Years of Biotech Patents," *Intellectual Property & Technology Law Journal*, 2005年10月.
(2) Michael Eisen, "Patents Are Destroying the Soul of Academic Science," *it is NOT junk*, 2017年2月20日. 以下も参照。Alfred Engelberg, "Taxpayers Are Entitled to Reasonable Prices on Federally Funded Drug Discoveries," *Modern Healthcare*, 2018年7月18日.
(3) 著者によるEldora Ellisonへのインタビュー。
(4) Martin Jinek, Jennifer Doudna, Emmanuelle Charpentier, and Krzysztof Chylinski, U.S. Patent Application 61/652,086, "Methods and Compositions, for RNA-Directed Site-Specific DNA Modification," 2012年5月25日出願; Jacob Sherkow, "Patent Protection for CRISPR," *Journal of Law and the Biosciences*, 2017年12月7日.
(5) "CRISPR-Cas Systems and Methods for Altering Expression of Gene Products," 仮出願No. 61/736,527, 2012年12月12日出願, 2014年にU.S. Patent No. 8,697,359となった。この出願は後に訂正され、発明者としてLuciano MarraffiniがFeng Zhang, Le Cong, Shuailiang Linと同じく含まれた。
(6) Zhang/Broadの主な特許出願と関連書類はU.S. Patent OfficeのU.S. Provisional Patent Application No. 61/736,527で見られる。Doudna/Charpentier/Berkeley 出願書類はU.S. Provisional Patent Application No. 61/652,086にある。特許問題のよい手引書にはNew York Law SchoolのJacob Sherkowの著作があり、以下が含まれる。"Law, History and Lessons in the CRISPR Patent Conflict," *Nature Biotechnology*, 2015年3月; "Who Owns Gene Editing? Patents in the Time of CRISPR," *Biochemist*, 2016年6月; "Inventive Steps: The CRISPR Patent Dispute and Scientific Progress," *EMBO Reports*, 2017年5月23日; "Patent Protection for CRISPR."
(7) 著者によるGeorge Church, Jennifer Doudna, Eric Lander, Feng Zhangへのインタビュー。
(8) "CRISPR-Cas Systems and Methods for Altering Expression of Gene Products," 仮出願No. 61/736,527.
(9) 著者によるLuciano Marraffiniへのインタビュー。
(10) 著者によるFeng ZhangとEric Landerへのインタビュー; Lander, "The Heroes of CRISPR."
(11) U.S. Patent No. 8,697,359.
(12) 著者によるAndy MayとJennifer Doudnaへのインタビュー。
(13) Doudna 他による仮特許出願U.S. 2012/61652086Pと公開された特許出願U.S. 2014/0068797A1; Zhang 他による仮特許出願U.S. 2012/61736527P (2012年12月12日) と、取得済特許U.S. 8,697,359 B1 (2014年4月15日).
(14) "Suggestion of Interference" and "Declaration of Dana Carroll, Ph.D., in Support of Suggestion of Interference," in re Patent Application of Jennifer Doudna 他, Serial no. 2013/842859, U.S. Patent and Trademark Office, 2015年4月10日と13日; Mark Summerfield, "CRISPR—Will This Be the Last Great US Patent Interference?,"

Mediated Conformational Activation," *Science*, 2014年3月14日.
(2) Jennifer Doudna and Emmanuelle Charpentier, "The New Frontier of Genome Engineering with CRISPR-Cas9," *Science*, 2014年11月28日.
(3) 著者によるJennifer DoudnaとEmmanuelle Charpentierへのインタビュー。
(4) Hemme, "Fireside Chat with Rodger Novak"; 著者によるRodger Novakへのインタビュー。
(5) 著者によるRodolphe Barrangouへのインタビュー。
(6) Davies, *Editing Humanity*, 96.
(7) 著者によるJennifer Doudnaへのインタビュー; "CRISPR Timeline," Broad Institute website, broadinstitute.org.
(8) 著者によるEric Landerへのインタビュー; Breakthrough Prize 授賞式, 2014年11月9日.
(9) 著者によるJennifer Doudna, George Churchへのインタビュー; Gairdner Awards 授賞式, 2016年10月27日.

第30章　クリスパー開発、英雄は誰か？

(1) 著者によるEric LanderとEmmanuelle Charpentierへのインタビュー。
(2) Lander, "The Heroes of CRISPR."
(3) Michael Eisen, "The Villain of CRISPR," *it is NOT junk*, 2016年1月25日.
(4) "The Heroes of CRISPR," 84コメント, PubPeer, https://pubpeer.com/publications/D400145518C0A557E9A79F7BB20294; Sharon Begley, "Controversial CRISPR History Sets Off an Online Firestorm," *Stat*, 2016年1月19日.
(5) Nathaniel Comfort, "A Whig History of CRISPR," *Genotopia*, 2016年1月18日; @nccomfort, "I made a hashtag that became a thing! #Landergate,"（「わたしは流行りのハッシュタグをつくった！ #ランダーゲート」）Twitter, 2016年1月27日.
(6) Antonio Regalado, "A Scientist's Contested History of CRISPR," *MIT Technology Review*, 2016年1月19日.
(7) Ruth Reader, "These Women Helped Create CRISPR Gene Editing. So Why Are They Written Out of Its History?," *Mic*, 2016年1月23日; Joanna Rothkopf, "How One Man Tried to Write Women Out of CRISPR, the Biggest Biotech Innovation in Decades," *Jezebel*, 2016年1月20日.
(8) Stephen Hall, "The Embarrassing, Destructive Fight over Biotech's Big Breakthrough," *Scientific American*, 2016年2月4日.
(9) Tracy Vence, "'Heroes of CRISPR' Disputed," *The Scientist*, 2016年1月19日.
(10) 著者によるJack Szostakへのインタビュー。
(11) Eric LanderからBroad Instituteスタッフへのeメール, 2016年1月28日.
(12) Joel Achenbach, "Eric Lander Talks CRISPR and the Infamous Nobel 'Rule of Three,'" *Washington Post*, 2016年4月21日.

(3) Michael M. Cox, Jennifer Doudna, and Michael O'Donnell, *Molecular Biology: Principles and Practice* (W. H. Freeman, 2011). 初版は195ドル。
(4) それはMax Planck Institute for Developmental Biology のDetlef Weigelだった。
(5) 著者によるEmmanuelle CharpentierとJennifer Doudna へのインタビュー。
(6) Detlef Weigel decision letter（採否決定通知）とJennifer Doudna author response（著者回答）, *eLife*, 2013年1月29日.
(7) Martin Jinek, Alexandra East, Aaron Cheng, Steven Lin, Enbo Ma, and Jennifer Doudna, "RNA-Programmed Genome Editing in Human Cells," *eLife,* 2013年1月29日(2012年12月15日受付; 2013年1月3日受理).
(8) Jin-Soo KimによるJennifer Doudna へのeメール, 2012年7月16日; Seung Woo Cho, Sojung Kim, Jong Min Kim, and Jin-Soo Kim, "Targeted Genome Engineering in Human Cells with the Cas9 RNA-Guided Endonuclease," *Nature Biotechnology*,2013年3月 (2012年11月20日受付; 2013年1月14日受理; 2013年1月29日オンライン掲載).
(9) Woong Y. Hwang . . . Keith Joung 他, "Efficient Genome Editing in Zebrafish Using a CRISPR-Cas System," *Nature Biotechnology*, 2013年1月29日.

第28章　会社設立

(1) 著者によるAndy May, Jennifer Doudna, Rachel Haurwitz へのインタビュー。
(2) George Church interview, "Can Neanderthals Be Brought Back from the Dead?," *Spiegel*, 2013年1月18日; David Wagner, "How the Viral Neanderthal-Baby Story Turned Real Science into Junk Journalism," *The Atlantic*, 2013年1月22日.
(3) 著者によるRodger Novakへのインタビュー; Hemme, "Fireside Chat with Rodger Novak"; Jon Cohen, "The Birth of CRISPR Inc.," *Science*, 2017年2月17日; 著者によるEmmanuelle Charpentier へのインタビュー。
(4) 著者によるJennifer Doudna, George Church, Emmanuelle Charpentier へのインタビュー。
(5) 著者によるRodger NovakとEmmanuelle Charpentier へのインタビュー。
(6) 著者によるAndy May へのインタビュー。
(7) Hemme, "Fireside Chat with Rodger Novak."
(8) 著者によるJennifer Doudna へのインタビュー。
(9) Editas Medicine, SEC 10-K filing 2016 and 2019; John Carroll, "Biotech Pioneer in 'Gene Editing' Launches with $43M in VC Cash," *FierceBiotech,* 2013年11月25日.
(10) 著者によるJennifer Doudna, Rachel Haurwitz, Erik Sontheimer, Luciano Marraffini へのインタビュー。

第29章　シャルパンティエとの関係

(1) 著者によるJennifer Doudna, Emmanuelle Charpentier, Martin Jinek へのインタビュー; Martin Jinek . . . Samuel Sternberg . . . Kaihong Zhou . . . Emmanuelle Charpentier, Eva Nogales, Jennifer A. Doudna 他, "Structures of Cas9 Endonucleases Reveal RNA-

(13) Shuailiang Lin, "Summary of CRISPR Work during Oct. 2011-June 2012," Exhibit 14 to Neville Sanjana Declaration, 2015年7月23日, UC 他. Reply 3, exhibit 1614, in Broad v. UC, Patent Interference 106,048.
(14) Shuailiang LinによるJennifer Doudnaへのeメール, 2015年2月28日.
(15) Antonio Regalado, "In CRISPR Fight, Co-Inventor Says Broad Institute Misled Patent Office," *MIT Technology Review*, 2016年8月17日.
(16) 著者によるDana Carrollへのインタビュー; Dana Carroll, "Declaration in Support of Suggestion of Interference," University of California Exhibit 1476, Interference No. 106,048, 2015年4月10日.
(17) Carroll, "Declaration"; Berkeley 他, "List of Intended Motions," Patent Interference No. 106,115, USPTO, 2019年7月30日.
(18) 著者によるJennifer DoudnaとFeng Zhangへのインタビュー; Broad 他, "Contingent Responsive Motion 6" and "Constructive Reduction to Practice by Embodiment 17," USPTO, Patent Interference 106,048, 2016年6月22日.
(19) 著者によるFeng ZhangとLuciano Marraffiniへのインタビュー。Davies, "Interview with Luciano Marraffini"も参照。

第25章　ダウドナ、参戦

(1) 著者によるMartin JinekとJennifer Doudnaへのインタビュー。
(2) Melissa Pandika, "Jennifer Doudna, CRISPR Code Killer," *Ozy*, 2014年1月7日.
(3) 著者によるJennifer DoudnaとMartin Jinekへのインタビュー。

第26章　チャンとチャーチのきわどい勝負

(1) 著者によるFeng Zhangへのインタビュー; Fei Ann Ran, "CRISPR/Cas9," *NABC Report26*, eds. Alan Eaglesham and Ralph Hardy, 2014年10月8日.
(2) Le Cong, Fei Ann Ran, David Cox, Shuailiang Lin . . . Luciano Marraffini, and Feng Zhang 他, "Multiplex Genome Engineering Using CRISPR/Cas Systems," *Science*, 2013年2月15日 (2012年10月5日受付; 12月12日受理; 2013年1月3日オンライン掲載).
(3) 著者によるGeorge Church, Eric Lander, Feng Zhangへのインタビュー。
(4) 著者によるLe Congへのeメールでのインタビュー。
(5) 著者によるGeorge Churchへのインタビュー。
(6) Prashant Mali . . . George Church 他, "RNA-Guided Human Genome Engineering via Cas9," *Science*, 2013年2月15日 (2012年10月26日受付; 2012年12月12日受理; 2013年1月3日オンライン掲載).

第27章　ダウドナのラストスパート

(1) Pandika, "Jennifer Doudna, CRISPR Code Killer."
(2) 著者によるJennifer DoudnaとMartin Jinekへのインタビュー。

第23章　常軌を逸した科学者、ジョージ・チャーチ

(1) この節は、著者によるGeorge Church へのインタビューおよび訪問と、以下に基づく。Ben Mezrich, *Woolly* (Atria, 2017); Anna Azvolinsky, "Curious George," *The Scientist*, 2016年10月1日; Sharon Begley, "George Church Has a Wild Idea to Upend Evolution," *Stat*, 2016年5月16日; Prashant Nair, "Profile of George M. Church," *PNAS*, 2012年7月24日; Jeneen Interlandi, "The Church of George Church," *Popular Science*, 2015年5月27日.
(2) Mezrich, *Woolly*, 43.
(3) George Church Oral History, National Human Genome Research Institute, 2017年7月26日.
(4) Nicholas Wade, "Regenerating a Mammoth for $10 Million," *New York Times*, 2008年11月19日; Nicholas Wade, "The Woolly Mammoth's Last Stand," *New York Times*, 2017年3月2日; Mezrich, *Woolly*.
(5) 著者によるGeorge ChurchとJennifer Doudna へのインタビュー。

第24章　チャン、クリスパーに取り組む

(1) Josiane Garneau . . . Rodolphe Barrangou . . . Philippe Horvath, Alfonso H. Magadán, and Sylvain Moineau 他, "The CRISPR/Cas Bacterial Immune System Cleaves Bacteriophage and Plasmid DNA," *Nature*, 2010年11月3日.
(2) Davies, *Editing Humanity*, 80; 著者によるLe Cong へのインタビュー。
(3) 著者によるEric Lander, Feng Zhang へのインタビュー; Begley, "George Church Has a Wild Idea . . ."; Michael Specter, "The Gene Hackers," *New Yorker*, 2015年11月8日; Davies, *Editing Humanity*, 82.
(4) Feng Zhang, "Confidential Memorandum of Invention," 2011年2月13日.
(5) David Altshuler, Chad Cowan, Feng Zhang 他, 助成金申請 1R01DK097758-01, "Isogenic Human Pluripotent Stem Cell-Based Models of Human Disease Mutations," National Institutes of Health, 2012年1月12日.
(6) Broad Opposition 3; UC reply 3.
(7) 著者によるLuciano MarraffiniとErik Sontheimer へのインタビュー; Marraffini and Sontheimer, "CRISPR Interference Limits Horizontal Gene Transfer in Staphylococci by Targeting DNA"; Sontheimer and Marraffini, "Target DNA Interference with crRNA," U.S. 仮特許出願; Kevin Davies, "Interview with Luciano Marraffini," *CRISPR Journal*, 2020年2月.
(8) 著者によるLuciano MarraffiniとFeng Zhang へのインタビュー; ZhangからMarraffini へのeメール, 2012年1月2日 (Marraffiniより受領).
(9) MarraffiniからZhang へのeメール, 2012年1月11日.
(10) Eric Lander, "The Heroes of CRISPR," *Cell*, 2016年1月14日.
(11) 著者によるFeng Zhang へのインタビュー。
(12) Feng Zhang, "Declaration in Connection with U.S. Patent Application Serial 14/0054,414," USPTO, 2014年1月30日.

(7) Virginijus Šikšnys 他, "RNA-Directed DNA Cleavage by the Cas9-crRNA Complex," 国際特許出願WO 2013/142578 Al, 優先日 2012年3月20日, 出願2013年3月20日, 公開2013年9月26日.
(8) 著者によるVirginijus Šikšnys, Jennifer Doudna, Sam Sternberg, Emmanuelle Charpentier, Martin Jinekへのインタビュー。
(9) 著者による Sam Sternberg, Rodolphe Barrangou, Erik Sontheimer, Virginijus Šikšnys, Jennifer Doudna, Martin Jinek, Emmanuelle Charpentier へのインタビュー。

第20章　ヒューマン・ツール

(1) Srinivasan Chandrasegaran and Dana Carroll, "Origins of Programmable Nucleases for Genome Engineering," *Journal of Molecular Biology*, 2016年2月27日.

第21章　競争が発明を加速させる

(1) 著者によるJennifer Doudna へのインタビュー; Doudna and Sternberg, *A Crack in Creation*, 242.
(2) Ferric C. Fang and Arturo Casadevall, "Is Competition Ruining Science?," *American Society for Microbiology*, 2015年4月; Melissa Anderson . . . Brian Martinson 他, "The Perverse Effects of Competition on Scientists' Work and Relationships," *Science and Engineering Ethics*, 2007年12月; Matt Ridley, "Three Cheers for Scientific Backbiting," *Wall Street Journal*, 2012年7月27日.
(3) 著者によるEmmanuelle Charpentier へのインタビュー。

第22章　中国出身の科学者、フェン・チャン

(1) 著者による Feng Zhang へのインタビュー。この節は以下からも引用。Eric Topol, podcast interview with Feng Zhang, *Medscape*, 2017年3月31日; Michael Specter, "The Gene Hackers," *New Yorker*, 2015年11月8日; Sharon Begley, "Meet One of the World's Most Groundbreaking Scientists," *Stat*, 2015年11月6日.
(2) Galen Johnson, "Gifted and Talented Education Grades K-12 Program Evaluation," Des Moines Public Schools, 1996年9月.
(3) Edward Boyden, Feng Zhang, Ernst Bamberg, Georg Nagel, and Karl Deisseroth, "Millisecond-Timescale, Genetically Targeted Optical Control of Neural Activity," *Nature Neuroscience*, 2005年8月14日; Alexander Aravanis, Li-Ping Wang, Feng Zhang . . .and Karl Deisseroth 他, "An Optical Neural Interface: In vivo Control of Rodent Motor Cortex with Integrated Fiberoptic and Optogenetic Technology," *Journal of Neural Engineering*, 2007年9月.
(4) Feng Zhang, Le Cong, Simona Lodato, Sriram Kosuri, George M. Church, and Paola Arlotta, "Efficient Construction of Sequence-Specific TAL Effectors for Modulating Mammalian Transcription," *Nature Biotechnology*, 2011年1月19日.

Molecular Microbiology, 2004年8月3日; Davies, "Finding Her Niche"; Philip Hemme, "Fireside Chat with Rodger Novak," *Refresh Berlin*, 2016年5月24日, Labiotech.eu.
(5) 著者によるEmmanuelle Charpentierへのインタビュー。
(6) Elitza Deltcheva, Krzysztof Chylinski . . . Emmanuelle Charpentier 他, "CRISPR RNA Maturation by Trans-encoded Small RNA and Host Factor RNase III," *Nature*, 2011年3月31日.
(7) 著者によるEmmanuelle Charpentier, Jennifer Doudna, Erik Sontheimer へのインタビュー; Doudna and Sternberg, *A Crack in Creation*, 71-73.
(8) 著者によるMartin Jinek, Jennifer Doudna へのインタビュー。以下も参照。Kevin Davies, interview with Martin Jinek, *CRISPR Journal*, 2020年4月.

第17章　クリスパー・キャス9

(1) 著者によるMartin Jinek, Jennifer Doudna, Emmanuelle Charpentierへのインタビュー。
(2) Richard Asher, "An Interview with Krzysztof Chylinski," *Pioneers Zero21*, 2018年10月.
(3) 著者によるJennifer Doudna, Emmanuelle Charpentier, Martin Jinek, Ross Wilson へのインタビュー。
(4) 著者によるJennifer Doudna, Martin Jinek へのインタビュー。
(5) 著者によるJennifer Doudna, Martin Jinek, Sam Sternberg, Rachel Haurwitz, Ross Wilson へのインタビュー。

第18章　2012年、世紀の発表

(1) 著者によるJennifer Doudna, Emmanuelle Charpentier, Martin Jinek へのインタビュー。
(2) Jinek 他, "A Programmable Dual-RNA-Guided DNA Endonuclease in Adaptive Bacterial Immunity."
(3) 著者によるEmmanuelle Charpentier へのインタビュー。
(4) 著者によるEmmanuelle Charpentier, Jennifer Doudna, Martin Jinek, Sam Sternberg への インタビュー。

第19章　プレゼンテーション対決

(1) 著者によるVirginijus Šikšnys へのインタビュー。
(2) Giedrius Gasiunas, Rodolphe Barrangou, Philippe Horvath, and Virginijus Šikšnys, "Cas9-crRNA Ribonucleoprotein Complex Mediates Specific DNA Cleavage for Adaptive Immunity in Bacteria," *PNAS*, 2012年9月25日 (2012年5月21日受付; 8月1日受理; 9月4日オンライン掲載).
(3) 著者によるRodolphe Barrangou へのインタビュー。
(4) 著者によるEric Lander へのインタビュー。
(5) 著者によるEric Lander, Jennifer Doudna へのインタビュー。
(6) 著者によるRodolphe Barrangou へのインタビュー。

Gabriel C. Lander, Kaihong Zhou, Matthijs M. Jore, Stan J. J. Brouns, John van der Oost, Jennifer A. Doudna, and Eva Nogales, "Structures of the RNA-Guided Surveillance Complex from a Bacterial Immune System," *Nature*, 2011年9月21日 (2011年5月7日受付; 2011年7月27日受理).

第15章 カリブーを起業

(1) 著者によるJennifer DoudnaとRachel Haurwitzへのインタビュー。
(2) Gary Pisano, "Can Science Be a Business?," *Harvard Business Review*, 2006年10月; Saurabh Bhatia, "History, Scope and Development of Biotechnology," *IOP Science*, 2018年5月.
(3) 著者によるRachel Haurwitz, Jennifer Doudnaへのインタビュー。
(4) Bush, "Science, the Endless Frontier."
(5) "Sparking Economic Growth," The Science Coalition, 2017年4月.
(6) "Kit for Global RNP Profiling," NIH award 1R43GM105087-01, for Rachel Haurwitz and Caribou Biosciences, 2013年4月15日.
(7) 著者によるJennifer Doudna, Rachel Haurwitzへのインタビュー; Robert Sanders, "Gates Foundation Awards $100,000 Grants for Novel Global Health Research," *Berkeley News*, 2010年5月10日.

第16章 エマニュエル・シャルパンティエ

(1) 著者によるEmmanuelle Charpentierへのインタビュー。この章は以下からも引用。Uta Deffke, "An Artist in Gene Editing," *Max Planck Research Magazine*, 2016年1月; "Interview with Emmanuelle Charpentier," *FEMS Microbiology Letters*, 2018年2月1日; Alison Abbott, "A CRISPR Vision," *Nature*, 2016年4月28日; Kevin Davies, "Finding Her Niche: An Interview with Emmanuelle Charpentier," *CRISPR Journal*, 2019年2月21日; Margaret Knox, "The Gene Genie," *Scientific American*, 2014年12月; Jennifer Doudna, "I still remember my first encounter with DNA," *Financial Times*, 2018年3月14日; Martin Jinek, Krzysztof Chylinski, Ines Fonfara, Michael Hauer, Jennifer Doudna, and Emmanuelle Charpentier, "A Programmable Dual-RNA-Guided DNA Endonuclease in Adaptive Bacterial Immunity," *Science*, 2012年8月17日.
(2) 著者によるEmmanuelle Charpentierへのインタビュー。
(3) 著者によるRodger Novak, Emmanuelle Charpentierへのインタビュー; Rodger Novak, Emmanuelle Charpentier, Johann S. Braun, and Elaine Tuomanen, "Signal Transduction by a Death Signal Peptide: Uncovering the Mechanism of Bacterial Killing by Penicillin," *Molecular Cell*, 2000年1月1日.
(4) Emmanuelle Charpentier . . . Pamela Cowin 他, "Plakoglobin Suppresses Epithelial Proliferation and Hair Growth in Vivo," *Journal of Cell Biology*, 2000年4月17日; Monika Mangold . . . Rodger Novak, Richard Novick, Emmanuelle Charpentier 他, "Synthesis of Group A Streptococcal Virulence Factors Is Controlled by a Regulatory RNA Molecule,"

(2) Eugene Russo, "The Birth of Biotechnology," *Nature*, 2003年1月23日; Mukherjee, *The Gene*, 230.
(3) Rajendra Bera, "The Story of the Cohen-Boyer Patents," *Current Science*, 2009年3月25日; 米国特許4,237,224 "Process for Producing Biologically Functional Molecular Chimeras," Stanley Cohen and Herbert Boyer, 1974年11月4日出願; Mukherjee, *The Gene*, 237.
(4) Mukherjee, *The Gene*, 238.
(5) Frederic Golden, "Shaping Life in the Lab," *Time*, 1981年3月9日; Laura Fraser, "Cloning Insulin," Genentech corporate history; *San Francisco Examiner* 第一面, 1980年10月14日.
(6) 著者によるRachel Haurwitz へのインタビュー。
(7) 著者によるJennifer Doudna へのインタビュー。

第14章　研究室を育てる

(1) 著者によるRachel Haurwitz, Blake Wiedenheft, Jennifer Doudna へのインタビュー。
(2) 著者によるRachel Haurwitz へのインタビュー。
(3) Rachel Haurwitz, Martin Jinek, Blake Wiedenheft, Kaihong Zhou, and Jennifer Doudna, "Sequence- and Structure-Specific RNA Processing by a CRISPR Endonuclease," *Science*, 2010年9月10日.
(4) Samuel Sternberg . . . Ruben L. Gonzalez Jr. 他, "Translation Factors Direct Intrinsic Ribosome Dynamics during Translation Termination and Ribosome Recycling," *Nature Structural and Molecular Biology*, 2009年7月13日.
(5) 著者によるSam Sternberg へのインタビュー。
(6) 著者によるSam Sternberg, Jennifer Doudna へのインタビュー。
(7) 著者によるSam Sternberg, Jennifer Doudna へのインタビュー; Sam Sternberg, "Mechanism and Engineering of CRISPR-Associated Endonucleases," Ph.D.論文, University of California, Berkeley, 2014.
(8) Samuel Sternberg, . . . and Jennifer Doudna, "DNA Interrogation by the CRISPR RNA-Guided Endonuclease Cas9," *Nature*, 2014年1月29日; Sy Redding, Sam Sternberg . . . Blake Wiedenheft, Jennifer Doudna, Eric Greene 他, "Surveillance and Processing of Foreign DNA by the *Escherichia coli* CRISPR-Cas System," *Cell*, 2015年11月5日.
(9) Blake Wiedenheft, Samuel H. Sternberg, and Jennifer A. Doudna, "RNA-Guided Genetic Silencing Systems in Bacteria and Archaea," *Nature*, 2012年2月14日.
(10) 著者によるSam Sternberg へのインタビュー。
(11) 著者によるRoss Wilson, Martin Jinek へのインタビュー。
(12) Marc Lerchenmueller, Olav Sorenson, and Anupam Jena, "Gender Differences in How Scientists Present the Importance of Their Research," *BMJ*, 2019年12月16日; Olga Khazan, "Carry Yourself with the Confidence of a Male Scientist," *Atlantic*, 2019年12月17日.
(13) 著者による Blake Wiedenheft, Jennifer Doudna へのインタビュー; Blake Wiedenheft,

タビュー。
(12) 著者によるBlake Wiedenheft, Jennifer Doudna へのインタビュー; Blake Wiedenheft, Kaihong Zhou, Martin Jinek . . . Jennifer Doudna 他, "Structural Basis for DNase Activity of a Conserved Protein Implicated in CRISPR-Mediated Genome Defense," *Structure*, 2009年6月10日.
(13) Jinek and Doudna, "A Three-Dimensional View of the Molecular Machinery of RNA Interference."
(14) 著者によるMartin Jinek, Blake Wiedenheft, Jennifer Doudna へのインタビュー。
(15) Wiedenheft 他, "Structural Basis for DNase Activity of a Conserved Protein Implicated in CRISPR-Mediated Genome Defense."

第12章　ヨーグルトメーカー

(1) Vannevar Bush, "Science, the Endless Frontier," Office of Scientific Research and Development, 1945年7月25日.
(2) Matt Ridley, *How Innovation Works* (Harper Collins, 2020), 282.
(3) 著者によるRodolphe Barrangou へのインタビュー。
(4) Rodolphe Barrangou and Philippe Horvath, "A Decade of Discovery: CRISPR Functions and Applications," *Nature Microbiology*, 2017年6月5日; Prashant Nair, "Interview with Rodolphe Barrangou," *PNAS*, 2017年7月11日; 著者によるRodolphe Barrangou へのインタビュー。
(5) 著者によるRodolphe Barrangou へのインタビュー。
(6) Rodolphe Barrangou . . . Sylvain Moineau . . . Philippe Horvath 他, "CRISPR Provides Acquired Resistance against Viruses in Prokaryotes," *Science*, 2007年3月23日(2006年11月29日受付; 2007年2月16日受理).
(7) 著者によるSylvain Moineau, Jillian Banfield, Rodolphe Barrangou へのインタビュー。Banfield 提供によるConference agendas 2008-2012.
(8) 著者によるLuciano Marraffini へのインタビュー。
(9) 著者によるErik Sontheimer へのインタビュー。
(10) 著者によるErik Sontheimer, Luciano Marraffini へのインタビュー; Luciano Marraffini and Erik Sontheimer, "CRISPR Interference Limits Horizontal Gene Transfer in Staphylococci by Targeting DNA," *Science*, 2008年12月19日; Erik Sontheimer and Luciano Marraffini, "Target DNA Interference with crRNA," U.S. Provisional Patent Application 61/009,317, 2008年9月23日; Erik Sontheimer, 基本合意書, National Institutes of Health, 2008年12月29日.
(11) Doudna and Sternberg, *A Crack in Creation*, 62.

第13章　巨大バイオベンチャー――ジェネンテック

(1) 著者によるJillian BanfieldとJennifer Doudna へのインタビュー。

CRISPR Journal, 2018年4月1日; Eric Keen, "A Century of Phage Research," *Bioessays*, 2015年1月; Graham Hatfull and Roger Hendrix, "Bacteriophages and Their Genomes," *Current Opinions in Virology*, 2011年10月1日.
(8) Rodríguez Fernández, "Interview with Francis Mojica"; Greenwood, "The Unbearable Weirdness of CRISPR."
(9) 著者によるFrancisco Mojicaへのインタビュー; Rodríguez Fernández, "Interview with Francis Mojica"; Davies, "Crazy about CRISPR."
(10) Francisco Mojica . . . Elena Soria 他, "Intervening Sequences of Regularly Spaced Prokaryotic Repeats Derive from Foreign Genetic Elements," *Journal of Molecular Evolution*, 2005年2月 (2004年2月6日受付; 2004年10月1日受理).
(11) Kira Makarova . . . Eugene Koonin 他, "A Putative RNA-Interference-Based Immune System in Prokaryotes," *Biology Direct*, 2006年3月16日.

第10章　フリースピーチ・ムーブメント・カフェ

(1) 著者によるJillian BanfieldとJennifer Doudnaへのインタビュー; Doudna and Sternberg, *A Crack in Creation*, 39; "Deep Surface Biospheres," Banfield Lab page, Berkeley University website.
(2) 著者によるJillian BanfieldとJennifer Doudnaへの共同インタビュー。
(3) 著者によるJennifer Doudnaへのインタビュー。

第11章　才能あふれる同志が集う

(1) 著者によるBlake WiedenheftとJennifer Doudnaへのインタビュー。
(2) Kathryn Calkins, "Finding Adventure: Blake Wiedenheft's Path to Gene Editing," National Institute of General Medical Sciences, 2016年4月11日.
(3) Emily Stifler Wolfe, "Insatiable Curiosity: Blake Wiedenheft Is at the Forefront of CRISPR Research," *Montana State University News*, 2017年6月6日.
(4) Blake Wiedenheft . . . Mark Young, and Trevor Douglas 他, "An Archaeal Antioxidant: Characterization of a Dps-Like Protein from *Sulfolobus solfataricus*," *PNAS*, 2005年7月26日.
(5) 著者によるBlake Wiedenheftへのインタビュー。
(6) 著者によるBlake Wiedenheftへのインタビュー。
(7) 著者によるMartin Jinek, Jennifer Doudnaへのインタビュー。
(8) Kevin Davies, "Interview with Martin Jinek," *CRISPR Journal*, 2020年4月.
(9) 著者によるMartin Jinekへのインタビュー。
(10) Jinek and Doudna, "A Three-Dimensional View of the Molecular Machinery of RNA Interference"; Martin Jinek, Scott Coyle, and Jennifer A. Doudna, "Coupled 5' Nucleotide Recognition and Processivity in Xrn1-Mediated mRNA Decay," *Molecular Cell*, 2011年3月4日.
(11) 著者によるBlake Wiedenheft, Martin Jinek, Rachel Haurwitz, Jennifer Doudnaへのイン

"Molecular Mechanisms of RNA Interference," *Annual Review of Biophysics*, 2013年5月; Martin Jinek and Jennifer Doudna, "A Three-Dimensional View of the Molecular Machinery of RNA Interference," *Nature*, 2009年1月22日.
(5) Bryan Cullen, "Viruses and RNA Interference: Issues and Controversies," *Journal of Virology*, 2014年11月.
(6) Ross Wilson and Jennifer Doudna, "Molecular Mechanisms of RNA Interference," *Annual Review of Biophysics*, 2013年5月.
(7) Alesia Levanova and Minna Poranen, "RNA Interference as a Prospective Tool for the Control of Human Viral Infections," *Frontiers in Microbiology*, 2018年9月11日; Ruth Williams, "Fighting Viruses with RNAi," *The Scientist*, 2013年10月10日; Yang Li . . .Shou-Wei Ding 他, "RNA Interference Functions as an Antiviral Immunity Mechanism in Mammals," *Science*, 2013年10月11日; Pierre Maillard . . . Olivier Voinnet 他 "Antiviral RNA Interference in Mammalian Cells," *Science*, 2013年10月 11日.

第9章　反復クラスター

(1) Yoshizumi Ishino . . . Atsuo Nakata 他, "Nucleotide Sequence of the *iap* Gene, Responsible for Alkaline Phosphatase Isozyme Conversion in *Escherichia coli*, and Identification of the Gene Product," *Journal of Bacteriology*, 1987年8月22日; Yoshizumi Ishino 他, "History of CRISPR-Cas from Encounter with a Mysterious Repeated Sequence to Genome Editing Technology," *Journal of Bacteriology*, 2018年1月22日; Carl Zimmer, "Breakthrough DNA Editor Born of Bacteria," *Quanta*, 2015年2月6日.
(2) 著者によるFrancisco Mojica へのインタビュー。この節は以下からも引用。Kevin Davies,"Crazy about CRISPR: An Interview with Francisco Mojica," *CRISPR Journal*, 2018年2月1日; Heidi Ledford, "Five Big Mysteries about CRISPR's Origins," *Nature*, 2017年1月19日; Clara Rodríguez Fernández, "Interview with Francis Mojica, the Spanish Scientist Who Discovered CRISPR," *Labiotech*, 2019年4月8日; Veronique Greenwood, "The Unbearable Weirdness of CRISPR," *Nautilus*, 2017年3月; Francisco Mojica and Lluis Montoliu, "On the Origin of CRISPR-Cas Technology," *Trends in Microbiology*, 2016年7月9日; Kevin Davies, *Editing Humanity* (Simon & Schuster, 2020).
(3) Francisco Mojica . . . Francisco Rodríguez-Valera 他, "Long Stretches of Short Tandem Repeats Are Present in the Largest Replicons of the Archaea *Haloferax mediterranei* and *Haloferax volcanii* and Could Be Involved in Replicon Partitioning," *Molecular Microbiology*, 1995年7月.
(4) Ruud Jansen からFrancisco Mojica へのeメール, 2001年11月21日.
(5) Ruud Jansen . . . Leo Schouls 他, "Identification of Genes That Are Associated with DNA Repeats in Prokaryotes," *Molecular Microbiology*, 2002年4月25日.
(6) 著者によるFrancisco Mojica へのインタビュー。
(7) Sanne Klompe and Samuel Sternberg, "Harnessing 'a Billion Years of Experimentation,'"

N. Usman, and J. Szostak, "Ribozyme-Catalyzed Primer Extension by Trinucleotides," *Biochemistry*, 1993年3月2日.
(9) Jayaraj Rajagopal, Jennifer Doudna, and Jack Szostak, "Stereochemical Course of Catalysis by the Tetrahymena Ribozyme," *Science*, 1989年5月12日; Doudna and Szostak, "RNA-Catalysed Synthesis of Complementary-Strand RNA"; J. Doudna, B. P. Cormack, and J. Szostak, "RNA Structure, Not Sequence, Determines the 5' Splice-Site Specificity of a Group I Intron," *PNAS*, 1989年10月; J. Doudna and J. Szostak, "Miniribozymes, Small Derivatives of the sunY Intron, Are Catalytically Active," *Molecular and Cellular Biology*, 1989年12月.
(10) 著者によるJack Szostakへのインタビュー。
(11) 著者によるJames Watsonへのインタビュー; James Watson 他, "Evolution of Catalytic Function," Cold Spring Harbor Symposia, vol. 52, 1987.
(12) 著者によるJennifer DoudnaとJames Watsonへのインタビュー; Jennifer Doudna . . . Jack Szostak 他, "Genetic Dissection of an RNA Enzyme," Cold Spring Harbor Symposia, 1987, p. 173.

第7章　ねじれと折りたたみ

(1) 著者によるJack Szostak, Jennifer Doudnaへのインタビュー。
(2) Pollack, "Jennifer Doudna."
(3) 著者によるLisa Twigg-Smithへのインタビュー。
(4) Jamie Cate . . . Thomas Cech, Jennifer Doudna 他, "Crystal Structure of a Group I Ribozyme Domain: Principles of RNA Packing," *Science*, 1996年9月20日. Boulderでの研究の最初の大きな一歩については、以下を参照。Jennifer Doudna and Thomas Cech, "Self-Assembly of a Group I Intron Active Site from Its Component Tertiary Structural Domains," *RNA*, 1995年3月.
(5) NewsChannel 8 report, "High Tech Shower International," YouTube, 2018年5月30日, https://www.youtube.com/watch?v=FxPFLbfrpNk&feature=share.

第8章　バークレー――自由でパワフルな環境へ

(1) Cate 他, "Crystal Structure of a Group I Ribozyme Domain."
(2) 著者によるJamie Cate, Jennifer Doudnaへのインタビュー。
(3) Andrew Fire . . . Craig Mello 他, "Potent and Specific Genetic Interference by Double-Stranded RNA in *Caenorhabditis elegans*," *Nature*, 1998年2月19日.
(4) 著者によるJennifer Doudna, Martin Jinek, Ross Wilsonへのインタビュー; Ian MacRae, Kaihong Zhou . . . Jennifer Doudna 他, "Structural Basis for Double-Stranded RNA Processing by Dicer," *Science*, 2006年1月13日; Ian MacRae, Kaihong Zhou, and Jennifer Doudna, "Structural Determinants of RNA Recognition and Cleavage by Dicer," *Nature Structural and Molecular Biology*, 2007年10月1日; Ross Wilson and Jennifer Doudna,

ゲノム計画への公的な資金供給は、レーガン大統領の1988年予算案として提出された。エネルギー省と国立衛生研究所は1990年、ヒトゲノム計画を正式に承認する了解覚書に署名した。

(2) Daniel Okrent, *The Guarded Gate* (Scribner, 2019).

(3) "Decoding Watson," directed and produced by Mark Mannucci, *American Masters*, PBS, 2019年1月2日.

(4) 著者によるJames Watson, Elizabeth Watson, Rufus Watson へのインタビューと会談; Algis Valiunas, "The Evangelist of Molecular Biology," *The New Atlantis*, Summer/Fall 2017; James Watson, *A Passion for DNA* (Oxford, 2003); Philip Sherwell, "DNA Father James Watson's 'Holy Grail' Request," *The Telegraph*, 2009年5月10日; Nicholas Wade, "Genome of DNA Discoverer Is Deciphered," *New York Times*, 2007年6月1日.

(5) 著者によるGeorge Church, Eric Lander, James Watson へのインタビュー。

(6) Frederic Golden and Michael D. Lemonick, "The Race Is Over," and James Watson, "The Double Helix Revisited," *Time*, 2000年7月3日; 著者とAl Gore, Craig Venter, James Watson, George Church, Francis Collinsとの会話。

(7) 著者自身によるWhite House ceremonyに関するメモ; Nicholas Wade, "Genetic Code of Human Life Is Cracked by Scientists," *New York Times*, 2000年6月27日.

第6章　フロンティアとしてのRNA

(1) Mukherjee, *The Gene*, 250.

(2) Jennifer Doudna, "Hammering Out the Shape of a Ribozyme," *Structure*, 1994年12月15日.

(3) Jennifer Doudna and Thomas Cech, "The Chemical Repertoire of Natural Ribozymes," *Nature*, 2002年7月11日.

(4) 著者によるJack SzostakとJennifer Doudna へのインタビュー; Jennifer Doudna, "Towards the Design of an RNA Replicase," Ph.D.論文, Harvard University, 1989年5月.

(5) 著者によるJack Szostak, Jennifer Doudna へのインタビュー。

(6) Jeremy Murray and Jennifer Doudna, "Creative Catalysis," *Trends in Biochemical Sciences*, 2001年12月; Tom Cech, "The RNA Worlds in Context," *Cold Spring Harbor Perspectives in Biology*, 2012年7月; Francis Crick, "The Origin of the Genetic Code," *Journal of Molecular Biology*, 1968年12月28日; Carl Woese, *The Genetic Code* (Harper & Row, 1967), 186; Walter Gilbert, "The RNA World," *Nature*, 1986年2月20日.

(7) Jack Szostak, "Enzymatic Activity of the Conserved Core of a Group I Self-Splicing Intron," *Nature*, 1986年7月3日.

(8) 著者によるRichard Lifton, Jennifer Doudna, Jack Szostak へのインタビュー; Greengard PrizeのJennifer Doudnaへの引用, 2018年10月2日; Jennifer Doudna and Jack Szostak, "RNA-Catalysed Synthesis of Complementary-Strand RNA," *Nature*, 1989年6月15日; J. Doudna, S. Couture, and J. Szostak, "A Multisubunit Ribozyme That Is a Catalyst of and Template for Complementary Strand RNA Synthesis," *Science*, 1991年3月29日; J. Doudna,

Marantz Henig, *The Monk in the Garden* (Houghton Mifflin Harcourt, 2000).
(5) Erwin Chargaff, "Preface to a Grammar of Biology," *Science*, 1971年5月14日.

第3章　生命の秘密、その基本暗号がDNA

(1) この節は、数年にわたって複数回行ったわたしのJames Watsonへのインタビューと、1968年にAtheneumより最初に出版された著書*The Double Helix*から引用。わたしはAlexander GannとJan Witkowski 編集による*The Annotated and Illustrated Double Helix* (Simon & Schuster, 2012)を使用したが、そこにはDNAモデルについて記した手紙とその他の補足資料が含まれる。この節は以下からも引用。James Watson, *Avoid Boring People* (Oxford, 2007); Brenda Maddox, *Rosalind Franklin: The Dark Lady of DNA* (HarperCollins, 2002); Judson, *The Eighth Day of Creation*; Mukherjee, *The Gene*; Sturtevant, *A History of Genetics*.
(2) Judsonは、WatsonはHarvardから断られたと言うが、Watsonがわたしに話したことと*Avoid Boring People*の記述によれば、彼は入学を認められたが、奨学金や資金提供の申し入れはなかった。
(3) 現在、最も若いノーベル賞受賞者は平和賞を受賞したパキスタンのMalala Yousafzaiである。彼女はタリバンの銃撃を受け、女子教育のために戦う闘士となった。
(4) Mukherjee, *The Gene*, 147.
(5) Rosalind Franklin, "The DNA Riddle: King's College, London, 1951-1953," Rosalind Franklin Papers, NIH National Library of Medicine, https://profiles.nlm.nih.gov/spotlight/kr/feature/dna; Nicholas Wade, "Was She, or Wasn't She?," *The Scientist*, 2003年4月; Judson, *The Eighth Day of Creation*, 99; Maddox, *Rosalind Franklin*, 163; Mukherjee, *The Gene*, 149.

第4章　生物学者になるための教育

(1) 著者によるJennifer Doudnaへのインタビュー。
(2) 著者によるJennifer Doudnaへのインタビュー。
(3) 著者によるDon Hemmesへのeメールでのインタビュー。
(4) 著者によるJennifer Doudnaへのインタビュー; Jennifer A. Doudna and Samuel H. Sternberg, *A Crack in Creation* (Houghton Mifflin, 2017), 58; Kiessling, "A Conversation with Jennifer Doudna"; Pollack, "Jennifer Doudna."
(5) 特に記載がない限り、この節のJennifer Doudnaの引用は全て、わたしの彼女へのインタビューによる。
(6) Sharon Panasenko, "Methylation of Macromolecules during Development in *Myxococcus xanthus*," *Journal of Bacteriology*, 1985年11月 (1985年7月提出).

第5章　ヒトゲノム計画とは何だったのか

(1) エネルギー省は1986年にヒトゲノムのシーケンシングに関する研究に着手した。ヒト

ソースノート（上巻）

序章　世界を救え――科学者たちとコロナの戦い

(1) 著者によるJennifer Doudnaへのインタビュー。そのコンテストは活力あふれるセグウェイの発明者Dean Kamenが創設した全国的プログラム、First Roboticsによって運営されている。

(2) Jennifer Doudna、Megan Hochstrasser、Fyodor Urnov へのインタビュー、録音と録画記録、メモ、スライド。Walter Isaacson, "Ivory Power," *Air Mail*, 2020年4月11日.

(3) 基礎研究と技術革新のあいだで起こる反復プロセスの詳述については、ヨーグルトメーカーに関する第12章を参照。

第1章　ハワイ育ちの孤独な女の子

(1) 著者によるJennifer DoudnaとSarah Doudna へのインタビュー。この節に関するその他のソースは以下。*The Life Scientific*, BBC Radio, 2017年9月17日; Andrew Pollack, "Jennifer Doudna, a Pioneer Who Helped Simplify Genome Editing," *New York Times*, 2015年5月11日; Claudia Dreifus, "The Joy of the Discovery: An Interview with Jennifer Doudna," *New York Review of Books*, 2019年1月24日; Jennifer Doudna interview, National Academy of Sciences, 2004年11月11日; Jennifer Doudna, "I still remember my first encounter with DNA," *Financial Times*, 2018年3月14日; Laura Kiessling, "A Conversation with Jennifer Doudna," *ACS Chemical Biology Journal*, 2018年2月16日; Melissa Marino, "Biography of Jennifer A. Doudna," *PNAS*, 2004年12月7日.

(2) Dreifus, "The Joy of the Discovery."

(3) 著者によるLisa Twigg-Smith, Jennifer Doudna へのインタビュー。

(4) 著者によるJennifer Doudna, James Watson へのインタビュー。

(5) Jennifer Doudna, "How COVID-19 Is Spurring Science to Accelerate," *The Economist*, 2020年6月5日.

第2章　遺伝子の発見

(1) 遺伝学の歴史とDNAに関するこの節は、以下による。Siddhartha Mukherjee, *The Gene* (Scribner, 2016); Horace Freeland Judson, *The Eighth Day of Creation* (Touchstone, 1979); Alfred Sturtevant, *A History of Genetics* (Cold Spring Harbor, 2001); Elof Axel Carlson, *Mendel's Legacy* (Cold Spring Harbor, 2004).

(2) Janet Browne, *Charles Darwin*, vol. 1 (Knopf, 1995) and vol. 2 (Knopf, 2002); Charles Darwin, *The Voyage of the Beagle*, 1839年初版; Darwin, *On the Origin of Species*, 1859年初版. Darwinの書籍、手紙、著述、日記の電子コピーはDarwin Online, darwin-online.org.ukにある。

(3) Isaac Asimov, "How Do People Get New Ideas," 1959, reprinted in *MIT Technology Review*, 2014年10月20日; Steven Johnson, *Where Good Ideas Come From* (Riverhead, 2010), 81; Charles Darwin, *Autobiography*, 1838年10月の出来事, Darwin Online, darwin-online.org.uk.

(4) Mukherjee、Judson、Sturtevantの他、Mendelに関するこの節は以下からも引用。Robin

写真・図版クレジット（上巻）

p23: Courtesy of Jennifer Doudna; Leah Wyzykowski; Courtesy of Jennifer Doudna
p32: George Richmond/Wikimedia/Public Domain; Wikimedia/Public Domain
p38: A. Barrington Brown/Science Photo Library
p50: Universal History Archive/Universal Images Group/Getty Images; Cour- tesy Ava Helen and Linus Pauling Papers, Oregon State University Libraries
p52: Historic Images/Alamy
p55: Courtesy of Jennifer Doudna
p64: Natl Human Genome Research Institute
p71: Jim Harrison
p82: YouTube
p95: Courtesy of Jennifer Doudna
p105: Courtesy of BBVA Foundation; Courtesy of Luciano Marraffini
p114: The Royal Society / CC BY-SA (https://creativecommons.org/licenses/by-sa/3.0)
p118: Mark Young
p126: Marc Hall/NC State courtesy of Rodolphe Barrangou; Franklin Institute /YouTube
p135: Courtesy of Genentech
p143: Roy Kaltschmidt/Lawrence Berkeley National Laboratory
p155: Courtesy of Caribou Biosciences
p163: Hallbauer & Fioretti/Wikimedia Commons
p175: Berkeley Lab
p180: MRS Bulletin
p184: Miguel Riopa/AFP via Getty Images
p190: Edgaras Kurauskas/Vilniaus Universitetas; Heribert Corn/Courtesy of Krzysztof Chylinski; Michael Tomes/ Courtesy of Martin Jinek
p203: Andriano_CZ/iStock by Getty Images
p208: (top to bottom): Justin Knight/McGovern Institute; Seth Kroll / Wyss Institute at Harvard University; Thermal PR
p213: Justin Knight/McGovern Institute
p222: Seth Kroll / Wyss Institute at Harvard University
p231: Wikimedia Commons
p247: Anastasiia Sapon/The New York Times/Redux
p257: Courtesy of Martin Jinek
p266: Courtesy Rodger Novak
p281: BBVA Foundation
p292: Casey Atkins, courtesy Broad Institute
p303: Courtesy of Sterne, Kessler, Goldstein & Fox P.L.L.C.

著者　ウォルター・アイザックソン
1952年生まれ。ハーバード大学で歴史と文学の学位を取得。オックスフォード大学にて哲学、政治学、経済学の修士号を取得。米『TIME』誌編集長を経て、2001年にCNNのCEOに就任する。アスペン研究所CEOへと転じる一方、作家としてベンジャミン・フランクリンの評伝を出版。2004年に、スティーブ・ジョブズから「僕の伝記を書いてくれ」と直々に依頼される。2011年に刊行された『スティーブ・ジョブズＩⅡ』は、世界的な大ベストセラーとなる。イノベーティブな天才を描くことに定評があり、『レオナルド・ダ・ヴィンチ　上下』（文藝春秋）ほか、アルベルト・アインシュタインの評伝（文春文庫より刊行予定）も手掛けている。各界の天才たちから理解者として慕われ、『二重らせん』著者でノーベル賞科学者ジェームズ・ワトソン、ハーバード大学マイケル・サンデル教授なども本作に登場している。現在、トゥレーン大学の歴史学教授。

訳者　西村美佐子（にしむら　みさこ）
翻訳家。お茶の水女子大学文教育学部卒業。主な訳書に『イヌは何を考えているか』（グレゴリー・バーンズ著　化学同人／共訳)、『「役に立たない」科学が役に立つ』（エイブラハム・フレクスナー、ロベルト・ダイクラーフ著　東京大学出版会／共訳）など。

訳者　野中香方子（のなか　きょうこ）
翻訳家。お茶の水女子大学文教育学部卒業。主な訳書に『エピジェネティクス　操られる遺伝子』（リチャード・フランシス著　ダイヤモンド社)、『Humankind 希望の歴史』（ルトガー・ブレグマン著)、『ネアンデルタール人は私たちと交配した』（スヴァンテ・ペーボ著)、『進化を超える進化』（ガイア・ヴィンス著　以上、文藝春秋）など。

DTP　エヴリ・シンク
装丁　関口聖司
編集　衣川理花

コード・ブレーカー——生命科学革命と人類の未来　上巻

2022年11月10日　第1刷発行

著　者　ウォルター・アイザックソン
訳　者　西村美佐子　野中香方子
発行者　大沼貴之
発行所　株式会社文藝春秋
〒102-8008 東京都千代田区紀尾井町3-23
電話　03(3265)1211

印刷所　精興社
製本所　加藤製本

定価はカバーに表示してあります。

ISBN978-4-16-391624-8　*Printed in Japan*